网络与新媒体传播核心教材系列

丛书主编　尹明华　刘海贵

# 全媒体新闻生产：案例与方法

窦锋昌　著

复旦大学出版社

# 目录 | Contents

前言 / 1

**第一讲　全媒体新闻生产的由来** / 1
    一、什么是全媒体新闻生产？/ 3
    二、世界的 200 年，中国的 20 年 / 6
    三、中国报纸市场化的开端 / 8
    四、中国报业的一个"小黄金"时代 / 11
    五、全媒体新闻生产时代的到来 / 14
    六、传统媒体面临的"双重危机" / 17
    七、不同性质的媒体面临不同程度的危机 / 19

**第二讲　媒体融合发展中的全媒体新闻生产** / 25
    一、中国媒体融合发展的"政府驱动" / 26
    二、媒体融合发展中盈利模式的探索 / 28
    三、媒体融合发展中的三个战略问题 / 36
    四、媒体融合发展中的政府角色 / 41
    五、媒体融合发展要做好"人"的工作 / 45

## 第三讲　全媒体新闻生产平台的搭建 / 49

一、全媒体新闻生产平台搭建的"浑然一体"模式 / 50

二、全媒体新闻生产平台搭建的"另起炉灶"模式 / 54

三、全媒体新闻生产平台搭建的"新瓶老酒"模式 / 58

四、全媒体新闻生产平台搭建的"四维"坐标系 / 61

五、"中央厨房"如何发挥出自己的功能 / 64

六、"中央厨房"是全媒体新闻生产的主平台 / 69

七、《纽约时报》的"中央厨房"及转型之路 / 74

## 第四讲　全媒体新闻生产者 / 81

一、专业媒体用人需求的显著变化 / 82

二、专业媒体要不要裁员？如何裁员？ / 86

三、启动内部改革，盘活固有人力资源 / 88

四、"留守记者"需要做好职业规划 / 91

五、专业媒体新闻生产者的失范行为 / 94

六、机器人能够代替记者写稿吗？ / 100

七、各类自媒体里的新闻生产者 / 102

## 第五讲　全媒体新闻的采访与写作 / 107

一、全媒体新闻生产中的采编思想 / 108

二、全媒体新闻生产中的时政新闻 / 111

三、全媒体新闻生产中的突发新闻 / 114

四、全媒体新闻生产中的深度新闻 / 121

五、全媒体新闻生产中的话题新闻 / 131

　　六、全媒体新闻生产中的视频新闻 / 137

**第六讲　全媒体新闻生产中的热点新闻** / 147

　　一、热点新闻的形成：传统媒体与网络媒体协作 / 149

　　二、热点新闻的传播：中央媒体是"定盘星" / 152

　　三、热点新闻的后续：专业媒体提供专业分析 / 154

　　四、热点新闻的舆论场：官方与民间"相交" / 157

　　五、热点新闻的采写：高度重视"平衡性" / 161

　　六、热点新闻的辐射：引发连串"蝴蝶效应" / 162

　　七、热点新闻传播的新路径、新特点与新应对 / 167

**第七讲　全媒体新闻生产中的舆情应对** / 175

　　一、政府在突发新闻中的舆情应对 / 177

　　二、政府官员如何避免引发舆情事件 / 181

　　三、政府在舆论监督报道中的舆情应对 / 183

　　四、企业在突发新闻中的舆情应对 / 187

　　五、公众人物如何做好舆情应对 / 189

**第八讲　全媒体新闻生产中的新闻伦理** / 195

　　一、新闻伦理事件频频演变为社会公共事件 / 196

　　二、新闻伦理问题不宜轻易"上纲上线" / 200

　　三、虚假新闻及其引发的新闻伦理问题 / 204

四、新闻伦理对记者的要求高于法律的要求 / 207

## 第九讲　全媒体新闻生产中的新闻侵权 / 211
一、评论侵权的边界 / 213
二、事实性报道侵权与否的边界 / 225
三、媒体做监督报道的压力不仅来自法律 / 228
四、媒体发布"反侵权公告"保护版权 / 231
五、版权保护的法律手段和行政手段 / 234

## 第十讲　全媒体新闻生产中的宏观管理 / 239
一、网信办重组，增加监督管理执法功能 / 240
二、"约谈"成为管理网络媒体的制度和常态 / 243
三、互联网新闻服务资质和视听资质的监管 / 245
四、强化对网络直播运营的监管 / 247
五、转载"白名单"制度的推出与实施 / 248
六、中央新闻单位驻地方机构的撤并 / 251

**参考文献** / 255

# 前言 Foreword

2016年11月6日下午,河北保定一个5岁男童在跟随父亲到地里收白菜时,不慎坠入一口深废弃机井内。《新京报》视频报道部主编刘刚获取这个新闻线索后,预感到这会是一件大新闻,非常适合做直播,当即决定派出擅长航拍的记者张建斌和有丰富直播经验的记者程彦珲前去现场进行直播报道,后来连续直播了65个小时。2016年7月,《新京报》组建了视频报道部,2016年9月在自己的官网和腾讯视频上线了"我们视频",截至2017年4月,"我们视频"完成了350场直播,生产短视频2000多条,累计播放量超过10亿。

2017年4月,新京报视频报道团队有30多人,很快增加到60人,到2017年年底时达100人左右。视频队伍壮大的原因是理念的转变,在时任《新京报》社长戴自更看来,"视频的采集、制作、传播门槛和成本都在降低,正在成为新闻的标配,今后所有的新闻都得配上视频"[①]。

上面描述的这个现象,对于2014年以前的中国传统媒体来说是不可想象的,但是2014年之后短短的几年间,报纸不再只是报纸,报社也越来越不像报社,融合发展成为媒体发展的主旋律,包括直播和视频在内的全媒体形态的新闻生产成为主流新闻生产方式。对中国传统媒体来说,2014年是转折的一年,是不同寻常的一年。当年8月18日,习近平总书记主持召开中央全面深化改革领导小组第四次会议,审议通过《关于推动传统媒体和新兴媒体融合发展的指导意见》,使媒体融合发展正式上升到国家战略层面。就此而言,2014年可以算作中国媒体开展全媒体新闻生产的"元年"。

在这之前,中国传统媒体的转型已经进行了很多年,比如,《广州日报》早在1999年就成立了大洋网,但十几年下来,步履蹒跚,走得很艰难,这个阶段

---

① 张小鱼:《这家纸媒做视频和直播也能做得风生水起,全新模式或成方向》,转引自搜狐网,2017年5月6日,http://www.sohu.com/a/138738239_141927。

是媒体转型的"1.0"时代。2014年以来,伴随着移动互联网的飞速发展,传统媒体受到的挑战骤然增加,加之宏观政策的强力驱动,从中央媒体到各个地方媒体,在探索从传统媒体向新媒体转型的道路上走出了多条既有相似性又各有特色的路径,2014年以来的转型开启了中国传统媒体与新媒体融合发展的"2.0"时代。

在这个背景下,中国报纸从传统单一纸媒的新闻生产全面进入全媒体新闻生产阶段,全媒体新闻生产是一种全新的生产方式。在这种生产方式下,新闻生产平台、新闻生产机制、新闻产品、新闻生产效果、新闻生产管理等都发生了巨大变化。这些变化之中有些是显性的,比如说全媒体形态的新闻生产平台以及新闻产品,大家都可以看得到,但是有些变化是隐性的、发生在媒体内部的,比如新闻生产机制和理念的变化,外部人很难观察到,需要通过参与式观察等方式才能搜集到素材。

本书作者作为一个曾经长期参与全媒体新闻生产的实践者,具有内部人视角,能够深入全媒体新闻生产的各个环节,对近年来媒体机构的这些内部变化的观察更加"体贴入微"。2016年3月,作者转入复旦大学新闻学院从事新闻生产实务的研究和教学工作,对当下正在上演的全媒体新闻生产又多了一层理论观照。

在内容结构上,本书以全媒体新闻生产特别是专业媒体的全媒体新闻生产为着眼点,关注的问题包括全媒体新闻生产的由来、全媒体新闻生产在媒体融合发展中的角色和地位、全媒体新闻生产平台搭建以及运营的不同模式、全媒体新闻生产者的变化和能力要求、几种主要类型的全媒体新闻采写、全媒体环境下热点新闻的传播路径、全媒体环境下的媒体应对和媒体素养、全媒体环境下的新闻侵权与新闻伦理以及对全媒体新闻生产管理的强化。这些问题或者是近年来在新闻生产实践中产生的新问题,或者是老问题遇到新环境有了新的表现形式。

在研究方法上,本书主要采用案例研究法。之所以采取这样的研究方法,主要是由研究对象的性质和特点所决定的,本书研究的是正在发生的全媒体新闻生产实践,是现代媒体从来没有遇到过的"千古一变",没有先例可循,都是在"摸着石头过河",短时间内不可能形成关于全媒体新闻生产的成熟理论框架。在这种情况下,分析和研究有代表性的案例就成为一个相对比较现实的方法,通过案例来讲述、分析、反思全媒体新闻生产当中出现的突出问题。

最后,研究方法也影响到写作风格,本书没有采用一般教科书"编、章、节"的编排体例,而是采取了类似"十讲"的开放体例,一方面是因为研究对象处于变化当中,另一方面是因为内容不拘泥于概念辨析和理论演绎,而是抓住典型案例和关键问题深入讨论,夹叙夹议,写法相对灵活,读者读起来也会比较轻松。

第一讲

全媒体新闻生产的由来

"全媒体"作为一个专有名词在中国出现得很晚。根据学者的研究，1999年之前，这个词在文献中没有单独出现过，1999年6月第一次出现在《中国经济时报》关于家用电器的一篇报道中。1999年至2007年间，各行各业对于"全媒体"的提及都是点到为止，从2007年开始，"全媒体"出现在文章中的频率越来越高。2008年，"全媒体"开始在新闻传播领域崭露头角，许多媒体从业者纷纷提出"全媒体战略"或"全媒体定位"[①]。

2008年北京奥运会期间，中央电视台的转播采取了"全媒体"对外传播，中国广播网实现了中央电台所有奥运报道广播信号同步网上直播，尝试广播频率、门户网站、有线数字广播电视、手机广播电视、平面媒体五大终端的融合。在出版行业，2008年年底，贺岁电影《非诚勿扰》的同名长篇小说《非诚勿扰》在北京以"全媒体出版"方式首发。

这个阶段，报纸、电视、广播、出版、广告等行业的"全媒体"发展呈现出两种方式：一是"扩张式"的全媒体，即注重手段的丰富和扩展，如新兴的"全媒体出版"和"全媒体广告"；二是"融合式"的全媒体，即在拓展新媒体手段的同时，注重多种媒体手段的有机结合，如"全媒体新闻中心""全媒体电视""全媒体广播"。

总体来看，2008年到2014年，互联网特别是移动互联网的发展还没有对传统媒体形成"致命性"和"颠覆性"的冲击，传统媒体进行全媒体新闻生产的压力没有那么大，动力也没有那么强，基本上就是办一个网站，让它独立运行，这就是所谓"扩张式"的全媒体发展。至于"融合式"的全媒体发展，在这一阶段，出现了烟台日报报业集团等几种模式，但融合的力度和成效都非常有限。

传统媒体真正全局性地进行融合发展，由传统单一媒介的新闻生产向全媒体新闻生产方式转变，是2014年以来的事情。这种转变在中国带有强烈的政府驱动色彩，外部的政府驱动和内部的转型驱动相结合，催生出一系列的变化。

---

① 罗鑫：《什么是"全媒体"》，《中国记者》2010年第3期，第82—83页。

## 一、什么是全媒体新闻生产？

什么是全媒体新闻？这个概念并不清晰，有几个相关的概念经常与之混用，包括媒介融合(media convergence)、融合报道(convergent report)、融合新闻(convergent Journalism)、全媒体报道(all media report)等。一般来说，融合报道、融合新闻指的是新闻报道作品，侧重的是新闻报道的具体呈现方式，一条新闻由文字、视频、音频等多种形式的素材组成，就是融合报道或者融合新闻。全媒体新闻指新闻生产平台的全媒体化，侧重新闻生产和发布端口的多元化，同样一条由中央编辑部制作的新闻可以发布在报纸、微博、微信公众号以及新闻客户端等不同端口上，此之谓全媒体新闻。

### 1. 全媒体新闻生产的含义

本书采用"全媒体新闻"这个概念，主要有两方面考虑。一是因为它更贴近目前新闻业界的实践操作，比如2016年以来《广州日报》上刊发的所有稿件在"本报讯"后面都会署"全媒体记者 某某"，"全媒体"三个字是新加上去的，强调这些记者不再只是为报纸写稿，而是为《广州日报》的所有新闻发布平台写稿；二是因为"全媒体新闻"暗含着新闻生产机构的再造和新闻生产流程的重塑，不仅仅是新闻报道呈现方式的变化，而是牵一发而动全身的系统工程，本书各个部分结合具体案例分析了和"全媒体新闻"相关的各个环节。

至于"生产"一词，单从字面意义上来看，它和"采编"既有联系又有不同，"生产"是比"采编"更加广义的一个概念，它包括"采编"但又不限于"采编"。"生产"采纳的是社会学视角，既包括新闻内容的生产也包括经营性的生产，既包括新闻组织内部的生产活动，也包括新闻组织与外部组织及个人的互动关系。当然，在所有的生产活动中，内容生产或者说是新闻采编是最为核心的部分。

全媒体新闻生产是"媒介融合"的一个必然结果，也可以说是"媒介融合"的一个有机组成部分。而"媒介融合"是一个更加广阔的概念，既包括新闻采编上的融合，也包括经营管理上的融合。2014年8月，中央深改小组提出来要加快"传统媒体与新兴媒体的融合发展",这里的"融合发展"指的就是"媒介融合发展",既包括媒体内容影响力的巩固,也包括媒体盈利模式的创新。

**2. 全媒体新闻生产的历史发展**

历史地看,媒介融合经历了三个发展阶段。

(1) 第一个阶段,合并。

就是把不同形态的媒体合并在一起,组成一个跨媒体的媒体集团。这种形式在我国最常见的是广播台与电视台的合并,各地的广播台与电视台以前是分开的,这几年为了寻求做大做强,多个地方的电视台和电台进行了合并,合并后叫广播电视台,比如广州广播电视台、广东广播电视台,上海文广(SMG)的多元化程度更高,除了广播电视以外,还有剧团等多个文化产业实体。2018年3月,中央电视台和中央人民广播电台也进行了合并,合并后叫中央广播电视总台。电视和报纸也可以在同一个集团里,上海的第一财经旗下既有电视台也有报纸,广州电视台历史上一度要和广州日报社合并,一旦合并,既有电视也有报纸。当然,在目前的环境下,更多的合并发生在传统媒体与新媒体之间,比如时代华纳与美国在线的合并,合并之后,该集团既有网络媒体,也有电视、报纸和杂志,是一个十分庞大的跨媒体集团。

(2) 第二阶段,联动。

指在同一个媒体集团内部,新媒体与传统媒体的联动,也就是"报网联动"或者是"台网联动",在我国,"联动"主要发生在2000年至2014年之间。因为是同一个媒体集团内部的不同媒体平台,在一些重要新闻事件发生的时候,新媒体平台(当时主要是网站)和报纸(或者电视)之间联动,共同把新闻报道做好。2008年汶川地震期间,《广州日报》与大洋网之间就进行了密切的联动。此外,每年全国"两会"期间,《广州日报》和大洋网也会一起组队前往北京采访,设立北京演播室,邀请人大代表和政协委员聊天,内容分别刊发在大洋网以及《广州日报》上,这是那个阶段经常发生的一种联动。

(3) 第三阶段,融合。

指在同一个媒体内部,通过设立中央厨房式的编辑部,打通多个不同的稿件出口,一次生产,多次刊发。报纸不再只是报纸,电视不再只是电视,都成了既包括报纸(电视频道),又包括网站、微博、微信公众号、App新闻客户端等在内的全平台新闻媒体。这种融合在我国主要是发生在 2014 年之后,当年 8 月中央深改小组通过了传统媒体与新兴媒体融合发展的指导意见,从那以后,传统媒体加快了融合发展步伐,经过几年时间的发展,现在大部分都成了具有多种平台的综合性媒体。本书所讲的全媒体新闻生产就发生在这种媒体环境之下。

### 3. 全媒体新闻生产的三个层面

上面从"历时性"角度分析了三种不同形式的"媒介融合"。此外,也可以从"共时性"的角度把"媒介融合"或者"全媒体新闻生产"分成三个层面来分析,由小及大,这三个层面分别如下。

(1) 微观层面。

主要指全媒体新闻的采写、编辑以及刊发。全媒体稿件要适合全媒体平台刊发,因此不能只是纯粹的文字和照片,还要有优质的视频、音频、H5 动图、数据表格等,有了这些原始的全媒体素材之后,还要有剪辑和编辑能力,最后要针对不同的刊播平台制作出不同形式的稿件。这一套采、编、发流程和原来传统媒体时代的新闻生产流程非常不同。

(2) 中观层面。

主要指组织再造和流程重构。为了适应全媒体的新闻生产流程,需要改革原来的新闻采访部以及编辑部的架构,同时还要搭建若干个新媒体平台,现阶段来说,"两微一端"已经是一个媒体机构的最低标配。无论是改组原来的部门设置,还是增设新的平台和组织,都要求媒体机构"破茧重生",难度不小。

(3) 宏观层面。

主要指产业开拓和盈利模式重构。全媒体新闻生产不只是采编和内容,还包括全方位盈利模式的探索,会牵涉媒体的整体运营,特别是在开拓多元化盈利模式的过程中,需要打破原来有效运行多年的采编、发行、广告、行政"四位一体"的媒体框架结构,引入文化地产、投资上市、电子商务等新兴业务板块,以便形成整体媒体业务的良性循环。

本书属于新闻实务范畴,因此着眼点主要在中观层面,同时兼及微观和宏观层面,也就是从一个相对比较大的视角去审视正在上演的全媒体新闻生产,包括全媒体新闻生产的由来、现状、发展趋势、全媒体新闻生产的组织架构、操作流程、全媒体新闻的生产者以及作品、全媒体新闻生产带来的舆论场改变、全媒体新闻生产引发的新闻伦理法规变化、对全媒体新闻生产的调控与管理等。

## 二、世界的 200 年，中国的 20 年

全媒体新闻生产在中国只有短短几年的历史，如果从 2014 年算起，只有 3 年时间；如果从 2012 年算起，只有 5 年时间；如果从 2010 年算起，也只有 7 年时间[①]。

### 1. "千古一变"——全媒体新闻生产

之所以这么说，是因为全媒体新闻生产是伴随着移动互联网产生的，而移动互联网的产生受制于硬件和软件两个方面，硬件指以苹果手机为代表的智能手机等终端设备的大面积应用，软件指以联通 3G、移动 4G 以及家庭、办公、公共场所的无线 Wifi 等无线网络的普及，二者的结合在中国大约始于 2007 年至 2010 年之间，但是真正普及以及各种移动互联网应用发展起来是在 2012 年前后。

2012 年，中国大多数传统媒体的盈利能力达到了历史峰值，从此以后，开始掉头向下。至于 2014 年，一方面中央深改小组的指导意见在这一年发布，另一方面，从这一年开始，传统媒体也实实在在感受到了融合发展的必要性，如果再不转型，传统媒体原来所占据的舆论"高地"就要变为"荒地"了。

全媒体新闻生产的时间虽然极为短暂，到现在为止也只不过几年而已，时间虽短，但来势凶猛，一出场就给传统媒体带来了狂风骤雨般的冲击。同时，全媒体新闻生产也不是凭空来的，它也是在传统新闻生产的基础上发展起来的。在这个过程中，技术逻辑起着决定性作用，在这个"千古一变"的媒体环境面前，新闻生产究竟要发生怎样的变化？要寻找这个答案，一方面，需要总结

---

① 2014 年，中央深改小组提出了加快"传统媒体与新兴媒体的融合发展"战略；2012 年是全国大多数传统媒体营收由增长转入下降的时间节点；2010 年前后，基于智能手机和 3G 移动网络的移动互联网开始进入普及阶段。

归纳当下的新闻生产实践；另一方面，需要从媒体过去的历史发展里面去寻找答案。

## 2. "二次销售"模式有效运行的 200 年

如果从 1450 年古登堡发明印刷机开始算起，世界纸媒至今已有 500 余年的历史了，但是纸媒从出生到发展成熟有一个漫长的过程。以美国为例，直到 1690 年才有了第一份真正意义上的报纸，叫作《国内外公共事件》。这之后的 100 多年都属于美国的"政党报刊"时期，这一时期，报纸发行量很低，广告量也很少，主要靠政党经费扶持①。

改变发生在 1833 年，那一年，本杰明·戴创办了《纽约太阳报》，报纸开始走上大众化的发展道路。其基本做法就是压低售价，每份报纸只卖 1 美分，低价策略之下，发行量大规模扩大。在这个基础上，通过广告营收来弥补发行亏损进而盈利②。这种办报模式适应了当时美国工业化、移民潮、城市化等社会变化，报业成为一种有利可图的产业。时至今日，这种报业发展模式已经有效地运行了接近 200 年。

因为特殊的国情和政情，我国纸媒在过去的 200 年里走了不少弯路，新中国成立以前，大抵还是遵循商业的基本原则办报，商业报刊是报刊的主流。但是新中国成立之后，我们实行了特殊的新闻管理政策，报刊的意识形态属性凸显，中国的媒体都成了事业单位，在改革开放之前的三十年里，报刊的商业属性不复存在。

## 3. 中国报刊 20 年的市场化发展

直到 20 世纪 80 年代以来特别是 1992 年党的十四大确立社会主义市场经济体制以来，报刊的商业属性才渐渐恢复，政党报刊开始在一定程度上向市场化报刊转型。从大的发展脉络上看，中国报刊 1992 年以后所走的发展路径倒是与美国有异曲同工之处。

如果从 1992 年开始算起，到 2012 年移动互联网迅速发展起来，中国纸媒在市场化的道路上刚好走了 20 年；如果从 1996 年《广州日报》成立中国第一

---

① 李彬：《全球新闻传播史》，清华大学出版社 2009 年版，第 111 页。
② 同上书，第 120—123 页。

家报业集团算起到2014年中国报纸全面进入融合发展阶段,中国的纸媒也走了接近20年的市场化发展道路。用20年走完美国报刊差不多200年才走完的路,中国纸媒可以说是瞬间达到高位,瞬间又从高位跌落下来。

如果研究中国报业这20年的市场化发展,广州这座城市有较强的代表性。广州汇聚了三大报业集团,报业竞争十分激烈,每天出产六张日报、若干专业报纸,同时这里有若干新闻院校,还聚集了一批来自全国各地的怀揣新闻理想的新闻人。这股市场化发展的浪潮由《广州日报》率先引发,1996年1月15日,经中宣部同意,国家新闻出版署选定《广州日报》为全国第一家报业集团试点单位。一年后,试点成功验收,遂向全国推广。20年来"《广州日报》现象"载入史册,以《广州日报》为代表的一批报纸成为优质报纸的代名词。《广州日报》至今保持行业史上"N个"第一,连续12年位列"中国500最具价值品牌"三甲,广告收入22年居全国纸媒之首。《南方日报》《羊城晚报》《解放日报》等其他报纸也都做出了自己的特色,取得了不俗的成绩。

这20年中国报业的发展大致可以划分为如下三个阶段。第一阶段是20世纪90年代,第二阶段是21世纪第一个10年,第三阶段是2012年至今。下面分别予以论述三个阶段的发展特点。

## 三、中国报纸市场化的开端

第一阶段指20世纪90年代,在广州报业市场上,表现为《广州日报》向《羊城晚报》发起挑战,采编上是社会新闻竞争的阶段,经营上引入了工业化流水线的生产方式,网络还没有进入和影响新闻生产,这一阶段完全是纸媒与纸媒之间的单线作战。

### 1. 党报与晚报的竞争

在《广州日报》开始市场化发展之前的20世纪80年代,在广州的报业市场上,《羊城晚报》一报独大,它那时凭借《花地》等文艺副刊早就进入了寻常百姓家。整个80年代都是属于晚报的时代,除《羊城晚报》之外,上海的《新民晚报》、天津的《今晚报》、北京的《北京晚报》等都是所在城市和区域的龙头老大,各地的晚报通过大量开发可读性强、亲民的文艺副刊版面拉开了与充满"八股"味道的机关报的距离,走进了无数老百姓的家庭。

首先向《羊城晚报》发起冲击的是《广州日报》,《广州日报》是广州市委的机关报,中国几百张党委机关报中的普通一张,但是毗邻港澳的独特地缘优势,加上不断有开拓创新的领导在报社主事,通过采编上持续不断地改版、增版以及强化发行、印刷、广告等经营业务,逐渐对《羊城晚报》的地位形成了冲击。同时,1992年社会主义市场经济体制确立,整个中国经济进入了快速发展期,广告版面的需求量也在急速扩大,从宏观上刺激了报业的快速发展。

同一时期,受到广州地区报业发展示范作用的鼓舞和感召,全国的报业市场都进入了市场化发展的轨道,表现在三个方面:第一,晚报纷纷改版,扩充新闻版面,提高新闻的全面性和及时性;第二,党报改变面孔,在可能的范围内,各地的党报增加了很多都市类、社会类新闻的版面,不再是一味地说教;第三,都市报不断创刊。这一时期,很多党报因为放不开手脚,于是另辟蹊径创办都市报来"打市场",《华西都市报》《南方都市报》《新快报》《新闻晨报》等都市类报接连创刊。各类报刊交相辉映,共同创造了一个传统媒体的辉煌时代。

## 2. 报业全方位竞争

《广州日报》的崛起是迅速而且是全方位的,包括采编、广告、发行、人力资源、财务、行政等各个子系统。报业生产和报业竞争是全方位的,采编之外,还有印刷和发行上的扩张。现代报业采用的是工业化生产体系,如果只有采编生产的内容,但新闻不能及时印出来、快速卖出去,那就不会在社会上产生什么效果,优质的采编一定要有高速印刷机和完善发行网络的配合。

(1) 采编上的"厚报战略"。

采编是第一生产力,最主要的特征是采取"厚报"战略,先是把版面从传统的4版扩充到8版,然后又扩充到16版、32版、48版,最后稳定在每天60到80个版的规模。常规版面之外,每逢有重大新闻事件发生的时候还会做几十版的新闻特刊,或者在重要节假日来临之际做大型服务性特刊。

比如,1997年7月1日,香港回归祖国的时候,《广州日报》一天出了97个版;1999年,五四青年节,做了80个四开小版特刊;2000年1月1日,新世纪到来,做了200个对开大版的特刊。这些"厚报"极大地满足了当时身处"信息饥渴"之中的读者需要，迅速扩大了《广州日报》的发行量和广告量，特别是1997年7月1日的香港回归97版，极大地提升了《广州日报》的品牌影响力，造成了一时"洛阳纸贵"，大批读者排队抢购报纸的盛况。

(2) 印刷上的"自办发行"。

在印刷上，《广州日报》原来只有采编楼底层的几台小型高斯印刷机，机关报时期能够满足使用，但是版面一扩张，发行量一大就应付不过来了，1997年7月1日出版97版的时候，印力成为很大的限制，一次印不完，需要分三次印刷。为了扩大印力，20世纪90年代中期，广州日报报业集团投资10亿人民币另外买地兴建了当时亚洲最大的印务中心，安装了6台当时世界上最先进的印刷机，为报纸扩版和加大发行量奠定了基础。

在发行方面，中国的报纸很长时间里都依赖"邮发"，但是"邮发"有很多弊端，比如投递时间没有保证，早上的报纸可能要到晚上才能送到读者手里，还有"邮发"对开拓新的市场、争取新的读者积极性不高。为了掌握发行的主动权，《广州日报》组建了自己的发行公司，开始了"自办发行"，高峰时聘请了3 000多名发行员，在严密的邮发网络中开拓出了一块自己的天地。

(3) 广告上主推"代理制"。

1952年《广州日报》创刊，在很长的时间里，报社没有将广告提升到"经营"高度来对待。改革开放以后，《广州日报》的广告经营逐步提到与新闻采编一样的高度。1979年4月中旬，《广州日报》开始接受刊登港澳地区和海外各地广告业务，成为改革开放后率先恢复刊登广告的报纸之一。1986年12月26日，《广州日报》在第七版正式设置分类广告栏。从此一直走在报纸分类广告市场化进程的前列。

1992年，广州日报社广告处正式成立，成为广州日报社广告经营、品牌提升的"大本营"。1993年，广州日报社开始在国内报纸中率先推行广告公司代理制。1994年新华社播发了中国报业协会报告，公布《广州日报》广告收入为"全国之最"。1995年，广州日报社成立广告信息部，将有新闻价值的广告内容以"新闻专版"的形式呈现，后来更衍生出信息含量高、服务性强的"专版新闻"这一新闻体裁。

随后，《广州日报》迎来了黄金发展时期，荣誉簿上不断增加新篇章，广告经营上大获成功；《求职广场》招聘广告创单日64大版，刊例收入超500万元纪录;设立"广州日报杯"全国报纸广告奖;广告收入蝉联全国报纸第一位。

### 3. 并非"一帆风顺"的报业发展

无论是采编上的增版扩版出特刊,还是发行上的自办发行,当时都属于"违规"行为。报纸的版面当时由新闻出版管理部门核定,一旦定好,就不能擅自更改,97版出版之后,广东省新闻出版部门曾经对《广州日报》罚过款。发行也遇到过类似的问题,和当时的邮政部门"打过不少仗"。

但是,历史毕竟是向前发展的,这些问题后来都不再是问题,每天的报纸出多少版完全由报社自己做主。发行也是一样,2000年之后,各个报业集团的发行公司重新和邮政开始了友好合作,自办发行覆盖不到的地区,主要是一些偏远地区,都委托邮发解决。

因此,报业在那个时期的崛起,现在看来好像是一帆风顺,实际上这条发展之路也充满了荆棘,要靠当时媒体领导人的智慧和能力去逐一解决。如果没有坚定的意志品质和高超的运作手法,这些采编和经营上的创新性举措很容易"胎死腹中",更不要说发展壮大了。

回过头来看,报业在20世纪90年代的发展,首先是市场经济地位的确立,这是一个前提条件,特别是广州地处南方,邓小平1992年年初的南方谈话就出自这片热土。其次,在市场经济条件下,当时的报业领头人对报纸有了新的认识和定位,报纸既有意识形态功能,也有文化产品属性,既有政治性,也有经济性。最后,就是报业能人、强人的出现,这一点有一定的偶然性,但无论是在国外还是在国内,优秀领导人都是企业顺利发展的一个重要因素。

在20世纪90年代,在主客观条件的相互作用下,中国的报纸开始了一个市场化发展的阶段,《广州日报》在其中扮演了报业先锋的角色。伴随着报业的飞速发展,广州的三大报业集团引进了大批量高校毕业生,其中不乏名校、名专业的毕业生,优质人力资源的不断注入更加助长了报业的发展。

## 四、中国报业的一个"小黄金"时代

进入21世纪,报业竞争出现了新的局面,具体到广州一地,在2000年至

2010年间的大约十年中,主要的竞争转变为《南方都市报》对《广州日报》的挑战,这是第二个阶段。这一阶段的竞争超越了原来《广州日报》与《羊城晚报》之间略显初级的竞争,而表现为一种更深、更广的全方位竞争,采编上深度新闻和评论大显身手,经营上表现为跨地域发展,同时,PC互联网已经出现,传统媒体和新媒体的竞争已经拉开序幕。

### 1. 都市报的采编方针

总体来说,《广州日报》与《南方都市报》在采编上虽然都走"厚报"路线,但却是两种不同风格和不同办报理念的竞争。《南方都市报》因为是省属报业集团的都市报,在舆论监督方面比《广州日报》有更大的优势,在采编上充分发挥了深度报道和评论两把"利器",进而明确提出"办中国最好的报纸"的口号。十几年的时间里,《南方都市报》推出了一系列影响很大的报道,把一份地方都市报办成了在全国甚至是在全世界有广泛影响力的报纸。

(1) 深度报道的兴起。

在深度报道上,不可回避的一个案例就是2003年推出的"孙志刚事件"报道。一个外地到广州务工没几天的大学生,意外地死在了广州的收容救助站里,起因是在街上走路的时候没有拿出能够证明自己身份的证件。当时,《南方都市报》还没有专设深度报道的专门版面,孙志刚这篇报道发在了"要闻"版上,一天的报纸做了相连的两个整版,视觉冲击力很强。刊发之后在全国引发了广泛的影响,以至于后来国务院废除了收容遣送条例,全国的收容遣送站都改组为收容救助站,主要功能是帮扶流浪乞讨人员,不再是收留无证、无业人员。

此后,《南方都市报》开辟了深度报道的专门版面,组建了专门的深度报道部门,实施专业化操作,推出了一批令人印象深刻的深度报道,比如"彭水诗案""周老虎假照事件""安元鼎押送事件""邓丽娇事件"等,打破了之前深度报道几乎全部由周刊和周报垄断的局面,开创了综合性日报操作深度报道的新局面,使中国的深度报道呈现出一种前所未有的面貌,大大增加了深度报道的数量,也大大提高了深度报道的时效性,一定程度上重塑了中国的舆论场。

(2) 新闻评论的强化。

深度报道以及监督报道以外,《南方都市报》这个时期在采编上的另外一个大动作是推出大规模的评论版,每天的评论版多达四个,而且全部放在二版、三版,以及第一张纸的最后两个版,位置最好、最能引起读者注目的版面都用来做评论。选题方面,《南方都市报》这一时期的评论大胆尖锐;写手方面,除了自己的专职评论员,还请了全国高校以及思想界的一批专家撰稿,借此聚集了一批知名写手,把评论版办成了一个舆论和思想高地。

《南方都市报》的舆论监督色彩不只体现在深度报道和评论上,在日常的时政新闻和社会新闻的操作中,《南方都市报》的很多报道也充满了监督和批评的味道,对广州、深圳、东莞等珠三角各地政府的批评报道时常见诸报端。

### 2. 党报的采编方针

《广州日报》在内容策略上走的是和《南方都市报》完全不同的路子,它一方面强调做好各类主流时政和社会新闻,另一方面极力做好服务性新闻。

在前一个方面,《广州日报》不失时机地在各类重要新闻题材上做好策划报道,比如"人类迎接新千年""美国9·11事件""全国以及省市两会""大型跨国采访""汶川地震"等,在这些选题上,《广州日报》和《南方都市报》的报道空间比较接近,有较大的回旋余地,提前策划,有好的创意就可以做出好的效果。在后一个方面,《广州日报》的所有报道可以说都贯穿"服务"理念,让读者不仅会觉得"有趣",而且还对自己的生活工作"有用",而且开辟了很多专门的服务性新闻版面,比如"今日生活""实用新闻""保健新闻"等。

总体来看,在采编上,《广州日报》兼有机关报和都市报的双重属性,是一种"市场化党报"或"市场化生存的党报",在采编上的体现就是把报纸做厚,让报纸涵盖各种类型的新闻,吸引各种不同类型的读者。在激烈的市场竞争中,《广州日报》形成了自己独特的竞争力[①]。

2006年前后,《广州日报》曾经请顾问公司做了一个详尽的市场调查。调查发现,在读者的心目中,《南方都市报》与《广州日报》的不同采编风格已经形成"刻板印象":一个是都市报,一个是党报;一个着眼于实现远大目标,一个立足于关照现实生活;一个主打时政新闻,一个主打服务性新闻;一个在经营上"搏一把",一个在"安全地挣钱";一个整体面目是"小伙子",一个是已经事业有成的"中年人"。

---

[①] 田秋生:《市场化生存的党报新闻生产——〈广州日报〉个案研究》,中国广播电视出版社2010年版,第160页。

### 3. 都市报与党报经营上的竞争

采编之外,两家报社经营上的竞争也全面展开,这一时期经营上的最大特点是"异地办报",就是向广州以外的珠三角地区发展甚至是向全国发展。深圳、东莞等珠三角东岸地区是《南方都市报》重要的开拓地区,特别是在深圳取得了很大成功,形成了"双城战略",吸引了一批全国性广告客户。之后,借助于品牌优势,《南方都市报》在北京合办了《新京报》,在安徽合办了《江淮晨报》,在云南合办了《云南信息日报》等,由于整体媒体环境的变化,也由于各种复杂的关系,"异地办报"最终难说成功。与此同时,《广州日报》也在奋力开拓珠三角市场,相对来说,在佛山、江门这些西岸地区比较成功。

总之,中国最有代表性的两张报纸在珠三角地区展开了长达十余年的正面竞争。《南方都市报》赢得了很大的行业声誉,甚至是世界性声誉。《广州日报》在经营上取得了很大成功,连续多年位居全国报纸广告量的第一名。可以说,两者各得其所。

这一时期,《广州日报》和《南方都市报》在广州和深圳市场上也增加了新的竞争对手。广州主要是《羊城晚报》旗下的《新快报》以及《广州日报》旗下的《信息时报》。《新快报》其实办得不错,但身处报业竞争最激烈的广州地区,一度出现了经营上的问题,并进而产生了一些采编上的失范问题。深圳市场上则有《晶报》《深圳晚报》等对手。这些广深两地的报纸对《南方都市报》和《广州日报》构成了一定的竞争,但是竞争力明显不够。

在这个阶段,PC 互联网开始粉墨登场,使得报纸在与报纸竞争的同时又要与互联网媒体展开竞争,这是媒体竞争的"第二战场",也是非常有中国特色的媒体竞争格局。这一阶段,中国报纸的主要网络竞争对手是 PC 端的门户网站和各式网络论坛,分别以新浪和天涯为代表。不过,网络媒体虽然来势凶猛,但是网媒在这个阶段还未能对报纸构成致命冲击,基本的媒体生态环境还没有改变。

## 五、全媒体新闻生产时代的到来

互联网技术更新迭代的速度越来越快,2010 年特别是 2012 年以后,移动互联网开始快速普及,使新闻生产进入了一个全新阶段,也就是全媒体生产阶段,这是第三个阶段。这大概是人类有史以来最为巨大的一个媒介变化,短短几年时间,其威力尽显。

移动互联网虽然也是互联网,但是和之前 PC 时代的互联网有了根本的变化。在 PC 时代,用户只能在家里或者办公室里上网,使用场景极大地限制了各种互联网应用的开发和发展。但到了移动互联网时代,移动终端如影随形,人在哪里,终端就在哪里,网络就在哪里,手机等终端甚至成了人体的另外一个器官,进而带来了包括媒体、购物、出行等多个行业的巨大变化。

### 1. 全媒体新闻生产时代的到来

媒体融合发展的必要性与急迫性也来自移动互联网的快速发展。中国互联网信息中心发布的第 38 次互联网发展报告显示,截至 2016 年 6 月,中国网民规模达 7.10 亿,比半年前新增网民 2 132 万人,互联网普及率为 51.7%。其中,中国手机网民规模达 6.56 亿,较 2015 年底增加 3 656 万人,网民中使用手机上网人群占比由 2015 年底的 90.1% 提升至 92.5%[①]。对比一下历史数据,中国通过手机上网的人群,在 2012 年 6 月底的时候只有 3.88 亿,从 2012 年到 2016 年的 4 年间,手机上网的人群增加了接近 3 亿,同时期中国的网民群体只不过从 5.38 亿增加到 7.10 亿,净增网民数仅为 1.72 亿。

微信作为一款超级 App 的普及和应用是一个典型例证,2015 年,腾讯公布了一组数据,25% 的微信用户每天打开微信超过 30 次,55.2% 的微信用户每天打开微信超过 10 次[②]。2016 年 1 月微信公众平台日均浏览量已达 30 亿。目前全国微信公众号约有 2 000 万个,且以每天 1 万个的速度增加着。而全国报纸一共才两千家,杂志约一万家。传统媒体每天波澜不惊,互联网媒体的发展却一日千里。

### 2. 传统媒体在全媒体时代受到的挑战

这些改变引发了读者阅读新闻和资讯习惯的改变,大家越来越习惯于在

---

[①] 《第 38 次中国互联网络发展状况统计报告》,中国互联网信息中心网,2016 年 8 月 3 日,http://www.cnnic.net.cn/hlwfzyj/hlwxzbg/hlwtjbg/201608/t20160803_54392.htm。

[②] 《腾讯发布 2015 年微信用户数据报告》,转引自市场部网,2015 年 6 月 2 日,http://www.shichangbu.com/article-24563-1.html。

移动端而不是在传统的报纸或者电视上去获取新闻和资讯。在这样的一种大变局面前,传统媒体的发行量和阅读量直线下滑,随之而来的就是舆论引导能力的下滑以及盈利能力的下滑,具体表现在如下六个方面。

(1) 大众媒体的垄断地位被打破。

伴随着移动互联网的发展,大众媒体时代几乎已经宣告结束,至少是以传统媒体为标志的大众媒体时代结束,分众化媒体时代到来,圈子、部落文化形成,算法推送主导的个性化阅读取代了原来千人一面的大众化阅读。与之相适应,报纸生产也不再是大规模工业化流水线模式,转而向艺术化的小型工作坊模式转变。在这个过程中,原创采编力量保障下的高品质新闻内容依旧是传统媒体的核心竞争力。

(2) 媒体的中介地位被打破。

从字面意思可以看出,媒体在社会生活中扮演的是中介角色,在盈利链条中,媒体赚取中介费或服务费。移动互联网条件下,商家有了自主渠道可以直接找到消费者,无论是旅行社、保险公司还是手机公司的产品和服务在各自的媒体平台上都可以直接展示,而以往这些功能都要靠媒体的中转来完成,中间环节的重要性和必要性大大地下降了。

(3) 传统媒体由"二次售卖"转向"一次售卖"。

在传统媒体时代,大多数报纸的一次售卖是亏钱的,至少不会有特别大的利润,报纸盈利主要靠广告,这是典型的工业化新闻生产方式。移动互联网条件下,媒体的这一套运转逻辑被打破,新闻吸附广告的能力下降,报纸的变现能力下降。以全国盈利水平最高的日报《广州日报》为例,高峰时期,《广州日报》最多一天能有9000多万人民币的广告收入。平日里,广告的占版率大都在50%以上,但是这几年,此种盛况已经不再,常见大版的新闻而没有广告相跟随。这一点在时政新闻领域表现得更为明显,时政领域之外的汽车、3C、房产、医疗等垂直类新闻领域相对要好一些,这些类型的新闻因为服务性强,用户黏性高,变现的途径更加丰富多元。

(4) 报纸由大众化走向优雅化和精品化。

那么,作为一种新闻载体的报纸怎么办?一种比较大的可能性是把报纸往高端方向发展,形成"一般新闻看手机,深度新闻看报纸"的格局。报纸的产品不应该再是一般性的即时消息或者突发新闻,在这些领域,互联网有得天独厚的优势，报纸内容转而向调查报道、背景报道和解释性报道等深度报道的方向去发展。在表现手法上，强调"美文"的写作，强调文字的感染力和号召力，简单粗糙的文字不能再呈现在报纸上。

（5）报业由市场化走向多元化和公益化。

在传统媒体时代，报业是一个高投入、高产出的行业，广告模式是其核心，到了新媒体时代，广告模式虽然受到冲击，但是也不能轻言放弃，纸媒的广告创新仍然有比较大的空间。此外，要努力增加"非报收入"，比如说在文化地产、红酒俱乐部、旅游俱乐部、电子商务等方面的开拓。在此过程中，报纸本身要重回公益化，尽力去吸收财政补贴。

（6）新闻生产由专业化走向社会化。

过去几年，中纪委网站发布了大量贪腐官员落马的消息，在大部分情况下，贪官落马的消息不再由新华社等专业媒体首发，中纪委网站及其配套的App成为中纪委下属的新闻发布平台。在传统媒体时代，这种政府机构直接生产新闻的情况是不可想象的。中纪委之外，法院系统、公安系统、民政系统等都办出了很有影响力的政务自媒体。

## 六、传统媒体面临的"双重危机"

这几年，关于中国传统媒体所遭遇危机的判断和分析很多，虽然表述各异，但核心是两点。一是主流媒体如何在新媒体环境下继续把内容做好并进而掌握舆论主动权。媒体融合的出发点就是要让用户接受主流媒体的新闻产品，以便占领舆论阵地，掌握议程设置的主导权和主动权，保证意识形态的安全；二是如何解决好盈利模式和可持续发展的问题。主流媒体要发挥意识形态主力军的作用，就要有足够的资金来维持媒体的运营，也要解决好媒体的生存和发展问题。这就是传统媒体在今天所遭遇的"双重危机"。

**1. 话语权危机**

移动互联网时代到来之后，传统党媒、商业化网站、政府机构、商业机构以及公民个人全部加入了新闻生产的行列，由门户网站、聚合类网站、微博、微信、知乎、果壳等新媒体平台构筑起一个强大的网络舆论场,这个舆论场深深嵌入老百姓的日常生活,影响到他们的所思所想,进而此起彼伏的热点新闻事件的不断上演,不同的声音以及不同的诉求得以表达和呈现,这背后有正常的民意,也夹杂着商业资本、民粹主义以及多元政治利益的博弈。

"网络舆论场"对专业媒体所形成的"主流舆论场"形成巨大冲击,话语权的快速分散使传统媒体面临着突出的影响力危机,党的主流声音被稀释了,难以形成有效的传播力,即使有传播力,引导力、影响力和公信力也没有那么大了。话语权旁落,那么多家传统媒体的影响力在网络上甚至不如一两个"大V"影响力大,这对主流意识形态安全构成了挑战。意识形态安全是国家安全的一个重要组成部分,而媒体在国家的意识形态安全中一直扮演着非常重要的角色。

### 2. 盈利模式危机

与传统媒体影响力下降相伴,原有媒体的商业模式很大程度上失效了,同样的采编投入,同样的营销投入,不能再换回同样的广告投放,原来完美的商业闭环被打破,支撑媒体运营的资金出现缺口。近年来的报纸倒闭、人才外流都是直接的后果。

过去几年,传统媒体广告市场整体上在萎缩。艾瑞咨询发布的2015年度中国广告数据显示,中国网络广告2015年达到2 093.7亿人民币,同比增长36.0%,而未来几年的增速虽然趋于平稳,但预计2018年的整体规模仍然有望突破4 000亿元。与此同时,电视、报纸、杂志和广播四大传统媒体2015年的广告总盘子不过1 700多亿人民币(见表1-1)①。历史上,网络广告的总量第一次超越了传统媒体广告,而这仅仅只是一个开始。也就是说,传统媒体已经触摸到广告的天花板。

在这种情况下,传统媒体这几年都在奋力从原来单一的广告模式中解脱出来,力图寻找和尝试更加多元化的盈利模式。

---

① 吕荣慧:《艾瑞:2015年中国网络广告市场规模突破2 000亿》,艾瑞网,2016年4月7日,http://report.iresearch.cn/content/2016/04/259999.shtml。

表 1-1　2015 年各类媒体广告收入及同比增长

| 媒体类型 | | 广告收入（亿元） | | 同比增长（%） | |
|---|---|---|---|---|---|
| 互联网 | | 2 096.7 | | 36.10% | |
| 四大传统媒体 | 电视 | 1 219.69 | 1 743.53 | −4.60% | −12.59% |
| | 报纸 | 324.08 | | −35.40% | |
| | 杂志 | 65.46 | | −19.80% | |
| | 广播 | 134.3 | | 1.10% | |

## 七、不同性质的媒体面临不同程度的危机

上一节分析了传统媒体近年来面临的"双重危机"，危机有很多表现，"休刊""停刊"就是两种具体表现。2015 年 10 月 1 日，国庆长假的第一天，至少有 24 家报纸发布了"休刊启事"。"休刊"不是"停刊"，"休刊"通常来说只是假期内短暂地休息几天，"停刊"则是放"长假"，也就是关门歇业。

### 1. 报纸在黄金周假期的"休刊"

最近几年，每逢国庆、春节这样的为期七天的黄金周假期，国内许多报纸会采取"休刊"的举措，此类举措往往表现出如下两个特点。

（1）休刊报纸有明显的区域性。

河南郑州《东方今报》《郑州晚报》和《河南商报》同时休刊。云南昆明《都市时报》以及同城的《云南信息报》同时休刊。山西太原《山西晚报》以及同城的《三晋都市报》同时休刊。最体现休刊一致性的是辽宁大连，"经上级批准"，大连的所有都市报一起休刊。《大连晚报》的声明说，"十一"法定长假即将来临，经上级批准，《大连晚报》与大连其他都市类报一起自 10 月 1 日至 10 月 7 日休刊，10 月 8 日恢复出报。同城的《半岛晨报》同时休刊。晚报和晨报分别隶属于大连报业集团和辽宁日报报业集团，是直接的竞争对手。

从休刊天数看，大多休 7 天，也有的报纸没有 7 天全休，《内蒙古晨报》休 5 天，《温州晚报》休 6 天，《三湘都市报》则创造性地发明了"合刊"，把两天的报

纸放在一天出。

(2) 报纸休刊但新媒体平台不休。

24家都市报的休刊还有另外一个特点，就是"报纸休，但是新媒体端口不休"。《天府早报》的声明说："本报将于10月1日至10月7日休刊，10月8日恢复正常出报。在与您小别7天的日子里，本报将派出记者深入基层采访，各类民生服务信息亦一如既往发布，相关稿件将在早报官微官博上刊出。"《都市时报》《东方今报》《郑州晚报》《河南商报》在声明里都有类似内容。

黄金周期间，为什么有这么多报的报纸要休刊？粗略分析起来，主要有下面四个原因：第一，没有充足的新闻；第二，没有充足的广告；第三，节约印刷发行等成本；第四，新媒体端口替代。

**2. 报纸的"永久性"休刊——停刊**

需要注意的是，近年来报纸的"休刊"不仅仅发生在国庆的7天假期内，还有越来越多的市场化报纸永久"休刊"了，这里的"休刊"其实就是"停刊"，"休刊"只是比"停刊"委婉一点的说法而已。2016年1月1日，《今日早报》和《九江晨报》宣布停刊，《今日早报》是浙江日报集团旗下的一张都市报，《九江晨报》是九江日报集团旗下的一张都市报。报纸停刊近年来已属常态，2015年，还有创办16年的《生活新报》于2015年7月休刊，创办6年的《长株潭报》于2015年9月起休刊。

有观点认为，报纸停刊是因为多数都市报的生活服务功能已被网络全覆盖，加之同质化竞争、政策红利缺乏，部分报纸退出是常态。在提供吃喝玩乐，生老病死等服务信息方面，报纸竞争不过美团和百度；在抓老虎、拍苍蝇、审贪官方面，报纸竞争不过中纪委和法院网站；在报道万科和宝能的商业大战方面，报纸又竞争不过"吴晓波频道"和"秦朔朋友圈"等自媒体。在这样的情况下，部分报纸的退出也是自然而然的事情。

内容不振之外，中国媒体还有一个特殊情况，就是同时面临着"三线竞争"，使得它们运行的压力非常之大。

(1) 纸媒与纸媒之间的竞争。

这个竞争几乎是中国媒体所独有的，欧美纸媒虽然现在也面临互联网的竞争，但是欧美纸媒与纸媒竞争的阶段已经过去，基本上形成了"一城一报"的格局,这让纸媒可以把全部精力用来对付可能的网络对手,而不用像中国的报纸那样要同时兼顾几个战场。

从20世纪90年代到21世纪第一个10年,是纸媒的一个"小黄金"时期,当时各个城市涌现了一批都市报,报纸之间形成"乱战"局面。在此之前,一个省会城市也就有两份党委机关报,特殊一点的城市,如北京、上海、天津、广州等,再多一份晚报,每天也就出版三张报纸。但是从20世纪90年代晚期开始,广州一城就有6张日报在同一个市场上竞争。没有网络媒体之前,虽然竞争激烈,但6张日报还可以各自寻求自己的市场,各有各的生存门路。但是移动互联网一来,整个报业市场的总量被压缩,原本竞争力弱的报纸就有了生存危机。

(2) 纸媒与互联网媒体的竞争。

这是全世界媒体面临的共同问题,但中国也有自己的特色,最明显的一点就是中国有腾讯、新浪、网易、搜狐这类社会性门户网站,这些非传统媒体办的网站大量存在而且竞争力强劲。这四大网站在21世纪第一个10年里对纸媒构成了很大挑战,虽然那个时候,纸媒的盈利能力还比较强。到了移动互联网时代,传统四大门户虽然各自境遇不同,但是总体来看依然有很强的渗透力,腾讯的微信、新浪的微博已经发展成平台级产品,如今又加上了今日头条等新贵。这使得中国纸媒面对着更加强大的互联网媒体竞争,而自己的生产能力又受到各种制约,因而面临的危机更大。

这种情况虽然美国也有,比如美国的Facebook、Twitter也是社会性网络平台,对《纽约时报》《华尔街日报》构成了挑战。但是总体而言,传统媒体借助于自己的各个新媒体端口,在优质内容的供给上依然有明显优势,盈利能力虽然有所下降,但是不至于面临生存危机。

(3) 纸媒内部不同端口之间的竞争。

"纸媒内部的竞争"说的是纸媒自己的转型问题——在报业集团内部,如何发展自己的新媒体?新媒体端口和传统媒体之间是什么关系?

这个问题是全世界媒体遇到的共同问题,只不过在中国的现实环境中,也展示了浓浓的"中国特色"。比如,南方报业集团办了一个"南方+"新闻客户端,那么,"南方+"和原来的南方网、南方报业网之间就有了一定程度的竞争。再比如,《南方都市报》2015年4月推出了全新的并读App,"并读"和原来的

"南都"App之间也有了某种程度的竞争。同理,《广州日报》推出了广州参考App,这个App和原来的广州日报App之间同样也会产生竞争。此类一个集团或者一个报社内部的竞争也需要处理好。

以上三种竞争、三条战线在同一个时空条件下上演,这也是中国传统媒体转型格外困难的主要原因①。

### 3. 中国传统媒体的应对之策

根据近年来陆续发生的停刊事件,可以得到如下几个关于传统媒体危机的判断。

(1) 危机之下,最先退出的是市场化报纸。

中国的报纸,抛开行业报不说,单就综合性报纸而言,无非就是党报和都市报(晚报)两种类型,在三重竞争之下,各种报纸面临的境遇是一样的。但是由于党报是党和政府施政的一个必不可少的舆论阵地,所以困难的时候,党和政府会向党报伸出援手。再加上党报在原来体制之下积累了不少地产和物业,盈利手段更加多元化。但是都市报不同,这批报纸一出生就走市场化路线,是靠广告挣钱的,盈利模式非常单一,广告一下滑,马上就有生存问题,甚至直接就停刊了。

(2) 危机之下,最先退出的是竞争力弱的报纸。

虽说都市报的危机是共同的,但在过去20余年里,一些都市报发展得很好,在当地有很好的读者群,同时建立了很好的品牌基础,这样的报纸就会更有生命力,转型空间也更大。相反,在一个城市里,如果一张报纸挤不进市场的前两位,那么这张报纸的前景就十分堪忧,能否再坚持下去也是一个问号。

2016年1月1日宣布停刊的两家报纸都属于上述情况。《今日早报》在杭州远逊于《钱江晚报》和《都市快报》,《九江晨报》在九江这样一个三线城市也是一个后来者,创刊只有5年时间,市场占有率本来就不高,抗风险能力也比较弱。反过来说,杭州的《钱江晚报》、武汉的《楚天都市报》、广州的《南方都市报》、成都的《华西都市报》、北京的《新京报》等市场占有率大、品牌好的都市报暂时就不会有生存之忧。

---

① 窦锋昌:《开放式新闻生产——网络时代报纸新闻生产方式的变革》,中山大学出版社2014年版,第216—220页。

(3) 危机之下,处境艰难的报纸转型动力最大。

这一点很重要,日子好过的媒体因为暂时没有生存压力,在往新媒体转型的路子上往往犹犹豫豫,不能横下一条心,转型的步伐显得异常沉重,转型的成效也十分有限。这是可以理解的,因为这些报纸依然能够盈利,转型过程中不能放弃这些现有的经济来源。反观原来在各个城市排名第三到第六位甚至更靠后的媒体,移动互联网的发展已经让它们无路可退,反倒有可能彻底转型进而杀出一条血路来。

上报集团的澎湃是这方面的好榜样。澎湃的母体是上海的《东方早报》,《东方早报》原来在上海报业市场的位置在三四名开外,受到互联网的冲击最早、最大。2014年7月,《东方早报》彻底转型,并把澎湃这个新媒体作为重心重构自己的新闻生产链条,成功地走出了一条自己的路。危机之中蕴藏着生机,在这些危机最深的报纸中,说不定就孕育着未来新媒体的种子。

第二讲

# 媒体融合发展中的全媒体新闻生产

2014年以来,从中央到地方的各级政府陆续出台了一系列政策鼓励"传统媒体与新兴媒体的融合发展",而全媒体新闻生产正是媒体"融合发展"题中的应有之义,也是媒体融合发展的一个有机组成部分。在媒体"融合发展"中,全媒体新闻生产属于内容生产板块,也是最重要的一个板块。要认识目前的全媒体新闻生产,先要认识它所处的媒体融合发展这个大环境和大背景。

在融合发展的问题上,各家媒体近年来都使出了浑身解数,在盈利模式、内容生产、体制机制、多元化发展等方面创造了很多成功的范例,当然也有很多值得总结的教训。

## 一、中国媒体融合发展的"政府驱动"

作为巩固宣传思想文化阵地、壮大主流思想舆论的一项战略举措,中国的媒体融合发展政策体系在过去几年里逐渐丰富和完善。2013年11月,党的十八届三中全会提出推动媒体融合发展的重大任务,2014年8月,中央专门印发了《关于推动传统媒体和新兴媒体融合发展的指导意见》。在这期间,习近平总书记多次就推动媒体融合发展作出深刻阐述,强调融合发展关键在融为一体、合而为一,要尽快从相"加"阶段迈向相"融"阶段,着力打造一批新型主流媒体。

**1. 融合发展启动越早越好**

不断出台的政策极大地促进了业界的发展变化,过去的几年相对整个中国传媒业的发展而言虽然很短暂,但对每一位新闻业界的亲历者来说,2014年以来的几年所经历的震撼式、颠覆式变局都是前所未有的。

上海报业集团社长裘新2016年就曾经在一个会议上说,"如果说三年前,对于为什么融合、怎样融合,大家还感到莫衷一是的话,现在回过头来看,今天的融合发展早已不是一个路径选项,而是关系到舆论主导权、话语权,关系到主流媒体生存发展的一项战略使命,必须抓住融合发展的时间窗口,启动越早越好,越坚决越好"①。

以上海为例,2014年到2016年的三年间,在市委市政府的关怀和支持下,上海传统媒体与新媒体的融合发展取得了显著成就。报纸方面,2013年10月,上海报业集团成立,之后推出上海观察(现在更名为上观新闻)、澎湃、界面三个新媒体项目,挤进中国最有活力的新兴媒体群中。广电方面,2014年3月,上海文广新一轮体制改革启动,创办了OTT电视、看看新闻网、阿基米德、一财网及财经大数据应用等新媒体平台。

如果说中国传统媒体的发展在改革开放前30年以广东为代表的话,那么2014年以来,上海已经成为中国媒体融合发展的前沿阵地。

不止上海如此,全国各地的媒体融合发展都在进行中。2014年以来,主要媒体调研融合发展的举动不断,可以说是蔚然成风,江苏省委书记、云南省委书记、深圳市委书记、武汉市委书记等领导都到媒体进行过调研。

### 2. 漫长的融合发展道路

不过,传统媒体与新兴媒体融合发展的道路依然漫长。时任中宣部部长刘奇葆2017年1月5日在推进媒体深度融合工作座谈会上提醒大家,推进媒体深度融合还面临着一些突出问题。第一,动力不足,有的缺乏居安思危、求新图变的紧迫感,工作积极性、主动性不够。第二,思路不清,有的深入研究不够,总体设计缺乏,路线图、施工图不明晰。第三,工作偏差,有的传统业务与新媒体业务还是"两张皮",互不相融;有的新媒体名号与母体相分离,削弱了主流媒体的品牌影响力②。客观地讲,以上三个问题在各地传统媒体与新兴媒体融合发展中都不同程度地存在。

时至今日,在融合发展特别是在传统媒体的融合发展方面,全国范围内能够拿得出手的成绩有一些,如《人民日报》、澎湃、财新传媒、《新京报》等。其他的媒体,有一些在资本运作或者文化地产运作上找到了盈利途径,"非报收入"明显增加,这些运作只是优化了媒体的经营和财务状况,但就媒体融合发展抢占舆论阵地和话语权的战略目标来说,并不能算是成功。

---

① 裘新:《媒体融合:不仅仅是媒体的融合》,《传媒评论》2016年第12期,第25—27页。
② 刘奇葆:《推进媒体深度融合 打造新型主流媒体》,《人民日报》2017年1月11日,第6版。

## 二、媒体融合发展中盈利模式的探索

在过去几年的融合发展过程中,从中央到地方的各家媒体进行了积极探索,一些取得了比较好的成效,也涌现出了多种盈利模式。

**1. 创新思维,延续"二次销售"的生命力**

新媒体环境下,基于广告营销的"二次销售"模式受到极大挑战,但是广告的生命力依然还在,传统媒体广告总量和份额的下降并不意味着广告模式就完全失效了,两百余年延续下来的广告模式余威仍在,特别是创意广告的效果依然受到商家青睐。只不过,在今天的媒体环境下,广告的做法不能再固守原来纸媒的那一套玩法,需要用新的创意去提升对广告客户的服务水平,实践证明,只要动脑筋想办法,广告模式的生命力就可以延续下去。以2016年的报纸广告运作为例,就涌现出了两种值得肯定的创新模式。

(1) 开拓创新,挖掘"创意广告"。

"不懂为什么,就是突然想打个广告"。2016年5月25日,两家自媒体的"不懂体"广告出现在了《深圳晚报》的头版上,引起了很多人的关注;2016年7月11日,上海东方头条又买下《深圳晚报》的头版,连续7天为自己摇旗呐喊。从实际效果来看,这种头版创意广告影响巨大,微博上模仿"不懂体"的段子超过百万条。纸媒与新媒体合力,实现了传统媒体和网络媒体的良性互动,成就了广告营销的一种新趋势。此种广告在近年来的《深圳晚报》上成为一个突出现象。

针对部分网友提出的"深晚头版广告是杀鸡取卵,伤害纸媒尊严,消解纸媒权威"的说法,有专家认为创意广告要解决头版是"新闻至上"还是"营销至上"的问题,只要能够平衡好两者的关系,就可以大胆尝试。也有专家认为,《深圳晚报》的头版创意广告,符合今天互联网语言沟通方式,是一个大胆的创意和突破,应该给予肯定和支持[1]。

---

[1] 《深晚头版创意广告 引发业内强烈关注》,《深圳晚报》2016年7月26日,A06版。

最好用事实说话,当许多报纸面临着亏损甚至被整合关闭的命运时,《深圳晚报》的收入和利润却在上升。2016年上半年《深圳晚报》总营收与2015年同比上升23.08%,利润比2015年同期增长近800万元①。

(2) 建好新媒体端口,留住老客户。

除创意广告之外,传统媒体近年来不断加大对自有新媒体终端的建设运营,在不断增长的互联网广告中争取自己的市场份额,同时为原有广告主提供覆盖报纸和新媒体终端的组合套餐,把纸媒原有的广告客户留住。这是传统媒体把广告模式发挥到极致的另一种尝试。

资料显示,2015年网络广告的市场规模突破2000亿人民币,什么叫网络广告?只有在BAT上呈现的广告才是网络广告吗?答案是否定的,BAT固然是网络广告的大头,但是BAT没有一统网络广告江湖的能力,还有大片空白地带留给各家传统媒体去竞争,传统媒体的"两微一端"具有这样的竞争力。传统媒体的广告部门给广告客户提供覆盖报纸和"两微一端"的组合套餐,给客户提供"一站式"的一揽子广告投放方案,广告客户无需单独再去找网络媒体投放。这样一来,传统媒体通过提高自己的服务能力把原有广告客户留住,这也是很重要的一种盈利手段,比去吸收新的广告客户更加容易。

举例来说,2016年的"双十一"宣传,阿里巴巴闲鱼的司法拍卖广告就很欢迎上述横跨传统媒体和新媒体终端的广告套餐,该公司的大部分广告投放都采取了在纸质媒体和新媒体同时投放的套餐模式②。

## 2. 启动"整合营销",完善盈利模式

单纯的"二次销售"模式不能为新闻业带来预期经济回报的情况下,"整合营销"就成为一个合理的替代品。"整合营销"在不同的学科和领域具有不同表现形式,具体到机构媒体的"整合营销",主要表现在广告、发行、品牌、采编等部门的一体化运作,其核心是媒体资源的重新组装和分配,在一体化运作中承接政府和商业机构的活动策划、组织和营销方案,提供一揽子的全案服务。

在2015年和2016年两年中,南风窗杂志社的整合营销收入已经占了整

---

① 《为什么全国各地的广告主突然都看上了〈深圳晚报〉的头版?》,转引自YY头条网,2016年7月12日,http://www.9yy.net/archives/19605.html。
② 笔者对阿里巴巴集团"闲鱼"拍卖负责人的访谈,2017年12月,杭州。

体收入的约20%,这其中的客户包括南方电网、广州市外办、南沙区政府、广州市残联等,这些客户需要的服务包括活动承办、内刊制作、宣传推广等多项内容,要做好这些服务,只依靠广告、发行、品牌或者采编中的任何一个部门都难以完成,这就需要所有相关部门组成联合工作小组,以项目为单位,组成一个一个的联合战队,由这些联合战队去完成"整合营销"的工作。在以前机构媒体盈利能力强的时候,南风窗杂志社是不会把这些客户作为服务对象的,但在现在的环境下,扩大服务对象并且扩大服务范围就成了机构媒体的必然选择①。

连续20余年占据全国报纸广告收入第一名的《广州日报》这几年也同样推出了不同形式的"整合营销"服务。比如,2012年以来,广州市有关部门每逢春节前夕都会在全国各地推广"花城看花,广州过年"的活动,以期吸引全国各地的游客春节期间到广州过年和度假,这种推广活动如果由政府部门自己去操作,很可能"事倍功半"。过去几年,这项活动都交由广州日报报业集团下属的广报文化公司来操作,也就是政府花钱购买它的这项专业服务。这个公司一方面在北京、上海等各大城市展开线下推广活动,另一方面也吸引当地的媒体去做关于这些活动的报道,在所在城市形成推广和宣传的热潮,达到吸引这些城市市民到广州过年的目的②。

在纸媒的黄金年代,《广州日报》的广告版面一直供不应求,广告客户甚至要排队等候版面,报纸只要把广告主或者广告公司设计好的版面刊登出来,就完成了自己的服务,接下来就等着收钱了。此种局面下,《广州日报》不可能再去开拓整合营销的业务。但是,2013年以后,广告业务到达了历史的顶点后掉头向下,这个时候,开拓整合营销业务就成了很容易想到的发展方向,在广告、发行、印刷之外成立广报文化公司也就顺理成章了。这个公司成立之后,每年的业务量都在增加,成了广州日报社的一个新的利润增长点。

无独有偶,根据浙报传媒2015年的公告,在主营业务的收入构成里面,其中有一项是"信息服务",营收1.3亿人民币,占总收入的比例达8.82%。通常来讲,"信息服务"包括舆情监控、承揽活动等,其中大部分都属于"整合营销"的范畴。浙报传媒2016年半年报则显示,在广告和发行收入之外,位列新闻

---

① 笔者对南风窗传媒智库卖负责人的访谈,2016年12月,广州。
② 笔者对广州日报社旗下广报文化公司负责人的访谈,2017年12月,广州。

传媒类业务第三位的是"活动或服务收入",达到4 680万人民币,增长率为40%多,在广告和发行收入均下降的情况下,这部分收入的逆势增长显得更加不同寻常。

最后,这几年很多家媒体成立了智库,比如新华社瞭望智库、财新智库、南风窗传媒智库等,这些智库其实也是整合营销的平台。从国际上看,虽说近年来新闻媒体行业整体上遭受了巨大冲击,但是,分领域来看,财经媒体却大都能够生存下来,比如Dow Jones、Bloomberg、FT,以及最成功的《经济学人》(*Economist*),主要原因是这些媒体公司除了新闻业务以外,还有一块和新闻业务高度相关的智库业务,包括数据业务、指数业务、研究服务类业务等,此类业务都可算作是整合营销业务,它们受冲击的程度比新闻业务要小得多。比较之下,中国媒体发展这块业务的机会和潜力也很大。

### 3. 实施多元化发展,提高"非报收入"比重

广告模式也好,整合营销也好,都是围绕媒体在做运营,都属于报业收入。报业收入近年来在下滑,开拓非报收入就成了大部分媒体的一个选择。以《纽约时报》的发展为例,该报2017年的预测收入将达到5亿美元,这5亿美元当中,除了来自报纸的收入以外,还包括报纸之外的收入,比如承办会议、出租办公大楼的某些楼层,都是报纸之外的额外收入,这些收入构成了《纽约时报》的非报收入[①]。客观地说,在开拓和挖掘非报收入方面,国内报纸这几年已经探索出了多种做法,而且成效非常显著。归纳这几年的实践,非报收入的拓展主要包括下面三种形式。

(1) 文化地产的拓展。

所谓文化地产就是传媒产业和房地产的结合,在报业日子比较好过的时代,全国的报纸或多或少都曾经投资过房产或地产,有一些现成的物业和地块,以前这部分产业的价值没有充分挖掘出来,到了现在这个阶段,把这些物业和地块盘活就成了当务之急。

羊城晚报集团在这方面是一个典型例子。报业辉煌时期,它购置了位于广州市东郊的一个旧工厂,在那里建设了印务中心,建完之后,还有好多剩余

---

① 《〈纽约时报〉CEO:将纸质报纸收入设为零,报纸一样要赚钱》,记者网,2017年11月20日,https://www.jzwcom.com/jzw/4c/18810.html。

的旧厂房,当时就廉价出租出去成了货仓之类的"低端"场所。过去几年,羊城晚报集团重新改造了这个地方,不仅把自己的采编和行政整体搬迁了过去,而且把原来的旧厂房重新设计改造,建成了一个文化创意产业园,盘活了原有的物业。同时,把自己原来在市中心的办公大楼腾出来与腾讯合作,打造了另外一个文化产业孵化基地①。

过去有很长一段时间,羊城晚报报业集团相对广州日报报业集团和南方日报报业集团来说发展得没有那么好,但是经过这几年在文化地产方面的一番腾挪,它在转型发展上已经领先兄弟报业一步。全国范围内,类似羊城晚报报业集团这样在文化地产上做文章的报社不少。

（2）电商平台的拓展。

报业鼎盛时期,报社出售的产品基本上只有两种,一种是报纸,另外一种是广告,这两样东西都属于报业收入,到了现阶段,原来庞大的销售和发行队伍如果只是销售这两类产品已经不够,需要拓宽售卖的产品线,一方面解决销售队伍的闲置问题,另外一方面也可以为报社带来一定的非报收入。

这类拓宽的售卖产品一般具备两个特点,一是附加值高,二是需要媒体的公信力背书。比如冬虫夏草、人参海藻等产品,它们售价通常比较高,而且通过一般市面渠道销售的此类产品假冒伪劣较多,但是媒体开设的电商平台具有比较好的公信力,消费者哪怕多花点钱也愿意通过媒体电商渠道购买。多年前,成都商报旗下的成都全搜索网络平台售卖过五粮液,效果不错。近年来,广州日报报业集团旗下的上市公司粤传媒售卖过几次冬虫夏草等产品,反响也比较好②。

除此之外,媒体电商售卖的产品还可以与媒体产品本身紧密相连。比如,南风窗杂志社在自己的微信平台上曾经售卖一款叫作"南风窗公务员考试读本"的小册子,就是把南风窗杂志上刊发的和公务员考试紧密相关的文章汇编成册销售给参加公务员考试的考生,效果也不错③。

（3）上下游产业链的纵向拓展。

媒体产业是文化产业的一部分,在报业辉煌时代,报社只专注于把自己擅

---

① 窦锋昌:《机构媒体盈利模式的转向及人才支撑》,《青年记者》2018年第1期,第24—26页。
② 同上。
③ 同上。

长的那一部分做好,产业链的其余部分由其他公司去完成,但是到了现在,只做自己原来那一部分已经不够了,需要向产业链的上下游去纵向拓展,以便增加自己的总体收入,同时更好地服务自己的客户。

在这方面,最典型的例子是广告业务,之前媒体只做"广告发布者",广告的创意和设计几乎全部交给了广告公司这个"广告经营者"去完成,媒体只要把广告公司设计的广告版面刊登出来然后再发行出去,就算完成了自己的任务。但是到了今天,媒体的广告部门就不能再只做一个简单的发布者和发行者,它需要直接和广告主对接,了解并完成广告主的需求,而且在发布完广告之后,还要向广告主提供各种跟踪服务。

广告之外,我们看到在2017年以及之前的几年,还有不少媒体把自己的触角伸向了演艺、会展、活动、会议、旅游等行业,这些行业以前只是媒体的报道对象,但如今媒体直接介入了这些行业,凭借自己的采编力量、品牌力量去赚取非报收入。

### 4. 探索资本运营,丰富媒体集团的盈利途径

如今的新闻生产不再是专业新闻机构的垄断化生产,已经演变为社会化大生产,门户网站、问答社区、论坛、微博之外,微信公众号已经有了2 000多万个,今日头条也有了数百万头条号,在这些新闻生产主体中,不乏各个领域的意见领袖,也常见各种"10万+"的爆款文章。过去几年中,这些微信大号不再是一两个人的单打独斗,大部分已经开始了公司化运营。在这个过程中,主流媒体集团或者其他国资集团应该大胆出手,通过并购、参股等方式去介入这些社会化新闻生产机构的运营,通过这种市场手段的运用,一方面巩固主流新闻舆论场,另一方面也可以为主流媒体带来一定的投资回报。

过去几年,浙江日报报业集团在这方面采取了比较多的行动。浙报集团早在2011年就设置了一个新媒体投资公司——传媒梦工场,下设有创投基金、孵化基地、研究院、实验室、新媒体运营等机构,其目标是打造全国一流的新媒体产业生态圈,并通过资本运作、技术创新以及传媒运营资源的投入,为新媒体创业者营造创业创新的土壤和环境,为传媒业未来发现和储备新生力量。传媒梦工场创投基金致力于新媒体领域的早期投资(种子期与天使期),并与浙报集团产业背景结合,为项目提供全方位的孵化扶持。主要投资方向

为基于互联网文化传媒和TMT领域的早期项目,已有的投资包括虎嗅网、宏博知微、海博智讯、微拍、音乐天堂、创新派、车商通、房产销冠、170CM、韦德福斯、言妙科技、雷科技、碉堡资讯等。孵化成功率高达八成以上①。

上报集团在新媒体投资领域也有大手笔,已经由上海报业联合国内主流母基金——元禾母基金、歌斐资产等共同发起八二五新媒体基金,两期累计管理规模超过30亿。基金1期设立两年时间不到,就完成投资项目60个,在2015年以来大起大落的资本市场中,有超过30个项目实现后续轮融资,不少还是多轮后续轮融资,有两个项目登陆新三板,一个项目实现全现金并购退出,并已完成分配②。

不论是浙报集团的传媒梦工场还是上海报业的八二五,媒体集团主导发起产业基金,主要就是三个出发点:一是希望从基金的投资组合中培育有成长性而且与集团主业具有战略协同的项目;二是发挥市场化、专业化优势,克服传统体制、机制、人才上的障碍,通过一定的投入,成倍撬动社会资本,实现规模收益;三是对发展新媒体来说,产业基金的模式能够一定程度上平衡早期和中期投资的风险,并缓解投资集中期给报业集团报表带来的压力。

**5. 回归公益性和事业性,吸收财政补贴和国有资本**

世界新闻史上,严肃新闻媒体自己赚钱养活自己只有不到200年的历史,我国的媒体自己挣钱养活自己,从1996年1月中国第一家报业集团成立开始算起,才不过20年的历史,之前,中国的媒体都是吃财政饭的。在移动互联网的冲击之下,传统媒体自己养活自己越来越困难,党和政府看到媒体受到的这股冲击,这几年纷纷出手给予财政扶持或补贴。

在这方面,上海市委市政府对媒体发展予以资金扶持在国内比较早,力度也比较大,新一轮的财政扶持始发于上海,文新和解放两大报业集团2013年合并为上海报业集团之后,上海市财政局每年分别给该集团下属的《解放日报》《文汇报》5 000万元财政补助。接着,广东开始给《南方日报》《羊城晚报》以及广东广播电视台等主流媒体财政补贴。到了2016年,对媒体进行财政补

---

① 《浙报传媒梦工场:从神秘组织到转型支撑平台》,电子商务研究中心网,2014年9月3日,http://www.100ec.cn/detail-6195562.html。
② 裘新:《媒体融合:不仅仅是媒体的融合》,《传媒评论》2016年第12期,第25—27页。

贴已经在国内各省市具有相当的普遍性。

2016年8月22日,在深圳召开的"2016媒体融合发展论坛"上,深圳报业集团党组书记、社长陈寅透露,为支持深圳报业集团主业转型和媒体融合,深圳市决定连续六年每年给该集团1亿元财政资助。2016年11月,在湖南省第十一次党代会上,部分省党代表联名提交提案,建议加强以党报、党刊、党台、党网为主流舆论阵地的党媒建设,从政策配套、体制改革、要素保障等方面加大对党媒的支持力度。2016年12月8日,廊坊市委常委会专题学习河北省委办公厅、省政府办公厅下发的《关于加强对各级新闻媒体财政支持的通知》,研究部署落实措施,这表明为了加强对新闻媒体的财政支持,河北省"两办"已专门下发文件①。

2016年12月14日,广州日报报业集团旗下上市公司粤传媒宣布,粤传媒的全资子公司广报经营公司获3.5亿元财政补贴资金,专项用于《广州日报》的印刷、发行支出②。粤传媒2016年第三季度公告显示,前三季度公司归属于上市公司股东的净利亏损2.41亿元,同比下滑380.97%。粤传媒2015、2016两年的亏损有很大的偶然性,这源于2013年收购上海香榭丽户外广告公司的失败,2015年粤传媒已经亏损,2016年如果没有非常之举,肯定还要继续亏损,而如果连续三年亏损,粤传媒就要进入特别警告之列。这个时候,3.5亿财政补贴来了,粤传媒2016年的财报就此扭亏为盈,这笔财政补贴对于粤传媒来说意义重大。

其他传统媒体虽然不至于像粤传媒这样因为市场投资失败而面临巨额亏损,但是日子也不好过,比如这两年发展势头很好、品牌也很好的澎湃,加上上海市政府的财政补贴,2015财年依然不能做到盈亏平衡。这说明,对于相当一部分机构媒体来说,单靠市场运营已经不足以支撑庞大的采编以及经营支出,需要财政补贴来缓解经济压力。

实际上,财政补贴作为传统媒体的一种重要收入,已经在某些地区实施了好几年,但是从来没有像最近几年这样如此重要和突出,对某些传统媒体来说,财政补贴成为最重要的一类收入。

财政补贴之外,上海还创造了国有资本向媒体注资的做法。2016年12月

---

① 窦锋昌:《机构媒体盈利模式的转向及人才支撑》,《青年记者》2018年第1期,第24—26页。
② 同上。

28日,上海市属的6家国有企业集团向澎湃注资6.1亿元人民币。相对于媒体集团在内部对新媒体项目的孵化,国资注资可以叫作"外部融合"。"外部融合"的选项很多,除财政扶持、国资注资之外,地方政府也可以在税收和产业政策等方面给予媒体一定的特殊优惠和倾斜。比如在文化地产、文化创意产业等方面给予税收扶持,用此类收入反哺严肃新闻业的生产。对于这样的政策组合措施,浙江、广东等地在这方面已经积累了很好的经验。

## 三、媒体融合发展中的三个战略问题

前面说过,媒体融合发展要解决媒体的"双重危机",盈利模式的探索只是其中的一个方面,另外还有一个不可或缺的方面,就是内容生产,内容生产构成了媒体融合发展的另外一个重要组成部分。在这个阶段,内容生产表现为全媒体新闻生产。在内容生产这个部分,媒体需要在宏观层面确立三个战略。

### 1. 内容战略

媒体需要坚定不移地做好内容生产,而判断内容生产是否成功的标准是"舆论引导力"。在这方面,传统媒体特别要防止"中互联网思维的毒",融合的目标不能是"去媒体化"。

(1) 传统媒体不能丢掉内容。

过去的20年(1990年至2010年)是纸媒的一个"小黄金时代",在这个阶段,媒体只要把内容和发行做好,广告自然就会来投放。20年间,中国的传统媒体有的"大富大贵",有的"小富即安",但是经营上都是自足的,能够形成良性循环。但是伴随着移动互联网的飞速发展,今天的媒体环境发生了非常大的变化,传统媒体的盈利能力急速下滑。为了维持财务平衡,有些媒体去做游戏,有些媒体去做文化地产,有些媒体去做户外广告,但是不经意之间却忽视了最重要的内容生产,以至于有传媒类期刊发表专题报道说"传统媒体放弃了对主流媒体地位的追求",陷入了"不务正业"的窘境[①]。

---

① 窦锋昌:《主流媒体为何陷入"不务正业"的窘境》,《青年记者》2015年第28期,第14—15页。

这几年不少传统媒体的转型走上了"去媒体化"的道路,这可以说是中国媒体转型的一个特有现象。收入结构、股权结构、内部稿酬机制、采编与经营权限、采编运作等方方面面体现了非常浓重的"去媒体化"倾向,其背后的逻辑是,内容生产需要付出高昂成本而其新闻价值却变得令人质疑,那么干脆不要继续在内容生产上投资了,转而去做内容聚合或者多元化产业发展,什么赚钱就做什么。这种想法最终导致媒体变得越来越不像媒体,有些传统媒体甚至变成了只是具有媒体属性的文化公司。

2015年9月16日,央视知名主持人白岩松寄语传统媒体人:"传统的媒体人是一个特别规范的内容供应商,如果你始终在做一个很好的内容供应商,我要恭喜你。目前最大的问题是我们丢掉了内容,天天焦虑,觉得要被新媒体抛弃了,你都丢掉了内容,连传统媒体都会抛弃你。"①白岩松的这个提醒值得传统媒体业界人士重视,相比于各家互联网媒体巨头,比如腾讯、网易、新浪、今日头条等,强大的内容生产力才是传统媒体的最大优势。

(2) 要做出优质的内容并不容易。

互联网时代特别是移动互联网时代到来之前,传统媒体的日子比较好过。一个重要的原因是,那时的传统媒体具有"渠道"的垄断优势,并不是这些媒体的"内容"做得有多好。近年来,各种自媒体飞速发展,传统媒体的渠道优势被极大地压低,这时更加需要传统媒体把内容做好。纵向来看,很多传统媒体如今的内容生产相比于以前进步了,至少是没有明显退步。但是现在的内容竞争加剧了,不仅发生在传统媒体之间,而且还发生在传统媒体与新媒体、自媒体之间。相比于新媒体和自媒体,传统媒体的内容竞争力表现比较疲软。

因此,传统媒体要在新媒体环境下继续优雅地生存下去,更加要提高内容生产能力,源源不断地提供优质内容给读者(用户),这是传统媒体融合发展的必由之路。在这个方面,传统媒体面临的挑战相当大,既有体制性的制约,也有自身生产机制的制约,还有人才和生产能力的制约。

(3) 找到宣传要求与优质内容的结合点。

宣传要求与优质内容的结合,历史上能够做到,现实中也可以做到。比如关于2015年9月3日大阅兵的报道,南方系各媒体都做出了精彩内容,新华

---

① 《白岩松谈央视主持人离职:我预感不会干到退休》,网易新闻,2015年9月17日,http://news.163.com/15/0917/01/B3M7KVDM00014Q4P.html。

社甚至发文说"南方系已翻开新一页"。文章说,最受人留意的《南方周末》头版以近整版特大篇幅刊发了习近平主席检阅三军的图片,图片元素丰富,在大图下方配以《纪念胜利日悦圆中国梦》的编辑部评论,围绕阅兵的重要历史时刻,阐释和平发展的大义。同时,处于国内都市类媒体第一阵营的《南方都市报》表现同样不俗,头版整版用图达到了"此处无声胜有声"的传播效果,该报还同时推出《大国点兵》特刊和《胜利日阅兵》新媒体号外,以鲜明的点评、多媒体的呈现,形成独到的《南方都市报》新风格。当天中午,其新媒体号外的点击量就超过了300万。

这样的情况,同样可以在人民日报新媒体特别是微信公众号、澎湃新闻、财新传媒的报道上看到,这些媒体的融合发展做得好,能够在腾讯新闻、今日头条、网易新闻等新媒体巨头林立的空间里找到自己的一席之地,凭借的就是大量的优质原创内容。网络巨头有强大的技术优势,但是强大的原创内容生产力却是传统媒体的优势。

总之,在向新媒体转型的过程中,传统媒体一定要认识清楚自己的优势和劣势,在新媒体环境下,如果以内容生产见长的传统媒体在内容上没有强势表现,是难以和资金、技术、人才密集的腾讯、今日头条等互联网公司去竞争的。实践证明,放弃了内容生产的媒体(比如并读),转型也就不成功,而相对成功的恰恰是坚持内容生产的媒体。

### 2. "渠道战略"

传统媒体不能再固守原来的媒体平台,必须全力做好各个新媒体端口和平台,做好技术驱动型分发渠道的建设。在这方面,传统媒体不能观望和坐等,以免贻误战机。

移动互联网给媒体带来的最大变化是渠道的变化,以上海报业市场为例,2010年以前,竞争再激烈,也就是《文汇报》《解放日报》《新民晚报》《新闻晨报》《东方早报》这五张日报之间的竞争。到了现在,人人都有麦克风,一千万人就有一千万个发声平台,各个企业也有自己的自媒体渠道,产品和品牌推广对大众媒体的依赖程度显著下降,移动互联网已经宣告了"大众媒体"的死亡,取而代之的是各种类型的"分众媒体"和个性化的"自媒体"。

移动互联网的发展让手机成为用户获取信息的"第一端口",而传统媒体以往习惯于按照纸质媒体的方式去分发内容,但到了现在,在巩固既有纸质出版物的前提下,必须要做好各个新媒体出口。当然,新媒体出口一直在变化当中,就目前来说,标配就是"一网一端两微"。

"一网"指的是官方网站,有 PC 端的,也有手机端的,虽然媒体网站的点击量和活跃度不如以往,但网站是媒体做好所有其他出口的基础数据库,因此也必须做好。"一端"指的是 App 新闻客户端,大的新闻机构通常会开发几款客户端,客户端的利弊都很明显,长处是新闻推送直接快速,短处是打开率比较低。是不是所有传统媒体都要做客户端?这是一个值得探讨的问题。"两微"指的就是官方微博和官方微信,微博前几年很热,如今活跃度下降,媒体对它的热情降了不少,现在的重心都转向了微信公众号,一是因为影响力比较大,二是比较容易变现。

上述各个新媒体端口要做出影响力是有很大难度的。这需要媒体改变原来纸媒的新闻生产模式,每天都要在新媒体上随时随地发原创性稿件,采编人员工作的节奏大大加快,工作量也大大增加。为了配合这种新闻生产方式的变革,媒体要在组织架构上适当调整,在原来纸媒编辑部的基础上组建全媒体编辑部,统筹纸媒和各个新媒体平台的稿件采写和刊发,同时,还要改革对采编人员的考核方式,把新媒体平台的稿件采写纳入正常的月度工作量。

如今中国各家媒体都已是全媒体形态的媒体,不再只是纸媒,虽然在所有内容分发渠道中,纸媒依然是很重要的一个。酒香也怕巷子深,到了新媒体时代,这句话依然有效甚至更加有效,再优质的内容也要有强大的渠道把它推送出去,因此,传统媒体除了做好原有纸质媒体的发行以外,还要用很大的精力去做好各个新媒体端口。在这个过程里,要特别强调"技术驱动"的重要性,技术不仅体现在网络平台的搭建上,同样体现在内容的抓取和推送上。

需要引起注意的是,现在传统媒体做的渠道和新媒体平台几乎是纯投入的项目,有些媒体领导看不到投资回报就打退堂鼓。在新媒体项目上,或者根本不建设或者建设了不认真运营,只是向上级汇报或供人参观的摆设,果真如此的话,就会贻误媒体融合的时机。传统媒体作为意识形态的引领者,所建设的新媒体项目不能只具有战术性,哪里有钱挣就往哪里投,还要有前瞻性和战略性,要看到更遥远的未来。

### 3. 价值观战略

在大数据和人工智能迅速发展并且越来越深刻介入新闻生产的时代，传统媒体一定要处理好传统新闻价值观和算法推送的关系，也就是内容与渠道、内容与推送之间的关系。

随着移动互联网的进一步发展壮大，技术在新闻业中扮演的角色正在日益突出，在今日头条、一点资讯、天天快报等新媒体平台上，作为传统新闻业核心的"内容把关"工作已经全部或者大部分交给了机器和算法，"新闻价值"也越来越被"算法推送"代替。有感于这样一个严峻状况，一段时间以来，有学者开始讨伐"新媒体主义"，因为在中国当下到处都在非常高调地谈论平台价值、技术价值、算法价值以及技术决定论，这会直接导致本来已很单薄的作为公共信息品的新闻越来越窄化，这种"新媒体主义"只是一个乌托邦，会误导我们对当下中国媒体的基本判断[①]。

相信在传统媒体长期从事新闻实践的人都会有同感，我们原来所坚信的那些新闻之所以成为新闻的要素是否还继续存在？如果像很多人所说的那样，"总编已死"，或者像今日头条的口号——"你关心的，才是头条"。那么，何谓"新闻价值"就有了疑问，至少，"新闻价值"不再是专业新闻人说了算，而是交给机器去判断，由机器根据一系列复杂的运算去决定什么样的事情具有新闻价值。

这显然是不正常的，在这样的情境之下，传统媒体更加需要坚守传统新闻价值。新媒体的编辑部由众多编辑组成，采取新闻稿聚合与编辑改写模式。传统媒体的编辑部主要由新闻记者和编辑组成，一线采访的专业记者远远多于编辑，"记者在现场"是传统媒体最核心、最重要的新闻价值。在这套设计下面，编辑部与经营部之间设有"防火墙"，以确保新闻报道的独立、客观、公正。这种制度设计构成一种对读者的承诺[②]。无论如何转型，这个核心价值是不变的，这是专业新闻机构的基石，是必须坚守的专业主义传统。

---

① 《张力奋：社交媒体是否能建立游戏规则？》，网易新闻，2016 年 12 月 29 日，http://news.163.com/16/1229/11/C9EU343O000187VE.html。

② 《胡舒立：我对媒体转型的再思考》，新华网，2016 年 12 月 27 日，http://www.xinhuanet.com/itown/2016-12/27/c_135936088.htm。

不只是传统媒体应该坚守这种传统新闻价值观,事实上,国内外大型新媒体平台也在回归这样的新闻价值观。我们已经看到,中国成功的大型互联网媒体平台现在对原创新闻相当看重,并开始有所尝试。这些平台还通过推动和支持众多自媒体平台的搭建,使原创新闻获得另一种生根发芽的机会。

总之,在这两种路线并行的时刻,传统媒体需要做的恰恰是坚持而不是放弃自己的新闻价值观,坚定地去做好内容生产;而天天快报、今日头条这些互联网公司则需要进一步改善自己的算法做好推送。前者做的是内容,后者做的是渠道。在移动互联网飞速发展的今天,两者的分工不同,只有大家都各自做好自己的工作,才都拥有美好的明天。

## 四、媒体融合发展中的政府角色

结合国内外的成功经验和失败教训,如下几项具体的战术问题也很重要,一定程度上影响着媒体转型的成败得失。

(1) 支持内容生产,探讨主流媒体的"特许权"机制。

无论是在传统媒体时代还是在新媒体时代,新闻源都是新闻的第一生命线,而新闻源的管控在任何政府机构和企事业机构都是一个常态。新媒体蓬勃发展的这几年,以《人民日报》为代表的中央媒体的影响力不仅没有下降,反而大大得到提升,人民日报微信公众号刊发的每篇文章几乎都有10万＋的阅读量,一个重要原因就是《人民日报》在新闻源的获取上有独特优势,G20杭州峰会这样全球瞩目的时政活动只有《人民日报》等央媒和很少的地方媒体能够去现场采访,自媒体没有机会获得这样的采访资源。同理,央视2016年10月推出的"永远在路上"之所以能收获很高的关注度,和中纪委提供的独家信源分不开。2017年年初,新榜评出的中国微信公众号500强中,前三名被人民日报、央视新闻和央视财经牢牢占据①。

中央媒体为何能够在新媒体上有这么强势的表现?人民日报社副总编卢新宁认为,讨论传统媒体如何加强话语权,应基于两个判断:话语权依然在

---

① 《2017年中国微信500强年报》,转引自腾讯新闻,2018年1月14日,https://new.qq.com/omn/20180114/20180114B0L9CM.html。

我,防守者没有前途。这就要求传统媒体要有"内容定力",在当下算法主导的时代,更需要有把关、主导、引领的"总编辑",更需要有态度、有理想、有担当的"看门人"[①]。原因是互联网是一个"大众麦克风时代",它降低了公众表达的门槛,同时也给那些错误思潮或观点提供了扩散可能。需要新闻媒体发挥新闻采访的专业团队和专业技能优势,为网络信息去伪存真,为网民情绪扶正抑偏。好的内容永远自带出口,有品质的内容将会是刚性需求。

比如,2016年11月特朗普当选美国总统,有人说特朗普的获胜是给新媒体的加冕礼,这意味着新媒体和社交媒体获得了社会的话语权,也意味着传统媒体由盛而衰进入转折点,甚至有人预测大选以后不久,《纽约时报》就会被美国主流社会抛弃。然而在美国大选之后的一周内,《纽约时报》印刷版和数字版订阅净增4.1万份,创下了2011年数字墙付费后周增幅最高纪录。《华尔街日报》在美国大选后第二天新订用户增长300%[②]。从这样一组数字,可以看到用户对优质信息回归的欲求。大选期间新媒体传播的虚假、夸张信息被厌弃了,人们更加迫切地希望从相对客观、相对理性、相对有思想的传统媒体上获得内容。

基于以上事实,有学者认为,如今"自媒体提供的内容流动性过剩,而专业媒体、主流媒体供给不足"。这既指出了传统媒体现阶段存在的短板,也点出了传统媒体未来的发展空间所在。也是因为同样的原因,中央深改小组的指导意见把媒体融合发展上升为一项国家战略,要求传统媒体积极转型和转身,为全媒体"舆论场"提供更多优质的主流信息产能。

在中国,地方媒体的情况和中央媒体不太一样,但是在各地的大政方针以及热点、焦点事件的新闻发布上,有关方面完全可以实施"特许权"制度,把地方主流媒体培养成地方上的"新华社"和"央视"。同时,鼓励本地媒体创新话语表达方式,用当下读者喜闻乐见的方式去包装和呈现新闻。同时,在这个过程中,要允许媒体大胆尝试,包容创新过程中可能会出现的一些问题,只有这样,当地方上有重大突发事件发生的时候,地方主流媒体才能起到有效引导舆

---

① 《人民日报社副总编卢新宁:传统媒体如何加强话语权?》,百家号,2017年1月17日,https://baijiahao.baidu.com/s?id=1556758371277304&wfr=spider&for=pc。
② 《美大选投票日前后〈纽约时报〉电子版订阅者激增》,环球网,2016年12月6日,http://w.huanqiu.com/r/MV8wXzk3Nzk2OTJfMTM0XzE0ODEwMTQ4MTU=。

论的功能。

(2) 强化版权保护体系,为内容付费模式提供良好外部环境。

在新媒体环境下,报业广告收入迅速下滑,无法补贴巨额的发行亏损,被迫调整收入模式。由此,报业市场由前些年的价格大战转为纷纷提高售价。比如2015年,在上海市委的支持下,《解放日报》全年售价从270元涨至432元,以30万份的日均发行量计算,仅售价上涨一项就可增收4 800多万元。不仅上海,邮局2015年报刊订阅目录显示,全国调价的邮发报纸有600家左右,接近我国报纸总量的三分之一。《南方周末》每期售价从3元上涨至5元;广东的《羊城晚报》《深圳晚报》《晶报》年定价都从360元涨至480元。国际上,2013年初,法国《解放报》《十字架报》《费加罗报》宣布涨价;2014年初,法国《巴黎人报》《解放报》和《世界报》零售价上涨,《世界报》以每份2欧元的价格成为法国最贵的报纸①。

纸媒销售价格上涨是在原有经营模式不能继续维持的情况下,为取得新的财务平衡采取的应急措施,这一措施实际上改变了大众化报纸时期过于依赖广告收入的商业模式。纸媒"涨价潮"背后的意义值得重视,它显示了媒体经营理念的一个重要转变:新闻产品本身是有价值的,有价值的产品不应该是免费的。这一点在近年来蓬勃兴起的"内容付费"领域表现得更加明显,"得到"App上的"李翔商业内参"专栏卖出8万份,以三个人之力创造了1 600万人民币的营收,"薛兆丰的北大经济学课"更是后来居上,订阅人数突破20万人,营业额高达4 000多万人民币。在"得到"上,类似的付费知识产品2017年有三十几个。

这说明即使在免费的互联网时代,依然有许多读者愿意为有价值的内容付费。因此,传统纸媒提高自己的售价也是一个合乎逻辑的选择,另外一个选择是提高内容版权转让收费。提高售价能否行得通,关键在于媒体提供的内容是否足够优质,而版权转让收费能否提高,一方面取决于内容的质量,另一方面也和一国一地的法治环境紧密相关。

据悉,国家有关部门已经着手研究和部署保护传统媒体的版权工作,像北京、上海、广州这样的全国一线城市,完全可以在版权保护方面先行先试,通过

---

① 刘鹏:《传统媒体融合转型的若干趋势》,《新闻记者》2015年第4期,第4—14页。

法律、行政等手段打击侵犯传统媒体版权的行为,让传统媒体花费高昂成本采写编辑的内容能够物有所值。果真如此的话,不仅传统媒体的内容会得到有效保护,更重要的是可以为传统媒体经营打下坚实的基础,无论是维护传统的广告模式,还是开发收费阅读模式,都离不开对版权的保护。

（3）服务老年人,在老龄化社会建设中给媒体提供机遇。

除了人的因素和体制机制的因素之外,中国媒体融合发展中还有一个特殊之处,就是中国正在快速进入老龄化社会。当我们努力发展新媒体以迎合年轻读者需求的时候,不能忘了中国的具体国情,2015年中国65岁及以上人口为14 434万人,近十年65岁及以上人口逐年增加①。可以用来对比的一个国家是日本,日本现有1.27亿总人口,约3 392万是65岁以上人群,老龄率26.7%,而在全球传统媒体危机重重的大环境下,日本的传统媒体却实力犹存,"崩而不溃",原因之一就是日本的老龄化。事实上,我国各地的"老人报"这几年发展得也都不错。

在全球纸媒不景气的大环境下,日本的纸媒也难以独善其身。2000年,日本纸媒的总发行量大约是5 371万份,2013年降至约4 700万份,减幅12.5%。平均每户家庭的订报数则从2000年的1.13份减至2013年的0.86份,日本年轻家庭不订报的现象越来越普遍。发行量的逐年减少直接影响到报纸销售收益和广告收益,尤其是广告收益构成各家报社收益的核心。从2000年到2013年,日本年度广告总投放从61 102亿日元降至59 762亿日元,有所下降,但减幅不大②。

但是,即使如此,日本纸媒的整体危机感远不及中国,这背后既与日本报业巨头的规模足够大,巨轮不会轻易沉没的自负心理有关,也与当下日本报业巨头的财务仍处于相对良性的状态有关。还有一个重要的原因就是日本的人口结构,日本人口老龄化现象日趋严重,老龄人口急速增长,日本同时还是世界第一长寿大国,2010年,男性平均寿命为79.6岁,女性平均寿命为86.4岁。这就使得日本传统媒体虽然有衰落倾向,但在整个日本社会,纸媒影响仍然十

---

① 《2017年中国人口老龄化发展现状及发展趋势预测》,中国产业信息网,2017年12月27日,http://www.chyxx.com/industry/201712/597549.html。
② 饮冰:《实力犹存的日本纸媒》,腾讯大家,2014年6月2日,http://dajia.qq.com/blog/403461055303001.html。

分巨大,特别是对于习惯阅读传统媒体的老年人来说更是如此。

日本新闻协会 2011 年所做的全国媒体接触评价调查结果表明,日本 70 岁以上的老人阅读报纸者占 96.1%,说明绝大多数老人通过报纸了解世界、接收各方面信息。因此,在发达国家传统媒体节节败退的情况下,日本报纸还能顽强坚持下来,《读卖新闻》发行量仍维持在 1 000 多万份,《朝日新闻》保持在 800 多万份,两报分别为世界报纸发行量排行榜的冠亚军。

在中国,做得比较好的传统媒体和新媒体主要集中在大城市,特别是一二线大城市,而这些大城市的人口老龄化程度更高,比如,上海是全国最早进入人口老龄化,也是老龄化程度最深的城市。上海市民政局发布的数据显示,截至 2015 年底,上海市 60 周岁及以上的老年人口达到 436 万人,占全市户籍人口的比重为 30.2%。在上海四百多万 60 岁以上的老年人面前,优质的传统媒体依然有很好的前景,当地政府可以把媒体如何更好地服务老年人作为一个宏观问题来考虑,在老年人城市设施配套、精神产品供给等方面给媒体创造机会并嫁接资源,既把服务老人的工作做好,同时也为媒体的转型发展提供额外的机遇。

## 五、媒体融合发展要做好"人"的工作

近年来,多种盈利模式的探索在不同的媒体集团取得了不同的效果,有的做得很好,但有的做得就不太理想甚至产生了大面积的亏损。在内容生产领域也是一样,有些媒体这几年在互联网上取得了很大的影响力,但有些媒体就近乎鸦雀无声。这些转型效果的差异与用人机制有关,也与媒体集团主要领导人的素质和能力紧密相关。对于党委政府来说,需要赋予媒体大胆探索、勇于试错的空间,也需要高度重视媒体"一把手"的选拔、考核和任用工作。

### 1. 媒体转型与"一把手"关系密切

媒体具有事业属性,也具有企业属性,无论是事业还是企业,工作做得好不好、媒体转型成功不成功和"一把手"有很紧密的关系。这种情况国内外是

一样的,《纽约时报》前几年转型步履蹒跚,也换了CEO和总编辑,国内媒体这几年转型的力度和成效很大程度上也和社长、总编辑有关。

因此,作为媒体集团的上级领导机构,党委和政府要做好两件事,一是选拔合适的媒体领导,二是优化对媒体领导的日常考核,在"千古未有"的媒体大转型面前,需要在既有的组织人事制度框架内,给媒体领导卸下枷锁,充分授权,大胆尝试各种转型探索,大胆探索团队激励等措施。

在新媒体环境下,几百人的机构媒体竞争不过几个人运营的微信公众号,主要就是因为不同体制机制带来的活力、干劲、效率的不同,需要在团队激励等方面探索体制机制的创新。探索内部团队激励机制的目的是鼓励新闻机构的内部创新,这与采编人员离职创业有很大区别。理论上讲,内部创业和离职创业各有优劣,两种情景下都可能出现伟大的成功。

但过去几年,中国媒体人外部创业成功的概率更高,机构媒体的优秀个人纷纷出走,推出了一大批优秀媒体项目,相反,内部创业方面却乏善可陈。主要的原因就是机构媒体缺乏创新创业的土壤。所以,媒体应当尽可能开拓内部创新空间,推出合理的制度安排,让内部创新成为媒体的发展动力。

### 2. 传统媒体人才流失问题亟待解决

在近年来媒体融合发展的收获和教训中,可以看到,有一项要素是实现成功的充要条件:人才激励。习近平总书记在文联十大、作协九大开幕式上的讲话强调,人是事业发展最关键的因素,"盖有非常之功,必待非常之人"。要实现事业的繁荣发展,就必须培养人才、发现人才、珍惜人才、凝聚人才。要能守住新的舆论阵地,必须先把能够守住阵地的人留住,形成人才集聚效应。

目前,传统媒体与新型媒体的融合发展中遇到的最大问题就是人才问题,员工的流失率过高。造成人才流失的原因主要是团队内部缺乏有效的长期激励机制来留住人才与激励人才;员工的职业发展通道单一,对员工的激励手段相对单一;员工培养机制不能满足媒体战略发展目标,不能有效调动员工工作积极性。

人才问题已经提上了议事议程,比如作为澎湃新闻深化改革的两大核心内容之一,上报集团已经联合第三方专业机构,制订针对管理层和核心骨干的激励方案。根据行业特点,按照采编、技术及经营三大主体岗位区别制订方案,并将团队激励和员工整体薪酬体系、采编人员职务序列改革等作一揽子设计。不只是澎湃需要进行这样的内部改革,全国的媒体都应该在人才的培养和使用问题上多想些办法。

第三讲

# 全媒体新闻生产平台的搭建

新闻生产平台的搭建包括两个方面，一是物质层面的生产平台的搭建，对报纸来说，主要表现为"一纸""一网""一端""两微"；二是适应全媒体新闻生产的组织架构的重组，传统媒体的机构设置适应的是传统新闻生产方式。全媒体生产环境之下，媒体的组织机构近年来有了明显调整，采编部门和经营部门都有了大幅调整，相比之下，采编部门调整的幅度更大。

2014年以来，作为媒体融合发展的一项具体举措，国内传统媒体兴起了一股新闻客户端（App）的建设热潮，一度形成了"东澎湃、西上游、南并读、北无界、中九派（或者中猛犸）"的局面①。这些客户端最早的上线于2014年，大多数都上线于2015年。当然，传统媒体上线的不只是客户端，作为一个平台矩阵，客户端之外，通常还有网站、微博、微信公众号、头条号、百家号等配套平台，搭建起一个完整的全媒体平台体系。在这个体系中，新闻客户端因为具有较强的运营自主性和品牌价值而成为全媒体平台中最引人关注的一个。

在长期对传统媒体的转型发展进行参与式观察和对从业人员进行深度访谈的基础上，结合内容分析、文献分析等方法，本章试图归纳总结国内传统媒体搭建全媒体新闻生产平台的三种模式及各自特点、适用范围。这三种模式分别是：以《人民日报》及其客户端为代表的"浑然一体"模式，以《南方都市报》并读新闻为代表的"另起炉灶"模式，以《东方早报》和澎湃为代表的"新瓶老酒"模式。

## 一、全媒体新闻生产平台搭建的"浑然一体"模式

近年来，在传统媒体与新兴媒体融合发展的过程中，以《人民日报》、新华社、中央电视台为代表的央媒和以财新为代表的专业性媒体走出了一条特色鲜明的路径，这些媒体的传统平台和新平台共享一个品牌，共用一支队伍，完全一体化运作，属于典型的"浑然一体"模式。

---

① 近年来的相关报道和研究很多，例如，刘颂杰、张晨露：《从"技术跟随者"到"媒体创新者"的尝试——传统媒体"新闻客户端2.0"热潮分析》，《新闻记者》2016年第2期，第29—37页。

## 1. 人民日报新闻客户端的推出及其特点

2014年6月12日,人民日报客户端正式上线,这是人民日报社适应媒体变革形势,加快推进传统媒体与新兴媒体融合发展迈出的重要一步。之后的几年间,人民日报客户端不断进行升级换代,在保持原有风格的基础上,又分别于2015年10月、2016年6月、2017年1月、2018年6月进行了四次改版升级,从1.0版进化到了5.0版。在《人民日报》融合发展的战略布局中,人民日报客户端是一个重要切入点,以客户端的上线为标志,《人民日报》形成了法人微博、微信公众号、客户端三位一体的移动传播布局,人民日报社随即从传统单一的纸质媒体演变为一个完整的全媒体新闻生产平台体系。

综观这个体系,具有下面三个显著特点。

(1) 侧重于原创,不简单地"照抄照搬"报纸内容。

鉴于《人民日报》的独特定位,它的新媒体和传统媒体在内容生产上采取统一的标准,都要代表党中央发声。但是,因为传统媒体和新媒体属于不同的介质,它们的传播内容也有一定差异。因此,客户端上的内容不是把传统媒体的内容简单地"照抄照搬"进客户端。"只有尊重互联网传播规律,才能生产出在移动互联网上有广泛传播力的产品。"[1]

上线以来,人民日报客户端在大事要事面前力争不缺位,而且力求让新闻好读,让时政好懂。以2015年11月7日"习马会"为例,人民日报客户端提供了权威而丰富的信息:视频《"习马会"这一握跨越66年》和《创造历史!习马会的经典瞬间》全面展现两岸领导人开启交往交流新时代的精彩瞬间;"时局"《就凭这五点!"习马会"注定将载入史册》、"时评"《〈人民日报〉评习马会:有一种关系,叫"一家人"》两篇文章详解会面成果。这种结构性、多维度、互动式的报道形式,满足了用户全媒体、视频化、多层次的体验[2]。

在这种思想指导下,人民日报客户端所生产的内容绝大多数都是原创内容,它所依赖的是《人民日报》原有的采编团队,这个团队既向纸质版的《人民日报》供稿,也向它的各个新媒体端口供应具有新媒体特点的稿件。

---

[1] 丁伟:《关于移动优先的11条干货》,《新闻战线》2017年第17期,第34—35页。
[2] 薛贵峰:《做有品质的新闻——人民日报客户端3岁啦》,《中国报业》2017年第13期,第48—49页。

（2）坚持内容为王的前提下，着力开发特色服务。

继续让主流声音影响主流人群，形成主流舆论，这是推进媒体融合的初心。从这个角度讲，专业化的新闻生产，有社会责任感和价值引领作用的新闻产品，依然是必备品和稀缺品。因此，传统主流媒体从根本上还是要靠内容取胜。同时，一个趋势也十分明显：谁掌握了技术，谁就拥有了平台；谁拥有了平台，谁就占有了内容。

人民日报客户端既坚持提供有品质的新闻，又着力开发特色服务。2016年6月推出两周年之际，人民日报客户端举办了移动政务峰会，推出问政平台、政务发布平台、公益服务平台等，近2000家党政机关入驻政务发布厅。2018年6月四周年之际，人民日报客户端又一举推出了"人民号""党建平台"等四项新服务[①]。新闻与服务的有机结合，有力地增强了人民日报客户端与用户的黏性。

（3）创新体制机制，但又不一味模仿互联网公司。

全媒体新闻生产平台能否有效运行，体制机制是关键。推动媒体融合，实施"移动优先"，要相应地调整媒体单位的体制机制、组织形态、考核体系等，打破媒体内部既有利益格局，按照移动互联网的规律布局并匹配资源，让资金、技术、人才向新媒体平台倾斜。在这个过程中，根本因素是人，需要通过合理的利益机制，调动、激发采编人员的积极性、主动性、创造性。

在体制机制创新特别是在人才使用和培养方面，传统媒体需要向互联网公司学习，但《人民日报》并没有简单模仿互联网公司的做法，而是在人民日报社内部去挖掘潜力，让新媒体和老媒体一体化运作。人民日报客户端的运作主体是人民日报社新媒体中心，它成立于2015年10月8日，是《人民日报》的一个内设部门，中层正职单位，它的成立专门经过了中央编办的审批，是《人民日报》加快媒体融合的一个重要举措[②]。中心成立后，《人民日报》的"两微两端"（两端包括人民日报客户端和英文客户端）全部放在这个部门运营。

### 2. 全媒体平台搭建的"浑然一体"模式

截至2018年3月，人民日报客户端累计下载量已超过2.3亿，产生过多

---

① 《全国移动新媒体聚合平台"人民号"上线》，《人民日报》2018年6月12日，第4版。
② 《人民日报客户端三期正式上线　人民日报社新媒体中心成立》，《新闻战线》2015年第19期，第53页。

条爆款产品,比如2017年7月29日《快看呐!这是我的军装照》小程序一经推出,浏览量迅猛攀升,不到十天,页面总浏览量(page view,简称PV)就超过了10亿[1]。2017年10月28日,运营这款新闻客户端的人民日报社新媒体中心入选"2017中国应用新闻传播十大创新案例"。总体来说,人民日报新闻客户端在过去几年中取得了非常突出的融合发展效果。

《人民日报》全媒体新闻生产平台的这种搭建路径可以概括为"浑然一体"模式,其核心要点如下。

(1) 传统媒体和新媒体的品牌统一。

《人民日报》所有的新媒体平台,特别是"两微两端"(微博、微信公众号、新闻客户端、英文客户端)都冠以"人民日报"的品牌,新媒体平台没有另外打造新的品牌,依旧沿用传统媒体的品牌。

(2) 新媒体平台没有成立独立公司。

除了早期的人民网之外,近年来《人民日报》的微博、微信以及客户端的运营主体都是人民日报社的新媒体中心,是《人民日报》的一个内设部门,新媒体平台基本上没有独立的经营考核指标(微博以及微信公众号没有开展经营活动,人民日报App的广告业务2016年外包给了一间公司,但仅仅限于广告业务[2]),它的发展和《人民日报》母报"浑然一体"。

(3) 各个端口具有一致的采编思想。

在总体采编思想上,各个新媒体端口虽然有很多创新之举,主要表现在新闻呈现形式上,但在采编思想上和纸质版的《人民日报》保持高度统一,所发内容凸显中国时政第一媒体的权威性和公信力。

上述发展全媒体新闻生产平台的"浑然一体"模式的基本特点是"一套人马、一个品牌、多个平台"。此种模式并非《人民日报》所独有,新华社、财新传媒(纸质杂志本来叫《新世纪周刊》,从2015年第10期开始改名为《财新周刊》)、《新京报》都采取了类似的发展模式,这样一种全媒体平台的搭建和运营模式和后面所剖析的澎湃、并读形成了鲜明对照,这种模式看起来比较缺乏开创性和革命性,显得比较"稳健",甚至可以说是"保守",却是一条稳妥的、符合

---

[1] 《一直传递正能量!"数"说人民日报客户端是如何炼成的?》,http://www.sohu.com/a/229359634_100020262。

[2] 笔者对《人民日报》新媒体负责人的访谈,2017年11月,北京。

上述媒体实际情况的发展模式。

## 二、全媒体新闻生产平台搭建的"另起炉灶"模式

2015年4月15日和16日,《南方都市报》连续两天在报纸上强力宣传一款新闻客户端,名叫"并读新闻"。4月15日做了一个封面导读加一个头条,还配合了若干报纸广告,4月16日又做了两版的大篇幅报道,而且在广州的标志性建筑物——广州塔上推出了醒目的户外广告①。由此可见,《南方都市报》当时对这款产品的高度重视。

### 1. 并读新闻客户端的推出及其特点

根据《南方都市报》当时的报道,并读新闻将"新闻资讯推送""在线互动交友"与"读者参与广告分成"三大特性融合在一起,是以"读者利益"为核心的移动端新闻阅读平台。并读新闻宣称,凭借南方报业传媒集团新闻采编团队以及与全国各大主流媒体的资讯合作,它能够在第一时间将最新、最全的新闻资讯推送到读者手机上,让读者体验新闻阅读的"快"感。《南方都市报》的报道说,2015年3月6日,并读新闻客户端登陆安卓应用市场,之后下载量以日均超过20000的速度迅猛增长,上线三周就突破了60万的下载量,日均活跃用户超过60%,截至2015年4月15日,并读新闻下载量已逾百万。

2015年初创之时,并读新闻风风火火,引起广泛关注。但仅仅一年多以后,知名微信公众号蓝媒汇就发文称,"并读的品牌曝光率并不强,甚至渐渐淡出了人们的视线"②。2018年2月起,并读新闻客户端停止了日常更新,目前仍处于休眠状态③。它的"高开低走"需要从定位和运行机制上寻找原因。

(1) 主攻"内容聚合",内容缺乏鲜明特色。

并读推送的新闻以摘编其他媒体的稿子为主,原创内容很少。这样的定

---

① 窦锋昌:《媒变——中国报纸全媒体新闻生产"零距离"观察》,中山大学出版社2014年版,第25页。
② 《"读新闻有钱赚"的并读,一年多来为何渐趋沉寂?》,转引自 http://chuansong.me/n/643665351669。
③ 笔者2018年5、6月份写作此书时,下载并登录并读新闻App的亲身验证。

位和用稿方式和腾讯、网易或者今日头条客户端的做法没有区别,许多用户已经习惯通过这些平台型客户端获取新闻,没有新的动因要转去并读。比如2015年4月16日上午,并读的头条新闻和二条新闻分别是《官员将卖官当生意,辩称收钱提拔的干部都有能力》《公安部：驾照自学直考年内十点加快拿证速度》,这两条新闻其他客户端上也都有,在"聚合"采编思想指导之下,并读新闻难以做出自己的特色内容。

从字面上看,并读和《南方都市报》没有关联,《南方都市报》的目的是要创造一个全新的媒体品牌。在传统媒体创办新媒体平台这个问题上,什么情况下适合主打新品牌,什么情况下适合沿用报纸的老品牌,各有利弊,关键是看媒体的实际情况和诉求。《南方都市

图 3-1 《南方都市报》的头版大标题报道并读新闻 App 上线(2015 年 4 月 15 日)

报》要办一个全新品牌本无错,但是在"聚合"的采编思想指导下要把并读这个品牌打响,难度很大。反观澎湃新闻,虽然它也转载新闻,但主打的是原创新闻,有明显的"澎湃特色",和新浪、网易、腾讯推送的新闻拉开了距离。这种鲜明的个性和特色,在并读上并无体现。

(2) 主打社会新闻,内容品位相对较低。

并读推送的新闻基本以社会新闻为主,主流时政新闻比较缺乏。依然以2015年4月16日中午的内容为例,"读要"页面上刊登的新闻,八成以上是社会新闻,比如上面提到的"深圳四岁小孩突然晕倒""郑州小伙子与女友吵架摔手机",还有"四川一公务员运动会上猝死""女孩路遇醉汉倒地不醒"等,都是典型的社会新闻。

一般而言,这类社会新闻的点击率比严肃的时政新闻要高,在发展初期,为了更多的下载率和打开率,社会新闻的比重偏高可以理解,但是长此以往,

图 3-2 《南方都市报》用两个正版的篇幅报道并读新闻
App 上线(2015 年 1 月 16 日)

无疑会拉低并读新闻客户端的品位,流量大了,但是用户消费力却降低了,不利于后续的经营开发。

(3)主推"社交"功能,对用户的吸引力有限。

并读意识到只靠新闻赢得用户不容易,因此它不只是提供新闻资讯,宣称自己还有"社交"和"赚钱"功能。但是,在当下诸多的 App 中,微信的社交功能已经很发达,QQ 的社交功能也不弱,这些爆款软件已经成为主流社交软件,并没有多少用户需要在并读上社交。

"边看新闻边赚钱"是一个有创意的举措,看新闻不仅不需要付费而且还有钱赚,对读者来说有一定吸引力,可以为并读带来用户。但是,这一招用来"锦上添花"可以,要把它作为核心竞争力却还远远不够,因为如果这个客户端不能够提供高质量的新闻产品,"边看新闻边赚钱"的吸引力对读者来说很有限。

## 2. 全媒体平台搭建的"另起炉灶"模式

以当下的新闻信息提供商来说,腾讯、网易、今日头条相当于沃尔玛、家乐福和好又多,是新闻信息产品的大型"超市",而财新、澎湃、《新京报》包括《人民日报》是各具特色的"7—11""全家"这样的便利店。大超市有大超市的竞争优势,便利店有便利店的优势,都有自己独特的竞争力。并读的框架是便利店式的,但摆卖的货品又接近大型超市里的货品。这样一种全媒体新闻生产平台的搭建和运营模式,就是笔者所说的"另起炉灶"模式,它具有如下三个特点。

(1) 全新的采编思想。

在并读过往几年的发展中,即便是《南方都市报》的不少记者和编辑也对并读有不同看法,因为虽然挂着《南方都市报》的牌子,但并读的新闻跟很多平台型新闻客户端很接近,尤其是侧重猎奇性、娱乐性等方面,没有体现出"南方的气质",尽管并读属于南方报业,但在理念上有些不搭。"可能会满足一些人的浅阅读,但在南方报业内部员工中认可度没那么高。"[①]

(2) 全新的运营主体。

并读的办公场所位于南方报业大院内,但并读的运作主体与《南方都市报》其实是资本合作的关系,双方都是合资公司的股东。并读新闻的日常运营完全参照市场化模式进行。并读所在的广东南华智闻科技有限公司是独立法人,拥有独立的运营团队[②]。

(3) 全新的媒体品牌。

虽然《南方都市报》自身的品牌知名度很高,但是并读的发展并不依托它的品牌,而是另外创立全新的品牌,与之相配套,在人力资源甚至采编思想上也另立新规,这就决定了并读和它的母体相互脱离,各自独立发展。

虽然从客观发展效果上来说,并读新闻这几年算不上成功,但是采取此种发展模式的传统媒体却并不鲜见,甚至一度蔚然成风,这是因为这些传统媒体创立了全新的新媒体品牌,在媒体转型的道路上显得更具"革命性",也更加具有吸引新闻业界和读者眼球的能力。我们看到,并读新闻之外,这几年还出现一批此种类型的新媒体平台,比如四川日报报业集团的封面新闻、长江日报报业集团的九派新闻、宁波报业集团的甬派新闻等。

---

① 《"读新闻有钱赚"的并读,一年多来为何渐趋沉寂?》,转引自 http://chuansong.me/n/643665351669。

② 同上。

从本质上说，这一类新闻客户端的推出是因为传统媒体看到了自己转型过程中的种种困难和掣肘，因而想要学习和借鉴今日头条、腾讯、网易这些商业互联网媒体的成功做法，在传统媒体外部孵化全新的项目。但是，今日头条、腾讯、网易之所以能成功，是因为它们具备技术、资金、体制机制和用人等多方面的优势，而传统媒体在这几个方面都有明显的短板，传统媒体想要走通这样一条全媒体的发展之路，难度很大。正因为如此，在后来的运行过程中，封面新闻、甬派新闻等都根据实际情况都进行了比较大的调整，一定程度上修正了起初的"另起炉灶"模式。

## 三、全媒体新闻生产平台搭建的"新瓶老酒"模式

2013年11月，上海报业集团成立后推出了三款新媒体产品，分别是澎湃、上海观察（现在更名上观新闻）和界面，三款产品短时间内产生了巨大的品牌效应，成为国内传统媒体与新兴媒体融合发展的模板之一。三款产品中，澎湃在媒体界和社会公众中都拥有很高的知名度，虽然自2014年7月上线以来，澎湃也经历过曲折，不过，上报集团及时作出调整，特别是2016年12月引入上海市的六家国有公司注资6.3亿人民币，给澎湃的发展带来一股新的力量。2017年开始，澎湃的母体《东方早报》停出纸质报纸，全面转型为一个移动互联网背景下的新媒体平台。相比前面两种全媒体平台的搭建模式，澎湃这几年形成了典型的"新瓶老酒"模式。

### 1. 澎湃及其运营的主要特点

澎湃在当下如火如荼上演的诸多融合发展模式中，是很有代表性的一个。大体而言，澎湃有下面四个特点。

（1）初期既有《东方早报》又有澎湃，实施双品牌战略。

澎湃的母体是《东方早报》，该报诞生于2003年，截至2014年7月，该报已出版十年有余。在上海报业市场的"小黄金时代"里，《新闻晨报》《新民晚报》的营收状况相对突出，其次是《文汇报》和《解放日报》依靠强大的政府资源，整体经营状况也不错。在这样的报业格局下，《东方早报》的位置相对比较

尴尬，在移动互联网的冲击之下，它的转型发展动力也最大。

2014年7月，《东方早报》推出澎湃新闻客户端，在最初的两年半时间里（2014年7月至2016年12月），旧有的报纸依旧在运转，因此澎湃并不只是一个线上产品，线下每天还在出40个版左右的纸质产品。在这个时期，它运用的是"双品牌"战略，报纸是《东方早报》，澎湃则是新媒体平台。

（2）生产重心转向新媒体，2017年停出纸质版。

澎湃诞生以后，原来《东方早报》的采编体系全部重组，把新媒体平台澎湃作为最主要的生产平台，报纸虽然每天还在出版，但是在整个媒体内部的地位已经下降。到了2017年，直接停出报纸，只剩下澎湃新闻客户端、网站及若干微信公众号，《东方早报》从一个传统的纸媒彻底转型为新媒体。到目前为止，在中国的媒体融合发展中，《东方早报》以及代之而起的澎湃可以算力度最大、转型最彻底的媒体了。

这也是澎湃最大的意义，也是它被称为现象级新媒体的主要原因。这几年，传统媒体一直在尝试融合发展，但是基本都在做改良型产品，而澎湃不同，它诞生以后，所有新闻采编力量都转移到了新媒体平台上。与此同时我们看到，大量的传统媒体还在维持固有的生产方式。

（3）招聘充实采编力量，坚持走原创道路。

为了把澎湃做好，2014年上半年，在澎湃正式上线之前，《东方早报》已经比较大规模地扩充了采编队伍，在全国多个城市建立了记者站。这几年传统媒体的用人整体下滑，澎湃这么做是"逆势而为"。之所以这么大手笔地招人，目的是要把原创新闻做好，而不是像商业网站那样只做聚合平台。在中国，做聚合平台有非常大的诱惑力，腾讯、网易等早先的门户网站是这么做的，"后起之秀"今日头条也是这么做的。

澎湃抵挡住了做聚合的诱惑，坚定地走原创道路，坚持传统媒体的新闻价值观，无形之中抬高了自己的运营成本。当然，传统媒体要做聚合平台也不容易，既需要强大的技术力量，也需要雄厚的资金支持。

（4）立足上海面向全国，做新型主流媒体。

在移动互联网时代，一个地方媒体不主打本地新闻而是做全国性新闻，这样的选择会让人感觉有些突兀。不过，澎湃一开始就做全国新闻，也取得了不错的效果，上线后，澎湃刊发了大量来自全国各地的新闻，特别是贪腐新闻。

另外,中央号召做大一批新型主流媒体,这对澎湃来说也是一个机会。再加上澎湃地处上海,上海作为一个在全国举足轻重的大城市也需要澎湃这样的"外宣窗口"。

### 2. 全媒体平台搭建的"新瓶老酒"模式

澎湃上线虽然只有几年时间,已经迅速成长为中国的一个现象级新媒体。就此而言,澎湃已经走出了成功的第一步。有了优质的新闻产品,有了业界和读者给予的良好评价,也就有了很好的品牌效应,澎湃初期的掌门人邱兵曾表达过两个观点。第一,澎湃没有别的长处,就是扎扎实实把内容做好;第二,现在还没有发现比广告更好的媒体盈利模式,既然如此,就要尽量把广告模式用好[1]。这两点说的其实是同一个意思,因为广告模式生效的前提就是要做好内容,做好内容为的就是吸引更多的广告。

总体来看,澎湃的发展模式有下面三个显著特点。

(1) 从品牌上来说,实施双品牌战略。

特别是在初期的两年半时间里,既有《东方早报》这个老品牌,又有澎湃这个新品牌。在这一点上,澎湃不同于走"浑然一体"路线的《人民日报》和财新,更接近于走"另起炉灶"路线的并读新闻。

(2) 从机构设置上来说,新老媒体统一。

老平台《东方早报》和新平台澎湃用的是同一个班子,机构一样,人员一样,没有另外成立单独运营的公司,只是发稿的重点从报纸转向了 App。在这一点上,澎湃更接近《人民日报》和财新,和并读新闻是完全不同的路数。

(3) 从采编上来说,力主原创而不是聚合。

在内容生产上,澎湃着力于原创而不是像并读新闻那样去做聚合,生产有明显澎湃特色的内容,就此而言,澎湃和《人民日报》以及财新也更加接近。

因为有以上三个特点,我们说澎湃的全媒体搭建路径属于"新瓶老酒"的做法。"新瓶"主要说的是它的生产平台,平台是全新的,品牌也是全新的。"老酒"说的是它采编理念和内容生产模式,和传统媒体保持高度一致,坚持严

---

[1] 窦锋昌:《媒变——中国报纸全媒体新闻生产"零距离"观察》,中山大学出版社 2014 年版,第 19 页。

肃新闻生产的 PGC(专业生产内容，professional generated content)模式。当然，因为生产平台变了，新闻的选题范围、生产节奏以及表达方式也会随之而变，但其坚持优质以及原创新闻生产的内核没有变，运营模式以及采编理念依然具有传统媒体的典型特征。

受澎湃新闻"先行一步"的影响，近年来很多报纸在搭建全媒体新闻生产平台的时候，都采取了这种"新瓶老酒"的模式，比如《广州日报》的广州参考、《羊城晚报》的羊城派等，和澎湃同属于上报集团的上观新闻也采用了这样一种做法。

## 四、全媒体新闻生产平台搭建的"四维"坐标系

2014 年以来，全国的传统媒体在与新兴媒体融合发展的过程中，出现了很多种做法，本文对这些形形色色的做法进行了分类，得到了三种基本模式，其划分标准主要包括以下四个方面。

### 1. 全媒体平台搭建的"四维"坐标系

(1) 品牌维度：老品牌 vs 新品牌。

采取"浑然一体"模式的传统媒体在发展新媒体平台时，沿用的是原有的媒体品牌，比如财新、《新京报》、《人民日报》等，新老媒体平台用的是同一个品牌；采取"另起炉灶"模式的传统媒体在发展新媒体平台时，打出的是全新品牌，比如并读、封面等，而且在运营上完全是实体化运营，和原来的母媒体脱钩；两者之间的"新瓶老酒"模式，比如《广州日报》的广州参考、《解放日报》的上观新闻等则是一个复合体，新媒体平台采用了新的品牌，但是运营上则是和老媒体紧密捆绑在一起。

(2) 内容维度：原创 vs 聚合。

原创还是聚合？采取"浑然一体"模式和"新瓶老酒"模式的传统媒体在做新媒体项目时，基本上都是立足于做原创新闻，因为一般而言，传统媒体以及传统媒体所办的新媒体项目不具有资金和技术优势，做原创新闻是它们的优势，比如《人民日报》、财新、澎湃等；采取"另起炉灶"模式的则立足于做聚合新闻，最典型的就是并读，"聚合"这个词这几年比较流行，具有互联网特色，类似

于传统媒体时代的"文摘",不过,如今的"聚合"背后隐藏着大数据以及算法推送等高科技因素。

(3)客户维度:老客户 vs 新客户

新媒体项目是以维护和服务老客户为主还是去着力开发新客户?这里说的客户既包括读者(用户),也包括广告客户。沿用原来老品牌的"浑然一体"式媒体,基本的出发点是维护和服务好老客户,这些媒体拥有很好的老客户基础。传统媒体在进入新媒体环境后,服务能力下降,继而出现危机,创办新媒体平台并且打通新老平台,目的是增强自己服务客户的能力。采取"另起炉灶"模式的媒体推出了全新的媒体品牌,其立足点是要寻求新的客户,实际上要和社会上的新媒体公司去竞争客户资源。采取"新瓶老酒"模式的媒体则处于上述两者之间,既要维护好老客户,又要开发新客户,但从实践来看,仍然是以维护老客户为主,在维护老客户的基础上开发新客户。

(4)运营维度:独立运行 vs 一体化运行。

新创办的新媒体平台是和传统媒体"一体化"运行还是自己"独立"运行?采取"浑然一体"模式和"新瓶老酒"模式的传统媒体基本上都是和传统媒体一体化运行,没有单独成立公司,也没有单独的考核指标,澎湃和《东方早报》、广州参考和《广州日报》、羊城派和《羊城晚报》都属于这样的关系。但是,采取"另起炉灶"模式的传统媒体在做新媒体项目时就很"激进",新媒体平台单独注册成立新公司,人员另行招聘,比如并读和《南方都市报》、界面和上海报业、阿基米德和上海文广都是这种关系。

表3-1 全媒体新闻生产平台搭建的"四维"坐标系

| 模 式 | "浑然一体"模式 | "另起炉灶"模式 | "新瓶老酒"模式 |
|---|---|---|---|
| 代表性新闻客户端 | 人民日报、财新、新京报 | 并读新闻、封面新闻、甬派新闻 | 澎湃新闻、上观新闻、羊城派 |
| 品牌维度 | 老品牌 | 新品牌 | 双品牌 |
| 内容维度 | 原创 | 聚合 | 原创 |
| 客户维度 | 老客户 | 新客户 | 新老兼顾 |
| 运营维度 | 一体化运营 | 独立运营 | 一体化运营 |
| 模式归类 | "浑然一体"式就地融合 | "另起炉灶"式外部孵化 | "新瓶老酒"式就地融合 |

## 2. 三种模式的利弊辨析

2014年到现在,不过四年多的时间,国内媒体对全媒体平台搭建模式的探索还在进行中,综合来看,没有哪一种模式绝对好,也没有哪一种模式绝对就不行,各种模式各有自己的适用对象和适用场景。那么,不同的媒体适合不同的模式。总结过往三年的实证经验,大致得到如下结论。

(1)"浑然一体"模式的适用媒体。

"浑然一体"模式适合原来品牌好、客户基础好、盈利能力强的媒体,大部分党报以及部分运营良好的市场化媒体属于这种情况。这些媒体的专业化内容生产能力比较强,品牌知名度比较高,原有广告客户基础比较扎实,党政资源也比较充分。传统媒体的转型离不开自己的资源禀赋,这些在报业"黄金时代"已经发展良好的媒体不可能完全舍弃自己的品牌和客户,在转型发展中,需要充分地地利用自己的传统优势,"浑然一体"模式就是要挖掘以及发挥传统媒体的既有优势,这个既有优势最主要还是体现在专业内容的生产上。这几年的实践证明,坚持优质内容生产的媒体转型也相对成功。

(2)"另起炉灶"模式的适用媒体。

相比于"浑然一体"模式,"另起炉灶"模式其实是传统媒体向互联网公司学习的成果,甚至可以说是"中了互联网思维的毒",殊不知,有多少互联网公司在羡慕传统媒体的内容生产能力,但"另起炉灶"派的激进做法却打着"创新"的招牌试图抛弃自己的固有优势。在移动互联网条件下,报纸不能再单靠一张新闻纸维持自己的运行,但是在转型过程中,如果抛弃这张纸,同样充满风险,并读、九派等"另起炉灶"模式这几年的发展证明了这一点。封面新闻、甬派新闻发展过程中的调整同样证明了这一点[①]。

不过,虽然"另起炉灶"模式不适合传统媒体的"整体转型",却可以以此模式在某些局部领域孵化"项目制"的新媒体,在这些垂直领域外单独组建队伍,

---

① 封面新闻2016年5月成立,其母体是《华西都市报》,成立之初是一家独立的传媒公司,公司化运营。但从去年开始,封面新闻和《华西都市报》表现出了越来越高的融合度,现在除了品牌没有统一之外,在运营上已经高度融合。甬派新闻2015年6月成立,隶属于宁波日报报业集团,是一个独立的传媒公司,和《宁波日报》《宁波晚报》等报业集团内的报纸并列运行,但是在实际的运行过程中发现,甬派现在五十几人的人员规模完全不能满足自身的需求,特别是原创采编能力明显不足,甬派在最近的发展中表现出了和《宁波日报》高度融合的趋势。以上内容来自笔者2018年5月对封面新闻副总裁张华的访谈以及复旦大学宁波日报报业集团调研组的访谈材料。

成立公司，引进市场化机制去运行，比如上报集团的界面、《新京报》的我们视频等。

（3）"新瓶老酒"模式的适用媒体。

"新瓶老酒"模式适合本来经营能力不太强的媒体，各个地方媒体市场中，综合实力不能挤进前两位的传统媒体适合此种模式。这类媒体在传统媒体的黄金时代中没有处于龙头地位，移动互联网时代一到，这类媒体所受冲击最大，广告客户缩减传统媒体的预算，首先压缩的就是这类媒体。因此，这类媒体继续延续原来的做法看不到明确的希望，相比原来处于领先地位的媒体同行，它们的转型动力更大，于是在保留传统媒体属性的前提下，生产重心转向新媒体平台。

总之，过去3年中，"浑然一体"模式和"新瓶老酒"模式的成效都比较明显，"另起炉灶"模式相对没有那么成功。诚如上文所说，并读新闻2018年2月以后已经停止了更新，《长江日报》的九派新闻更是在初创时期就遇到了危机。"浑然一体"模式和"新瓶老酒"模式并不是不转型，而是在发挥自己的相对优势基础上去转型发展，这两种搭建全媒体平台的模式看起来步子比较小，没有那么激动人心，但却相对有把握。相反，"另起炉灶"模式的转型因为传统媒体在技术、资金以及运行机制上的固有短板，成功的难度反而更大。不过，"另起炉灶"模式也有自己特定的适用范围，在一些"项目制"的新媒体平台搭建过程中，它有自己的用武之地①。

## 五、"中央厨房"如何发挥出自己的功能

上面几节讲了媒体转型的几条宏观路径，只有宏观路径是不够的，在全媒体新闻生产的具体实施过程中，还需要一些切实的抓手，"中央厨房"就是这样一个抓手。2017年1月，时任中宣部部长刘奇葆出席推进媒体深度融合工作

---

① 长江日报旗下的九派新闻，现在已经是一个"项目制"的公司，不再承担《长江日报》这张报纸的整体转型重任。2015年6月刚成立的时候，九派新闻原本被赋予了《长江日报》甚至是整个长江日报集团转型发展的重任。参见《"九派新闻"正在走"大数据新闻"的差异化道路》，http://hb.youth.cn/2015/1220/3267761.shtml。

座谈会时指出,重构采编发网络、再造采编发流程是媒体深度融合最需要突破的难点,是建设新型主流媒体必须攻克的"腊子口"。他还说,"中央厨房"就是融媒体中心,推进媒体深度融合,"中央厨房"是标配,是龙头工程,一定要建好、用好①。这个讲话把"中央厨房"拉回到媒体人的视野中,引发了不少讨论。

### 1. 对"中央厨房"的三种质疑

在多次关于"中央厨房"的讨论中,倡导者有之,中立者有之,反对者亦有之。反对的声音中,主要有以下三个思路。

(1) 历史比较的思路。

有论者提出,中央厨房的做法早就有了,2007年《广州日报》成立滚动新闻部,2008年烟台日报传媒集团上马"全媒体数字采编发布系统",之后,《解放日报》《浙江日报》《宁波日报》《北京日报》《南方日报》《洛阳日报》等都推出了类似系统,这种做法的核心理念是"一鱼多吃",也就是"一次采集,多种生成,多元传播",这与现在"中央厨房"的理念、模式是一样的。但这些"中央厨房"在2010年之后逐渐被弃用,淡出了人们的视野②。因此,历史的经验提醒我们,这一次的"中央厨房"建设热潮可能很快也会过去。

(2) 横向比较的思路。

现在各地纷纷建设"中央厨房",关于它的必要性,有学者认为,现在建设的"中央厨房"意义有限,因为它是一种规模化的资源配置中心,体现的是一种规模经济逻辑,只有拥有众多共性需求的使用者时它才会产生显著作用。而这几年发展迅速的新媒体所造就的最大市场却是分众化,满足个性化需求的市场,"中央厨房"的模式还停留在过去那种满足普遍需要的共性内容生产的层面上③。这是一种横向比较的思路,比较的对象是今日头条、微博、微信等移动互联网条件下发展起来的新闻生产平台,与这些主导个性化推送的新闻平台相比,"中央厨房"所体现的依旧是传统媒体所擅长的大众传播思路,因此其意义有限。

---

① 刘奇葆:《推进媒体深度融合 打造新型主流媒体》,《人民日报》2017年1月11日,第6版。
② 陈国权:《中国媒体"中央厨房"发展报告》,《新闻记者》2018年第1期,第50—62页。
③ 《观媒对话喻国明:"中央厨房"大而化之无法满足个性需求》,转引自搜狐网,2016年10月12日,http://www.sohu.com/a/115995778_465245。

(3) 现实与理想比较的思路。

与学者们的研究比较起来，更多的新闻业界人士认可这种模式，只不过，他们身在其中，感受更多的是一个理想"中央厨房"的来之不易。很多媒体建立起"中央厨房"，但是受制于体制机制等各种因素，"厨房"没有发挥出预期功能。比如，河南日报报业集团副总编辑董林就认为，"中央厨房"解决了一些根本性问题，关键在于能否做到核算体系的变革和经营上的融合，否则都只是数学上的叠加，不会产生"化学反应"。重庆日报报业集团"中央厨房"负责人崔健认为，"中央厨房"不只是生产体系流程的改造，组织架构、人员调度、主题设置、管理考核等也要实行一体化，"中央厨房"倒逼整个重报集团进行深度转型[①]。

当下，中央和省级媒体对"中央厨房"的态度已经不再是要不要建的问题，而是必须建而且必须建好的问题。要切实发挥出"中央厨房"在媒体融合发展中的龙头作用，必须认真辨析"中央厨房"的真实含义，破除在"中央厨房"上的一些错误认识，才能少走弯路。

### 2. "中央厨房"中"中央"的权威性

"中央厨房"的最大价值就是完成了报纸出口与各个新媒体出口的整合和统一，以前各个出口是"分立"的，有多个"中央"，"中央厨房"成立以后，各个出口变成了"浑然一体"的一个出口，整合在统一的编辑部之下。这在理论上是清晰的，但是在实践中却不容易做到。如果不能做到"统一指挥，统一把关，统一理念，统一步调"这四个"统一"，"中央厨房"就不会真正发挥出"龙头"作用。

以《广州日报》为例，2014 年 12 月 1 日，该报的中央编辑部开始正式运作，这个编辑部由夜编新闻中心（报纸编辑部）、大洋网、全媒体新闻中心、音视频部、数字新闻实验室等部门组成。为了发挥中央编辑部的功能，该报在制度安排上颇费了一番功夫，取得了一定的成效。但客观而言，几年下来依然存在不少问题，比如同一个中央编辑部内，由于所在端口不一样，人员身份不同，考核奖惩不同，特别是来源于大洋网的采编人员和《广州日报》主报的采编人员多有不同，进而也造成采编理念和采编原则的不同，稿件选择上表现出一定的差

---

[①] 陈浩洲、周童：《媒体"中央厨房"究竟能否常态化？》，转引自搜狐网，http://www.sohu.com/a/115919885_381322。

异性。此外,中央编辑部成立后,广州日报全媒体新闻中心虽然在行政体制上属于中央编辑部的一部分,但是其建制依然存在,依旧负责广州日报微博、微信和App端口稿件的发布,大洋网编辑部则照旧发布PC端大洋网和手机端大洋网上的新闻,各板块的运作独立性仍然比较强。

《广州日报》的情况绝非个例,而是有着相当的普遍性。因为传统机构媒体的原来部门设置具有很大的历史惯性,物理聚合起来的中央编辑部要发挥出"中央"的合力并不容易。"中央厨房"也好,"中央编辑部"也好,要起到龙头作用,必须要有体制机制的全方位配套改革,确实树立起"中央"的权威,否则就只能是形式上的"中央"。

### 3. "中央厨房"——集团的还是各家系列媒体的?

这几年成立的"中央厨房"大部分都是以集团名义成立的,这样的"中央厨房"不时受到外界诟病,比如,《人民日报》的"中央厨房"成立后一年多时间里仅运行了17次,不能常态化运行。

《广州日报》2014年成立的中央编辑部也叫"广州日报报业集团中央编辑部",从全集团品牌营销或者管理的角度来说没问题,但是从媒体融合发展的角度来说则存在问题。报纸融合发展,一定是"一报、一网、一端、两微",而不能是全集团二十几张报纸共用一个网站、一个App、一个微博账号、一个微信公众号。同理,一个报纸就要有一个中央编辑部,不能二十几张报纸共用一个中央编辑部,《广州日报》当时成立的这个中央编辑部实际上就是"广州日报中央编辑部",能把《广州日报》主报的全媒体转型完成好就已经功莫大焉,不能让它背负太过沉重的包袱。

现在的媒体运作,没有哪一家再是纯粹纸媒一种端口,规模再小的媒体,纸刊以外,至少还有微博和微信公众号两个端口,为了出好所有端口的内容,这家媒体的编辑部必然就是一个"中央编辑部"。以广州日报报业集团为例,其旗下的《信息时报》要有一个中央编辑部,《南风窗》也要有一个中央编辑部,《足球》报也要一个中央编辑部。在日常的新闻生产活动中,各家媒体独立完成自己的采编发行为,它们通常用不到集团的中央编辑部,除非有特别重大的新闻发生时需要集团的中央编辑部出面协调,而这样的重大新闻事件一年没有几个。

因此,说"中央厨房"一年用不了几次,不能常态化运营,指的是媒体集团的"中央厨房",集团下属各家子报、子刊的"中央厨房"天天都在常态化使用。

### 4. "中央厨房"与经营部门的联动路径

首先说明一点,此处所说的"中央厨房"与经营部门的联动不是要打破采编与经营之间的界限,这个界限无论在何种媒体环境下都是要坚守的,彼此之间不能过界。但是,二者之间的联动却是必要的,无论是在前互联网时代还是在当下的互联网时代,内容生产始终都要在经济上变现,以前主要依靠广告变现,如今广告变现的能力在下降,需要开发更加多元化的变现方式,也更加需要"中央厨房"和经营部门之间的联动。甚至可以说,"中央厨房"一定程度上承担着机构媒体盈利模式重塑的重任,如果"中央厨房"不能在这个意义上有所贡献,那么其在媒体融合发展中的"龙头"作用就是有疑问的。

要理解上面这个判断,就要知晓国内媒体融合发展的历史。2014年以前,国内传统媒体进行新媒体转型的基本路数就是办一个网站,然后想尽各种办法让这个网站去盈利,通过售卖报纸版权、帮政府做宣传、为企业维护网站等方式去盈利。只要网站盈利了,报社的新媒体转型好像就成功了,没有盈利,就意味着这个转型失败了。这种创办一个新媒体然后让它独立运行的思路是有问题的,因为这样的新媒体发展和"母媒体"的发展是脱节的,不是融合发展,而是各自发展。

中央编辑部成立以后,上述发展思路得到了根本性扭转,网站被拉回到中央编辑部,网站和App、微博、微信一样成为一个内容出口。网站不再只以单独盈利为目标,而是和报纸浑然一体地发展。

这就需要凭借"中央厨房"强大的资源配置能力把报纸的各个端口办好,为客户提供能够覆盖报纸以及各个新媒体端口的广告套餐,比如,一位地产商花20万在报纸上做一个广告,那么只要再多花5万,就可以把微博、微信、App、网站等新媒体终端全部覆盖,为广告客户提供"一站式"全方位服务。报纸只要把这部分基数很大的老客户稳住,不至于过分流失和断崖式下滑,那么事实上就形成了一种新的盈利模式。

### 5. "中央厨房"有效运行所需要的配套机制

中央深改组2014年出台媒体融合发展的指导意见以来,各级各地媒体集团推出的"中央厨房"总体上的成效是明显的,极大地强化了编辑和记者及时发稿、滚动报道、融合采编的意识,强化了他们的互联网意识,以前是把稿子做好,按报纸这种单一载体的要求去写稿子,但是现在记者更多想到的是要适应微博、微信、网站、报纸等多种形态的内容生产,编辑也会考虑如何对不同形式的内容进行全媒体分发。

但是现实中,很多媒体集团并没有真正按照"中央厨房"的规律和要求办事,没有真正发挥"中央厨房"的作用和效能,这是一个很突出的问题。具体到中国国情来说,现阶段的"中央厨房"能否建好,一个关键因素是媒体集团的领导是否敢于"亮剑"。

一方面,无论是建设"中央厨房",还是推动媒体融合发展,首先要具备对互联网和新媒体的认识和把握,需要学习和掌握专业知识。如果媒体集团的领导自己不懂互联网,像有的研究者所形容的那样,是互联网的一名"难民",手下是一帮互联网的"移民",去争夺的对象却是互联网的"原住民",这个事情的成功率会很低。因此,需要媒体的各级领导拿出点真正的学习精神,琢磨和研究新媒体环境下的传播规律。

另一方面,媒体集团的领导还应是一个有魄力、有担当的改革者,否则他就不会触动当前的利益格局,不会改变既有的分配方式和激励机制。实事求是地讲,现在建设"中央厨房",推动融合发展基本上还处在"烧钱"阶段,成熟的盈利模式还没有出现。在这样的情况下,如果媒体集团的领导拿不出担当和魄力,新举措就很难推行下去。

无论从理论上还是实践上看,要做好媒体融合发展,就必须要建设好"中央厨房",让"中央厨房"发挥"龙头"作用,这需要一整套机制,需要处理好集团的"中央厨房"与各个子媒的"中央厨房"的关系,最后还需要一个想做事、能做事、敢做事的媒体集团领导。

## 六、"中央厨房"是全媒体新闻生产的主平台

上一节从整体上分析了国内媒体目前建设中央厨房的情况,在此基础上,我们再看一个"中央厨房"的建设实例,以此探究"中央厨房"建设和运营中的

主要问题及解决思路。

2014年12月1日,《广州日报》迎来了62周岁生日,在这个特殊的日子里,广州日报报业集团中央编辑部开始正式运作,在崭新的全媒体平台上发出了第一批稿件,这是广州日报报业集团推动媒体融合发展的一个重大举措。

**1.《广州日报》中央编辑部概述**

中央编辑部由广州日报社夜编新闻中心、大洋网、全媒体新闻中心、音视频部、数字新闻实验室等部门组成,旨在搭建一个跨越纸媒和新媒体的新闻统筹平台,把新闻生产带入"滚动采集、滚动发布;统一指挥、统一把关;多元呈现、多媒传播"的融合发展新时代。从这一天开始,《广州日报》各个媒体平台呈现出全新面貌:大洋网全面改版,主打时政和民生新闻,服务社会、服务市民;广州日报新闻App全新升级,推出更精致的界面、更友好的用户体验;数字新闻实验室在大数据中抽丝剥茧,揭开新闻背后的秘密。

那么为什么要用这种方法去推动自己的融合发展?《广州日报》12月2日的报道是这么说的:"随着微博、微信等自媒体的兴起,舆论场比以往任何年代都更纷繁复杂。在广州日报人看来,新媒体与其说是挑战者,不如说是同行者,新媒体新技术将是《广州日报》实现从一张报纸向一个覆盖全媒体平台的文化传媒集团转型的历史机遇。"要完成这个任务,《广州日报》就要成立中央编辑部,在中央编辑部的统筹指挥下,24小时多平台、多形态地实时发布新闻。

(1)三大职能:推动媒体融合的新跨越。

在《广州日报》内部,一般把中央编辑部的定位概括为三句话:第一,统一指挥、统一把关;第二,滚动采集、滚动发布;第三,多元呈现、多媒传播。

尽管当时有些硬件条件尚未齐备,但中央编辑部成立后,该报"统一指挥,统一把关"在组织架构上已经具备条件了。成立之后,中央编辑部协同《广州日报》其他采编部门,按照媒体融合发展的要求统合运作。其中,首要任务是融合管理,实现统一指挥、统一把关。这是中央、省、市对媒体出版安全的要求,也是集团自身融合发展的需要。

"滚动采访,滚动发布"是中央编辑部的第二个任务,也是新时期媒体新闻生产流程再造的核心概念。在前期筹备中,《广州日报》积累了一定的经验,中央编辑部的正式运行标志着集团新闻生产流程再造正式开始。之后,《广州日报》可以实现 24 小时滚动发布新闻,前方记者采访回来的新闻原料,经过中央编辑部的加工处理,即时在各个端口发布出去。

伴随着中央编辑部的成立,《广州日报》还专门成立了音视频部和数字新闻实验室,其他的配套软件系统也在建设之中。有了这些做基础,《广州日报》的新闻传播渠道更加宽广,新闻的呈现形式更加多样,新闻的传播力、影响力也会大大增强,最终实现多元呈现、多媒传播。

(2) 最大变化:发布端口的统一最有意义。

中央编辑部的设立有着深远的影响,包括三个方面。

首先,《广州日报》中央编辑部的成立完成了一个历史使命,就是把报纸端的出版发布和各个新媒体端口的发布统合在了一起,所谓"统一指挥,统一把关"。而在此之前,《广州日报》的新闻发布端口分成了三个截然不同的"所在"。传统报纸新闻(时政新闻部分)的发布权在夜编新闻中心,微博、微信以及 App 的发布权在全媒体新闻中心,网站新闻发布权则在大洋网。机构设置上,三个部门以前是并列关系。夜编中心和全媒体中心都是《广州日报》的中层正职单位,大洋网更加独特,1999 年成立之后就一直独立核算,办公不在报社本部,采编自成一体,经营上有独立指标,特别是 2012 年上市公式粤传媒改组之后,大洋网划入上市公司,独立性进一步强化。中央编辑部成立以前,如果不能说三个发布端口"各自为政"的话,那至少是"欠缺交流和沟通",特别是大洋网和报社本部之间的沟通和交流很少。

其次,伴随着中央编辑部的成立,三个端口"物理性地"合并在了一起。合并后的办公地点在原来的夜编新闻中心,2014 年国庆节前后,夜编中心的办公场所进行了重新装修,增加了几十个工位,把全媒体新闻中心的编辑和大洋网的采编人员集中在一起,在同一个办公室办公,为"统一指挥,统一把关"创造了时空条件。人员配备上也是如此,夜编新闻中心的主任兼任中央编辑部的执行总监,全媒体新闻中心主任以及大洋网总编辑都是副总监。

最后,发布方式的改变带来了采访环节的改变。中央编辑部改革的是新闻的发布方式,而发布只是整个新闻生产链条的一个环节,如果记者的采访方式和发稿方式不变,中央编辑部的成立就不会显现出应有的效果,因此,中央编辑部成立后,采访部门也要相应地改变。中央编辑部成立后,进一步强化了记者滚动发稿的意识。关于当天的采访,要求记者半个小时内发 140 字内的快讯,两小时内发500字左右的消息。

(3) 调整方向:报纸新媒体转型的第一步。

中央编辑部在国外早就不是新事物,但在国内,《广州日报》的这个中央编辑部当时是国内第一个。媒体转型谈了十几年,为什么到2014年年底才成立了国内第一个中央编辑部?在这之前,国内媒体在新媒体转型上走了什么弯路?

包括《广州日报》在内,原来国内传统媒体进行新媒体转型的基本路数就是办一个网站,比如《广州日报》早在1999年就创办了大洋网,然后想尽办法让这个网站去盈利,通常的方式包括售卖报纸版权、帮政府作宣传、为企业维护网站或者上市。只要网站能够盈利,这家报社的新媒体转型就成功了,不能盈利,转型就失败了。但是,这种思路是有问题的,因为如果大洋网的新闻采编和《广州日报》的新闻采编脱节,大洋网盈利依赖的是"政府服务"和"技术外包",那么就算大洋网一年能挣几个亿,它和《广州日报》这张报纸的转型也关系不大。

《广州日报》成立中央编辑部之后,大洋网被拉回《广州日报》主报身边,这是对大洋网的重新定位。有了大洋网的回归,又有了新推出的"两微一端",有了中央编辑部的居中统筹,报纸的采编人员才能真正成为全媒体的采编人员,报纸也就不再只是报纸,而是全媒体形态的融合媒体。

(4) 端口整合:尽快形成统一的采编思想。

在机构和人员调整到位之后,中央编辑部还有很多具体工作要做。

第一,各个端口要尽快形成统一的采编思想。报纸、微博、微信、App、大洋网几个端口要有统一的采编理念和一致的采编行动,做选题的时候,各个端口要朝一个方向努力,而不是各选各的头条。

第二,加快技术研发,升级换代硬件系统,统一各个端口的标示,有统一的品牌、Logo、宣传语以及页面设置风格,一则可以让读者形成统一印象,二则便于以后的整合营销。

第三,尽快形成统一的考核奖惩体系。同一个中央编辑部内,人员的身份不同,考核不同,管理不同,特别是来源于大洋网的采编人员和《广州日报》主报的采编人员身份不同,要尽快统一。

## 2. 中央编辑部带动盈利模式转型

中央编辑部的建设不单纯是为了做好内容生产，其背后有自己的运营或者盈利考虑，如果在运营上不能有回报，这种做法就很难持续下去。具体可以从如下四个方面来理解中央编辑部对媒体盈利模式转型的带动作用。

（1）传统报纸办网站的两种模式各有道理，有一个历史发展过程，"和报纸浑然一体的网站"具有特殊的战略价值。

互联网发展的早期阶段，国内报纸所办的网站基本都是独立运行的，大洋网、金羊网、奥一网、解放网等都是，办起来之后独立运转，有自己独立的用人和财务制度，经济效益单独考核。这种类型的网站经营有少数做得比较好，比如《杭州日报》的十九楼，还有《青岛日报》的青岛新闻网，但大部分办得都比较艰难。

相反，"和报纸浑然一体的网站"或者新媒体平台建设在过去20年中却一直有意无意地被忽略或遗忘，其实，这种网站或者新媒体一直是国外同行着力发展的重点，比如纽约时报网、华尔街日报网等都是这样。在国内，直到2011、2012年前后，业界才开始注意到这个问题，有些同行开始改变，杭州日报报业集团就提出了"一报一网"的新媒体发展策略，明显就是认识到了两种网站的不同，杭报旗下的《都市快报》在十九楼网之外，又开辟了都市快报新闻网；《南方日报》在南方网之外，也建立了独立的南方日报网。同时，一些财经类专业媒体，比如财新传媒，因为起步较晚，一开始就把财新网定位成了和财新纸刊一体化运行的网站。

（2）就国内报业环境来说，"和报纸浑然一体的网站"是报业盈利能力下降趋势下的一个务实选择。

2012年移动互联网急速发展之后，报纸影响力在减弱，盈利能力在下降，整个报业经营的盘子在萎缩。既然下降的趋势不可更改，那么谁下降的速度慢、谁下降的幅度小，谁就是相对的赢家。反观20世纪90年代末，大洋网等国内一大批报纸办的网站正风起云涌的时候，报业环境和现在截然不同，当时报纸广告每年都在增加，办网站是要去挣新钱，去抓新商机，以便把整个报业经营的盘子做得更大。换句话说，当时大洋网等网站的竞争对象是新浪、搜狐、腾讯、网易等门户网站，是要去跟它们竞争客户和市场，因此，大洋网一度把自己定位为"华南地区最大的新闻门户网站"。

报纸办"独立运行的网站"属于扩张性战略(至少心理上和出发点上是这样的),而"和报纸浑然一体的网站"属于收缩性战略,立足于通过服务好老客户去盈利。大家都想扩张,不想收缩,收缩是没有办法的办法。

(3)报纸的盈利能力千差万别,"和报纸浑然一体的网站"对原来盈利能力强的报纸来说更加必要。

不同报纸对冲击的反应也会不同。本来经营状况不好的报纸被逼到了绝路,或许会干脆甩开膀子大干一场,铆足劲去探索新的发展方向。本来经营状况良好的报纸,因为固有客户存量大,只要不剧烈下滑就尚能生存。《广州日报》在过去20余年里,一直扮演着中国市场化党报领跑者的角色,盈利能力非常强,现在虽然受到了一定的冲击,但盈利能力依然很强,对这样的报纸来说,不可能完全转身,就像《纽约时报》一样,一定要去融合发展,而不是革命式断裂式发展。"和报纸浑然一体的网站"对《广州日报》这样的报纸来说更加必要。

(4)报纸所办新媒体平台的盈利模式有历史原因和其适用范围。

"与报纸浑然一体的网站"的盈利模式就是和报纸共进退,共同维护好和老客户的关系,为老客户提供覆盖全媒体的广告套餐,抑制住传统报纸不断下滑的广告量。

要实现这种盈利模式必须要做到下面四点。第一,全力推进报纸的全媒体转型,把网站、微博、微信、App等数字端口做好,要有基础流量,为经营做好基础工作。第二,要做到上面这一点,必须成立中央编辑部,提升技术,统一各端口的采编思想。第三,经营上要打通,成立报纸和各数字端口统一的经营队伍,数字端的页面和报纸的版面一样,只要是广告部门划定的广告版面或页面,各个端口的编辑部就要配合。第四,各数字端口包括网站在内,不需单独考核,不需单独算利润,要算整个媒体集团的经营大账。

## 七、《纽约时报》的"中央厨房"及转型之路

上面几节总结归纳了国内媒体近年来搭建全媒体新闻生产平台的三种主要路径,分析了中央编辑部在全媒体新闻生产中的角色和功能。出于比较研

究的需要,接下来我们看看《纽约时报》在全媒体转型方面所采取的措施以及这些措施带给国内媒体的启示①。

《纽约时报》是一家有着百年历史,在全球新闻界享有很高威望的媒体,它的每一个转型动作都会吸引新闻从业者的关注。2015年初,该报执行主编巴奎特在给全体员工的一封信中对《纽约时报》当年的各项业务进行了规划和展望。之前,2014年3月,长达96页的《〈纽约时报〉创新报告》定稿,描绘了一幅该报完整的新媒体发展战略。报告起草过程中采访了超过300人,既包括《纽约时报》的记者编辑,也包括来自50多个媒体和技术公司的员工。

### 1. 印刷版记者和数字记者一起组成"中央厨房"

报告首先回顾了《纽约时报》近年来在新媒体上的表现。2007年以前,该报的印刷版记者和数字记者分别在不同的大楼里工作,《纽约时报》网站和报纸分开独立运行,2007年以后,两者合并在一起,在同一栋大楼里办公。合并办公之后,形成了《纽约时报》的"中央厨房",报纸和网站以及所有新媒体终端一体化运作,网站不再独自发展和运营。

这个看似简单的问题,在世界报业范围内都曾经是一个很突出的问题,而且直到今天,还有很多报业同行没有给予重视。如果报纸的编辑部依旧只做报纸,网站的编辑部只做网站,"两微"的编辑部只做"两微"的内容,这样的做法可能会让某一个具体的端口实现盈利,却无益于整个传统报纸的转型,不具有"战略价值"。

### 2. 生产优质新闻依然最为重要

2007年以后,经过《纽约时报》多任领导的努力,这两个部门(传统报纸和新媒体)都取得了重要进步。每一年,数字业务和传统业务的融合都会前进一大步;每一年,新媒体平台的覆盖范围都在大幅度拓展;每一年,该报都会生产出更多具有开创性的数字新闻产品。比如,NYT NOW(一款时政新闻类

---

① 本节的主体材料来自2014年3月24日定稿的长达96页的《〈纽约时报〉创新报告》,《新闻与写作》2014年第6期,第26—31页。同时还有一篇该报总编辑写给所有采编人员的一封信。在此基础上,加入了笔者的思考。

App)正在改变新闻在移动设备上的呈现方式;Cooking(一款生活服务类App)在重构数字平台上的服务性新闻;Times Insider 让人们看到《纽约时报》记者是怎样工作的;Upshot 将智能分析、写作、数据可视化与个性化相结合。

这些进展来之不易。印刷和数字新闻在很多方面都不同,该报时常需要在二者提出的富有竞争性的需求中间寻找平衡。在数字时代,一个媒体公司要面对的所有挑战中,日复一日生产优质的新闻依然是最困难和最重要的。在图表、交互新闻、计算机辅助报道、数字设计、社交网站和视频的帮助下,该报的故事讲述丰富而深入。在新闻这个最重要的竞争领域,《纽约时报》依旧大大领先竞争者。

网络时代到来以前,是"渠道为王"的时代,如今则是"内容为王"的时代。在这一点上,《纽约时报》为所有报纸同行做出了表率,每天都能够拿出过硬的严肃新闻报道,这些报道是普通网友无法生产的。反观国内报纸,由于种种原因,优质内容的生产和供给成了最大的短板。

### 3. 新兴媒体和传统同行同时带来压力

然而,行业的变革步伐要求传统报业应发展得更快些。报告指出,《纽约时报》面临两方面的压力。其一,新兴数字媒体正变得越来越多,它们获得更好的资金支持,并且更具创新精神。其二,传统竞争对手在数字新闻方面变得更富有经验。在美国,像 Vox 和 First Look Media 这样的新创数字公司,都获得了风险投资和个人资金的支持,它们正在创建适应数字世界的新闻编辑部。BuzzFeed、Facebook 和 LinkedIn 正在大量聘用编辑并推出多款针对新闻受众的产品。

与此同时,像《华尔街日报》《华盛顿邮报》《金融时报》和《卫报》这些传统竞争者,也在强力推进自身数字转型。《金融时报》将其印刷版从 3 个版本缩至 1 个;200 名晚班工作人员也转向日间工作;组建项目、数据和突发新闻团队;纸版的职责则交由一支规模较小的编辑部负责。《今日美国》已经将其数字团队整合入各个部门,负责印刷版报纸的只是一支很小的团队。《华尔街日报》以社交媒体编辑和数据分析专家为主力创建了"实时新闻部"和"受众互动部"。《华盛顿邮报》正在构建庞大的"统一新闻部",并在曼哈顿开设了一个"前哨新闻工作室",吸引开发人员、用户体验设计师和数据科学家加入。

所有这些报纸的生产重心都一致地转向了"数字平台",对他们来说,"中央厨房"早就建立起来了,数字平台和报纸平台的一体化运作已经实践了许多年。

### 4. 创建"受众拓展"职位,更新"发行"观念

行业变革的步伐要求《纽约时报》重新思考该报的传统,并迅速抓住新的发展机遇,不断进行调整,以适应受众向移动平台和社交媒体转移的趋势。为此,报告提出了若干具体建议,首先就是如何吸引受众。

对新闻编辑部而言,该报的主要受众拓展策略一直是生产高品质的新闻。但在数字时代,受众拓展的过程更为复杂,往往要使用多种工具,采用多样化的策略。例如,在社交媒体上推送新闻,把新闻重新打包以适应新平台,针对搜索引擎进行优化,实现个性化以满足受众需求,通过电子邮件和评论直接与受众接触。

### 5. 网站影响力衰退,社交媒体的开拓日益重要

网站主页曾是《纽约时报》向受众展示新闻的主要平台,每月有数以百万计的受众访问。但是,网站主页的影响力目前正在衰退。在该报的受众中,访问网站的还不到一半。如今,越来越多的受众出现在 Facebook 等社交媒体上,他们期待该报通过电子邮件或"新闻提示"等方式主动找到他们,而不是相反。新闻编辑部应该积极介入并发挥主导作用,受众拓展应该成为每位编辑和记者的责任。

报告提出两个建议。第一,在新闻编辑部增设一个负责受众拓展的高级管理职位,并领导一个新的团队。这个职位负责新闻编辑部在社交媒体、搜索引擎和电子邮件等直接推广业务方面的策略。他们同时帮助该报回答诸如如何使该报报道个性化、如何更好地运用该报的档案材料等问题。第二,为记者、编辑和责任编辑提供更多支持和指导,让他们更好地完成受众拓展的任务。

### 6. 组建数据分析团队和战略分析团队

网站主页内容应该多长时间更新一次?受众对该报的多媒体整合报道

参与程度有多高？常规的特写和专栏有助于数字受众忠诚度的提高吗？能够回答这些问题的分析团队已经成为数字新闻编辑部的基石。以往，一代又一代的主编不得不猜测受众想要什么。如今，分析团队有能力验证他们的猜测是否正确。因此，对传统媒体而言，首要的是迅速提升数据搜集和分析能力。

这个团队可以测量文章的分享次数、受众的阅读时间、受众滚动浏览一篇文章的长度，以及受众每周阅读同一栏目的百分比。这些数据在帮助《纽约时报》发现趋势、分享成功、制定战略方面发挥着更重要的作用。有了这样的数据分析团队，编辑部在决定一条稿件如何处理的时候，就可以不再靠"感觉"，而是依据"数据"作出判断，让编辑部的判断从"感性"走向"理性"。

### 7. 鼓励采编、经营、技术之间的跨部门合作

在《纽约时报》的大楼里，掌握可以帮助提高该报数字报道水平的人常常不在新闻编辑部门。报告建议，应该积极鼓励新闻编辑部与其他经营、技术部门之间加强合作，因为这些部门对受众的了解往往胜过编辑部，他们更多地着眼于构建、思考以及研究受众体验，更关心受众对数字阅读、观看和互动体验的感受，他们的工作和记者本身一样重要。这些熟知受众的部门包括技术部、消费者分析部、研究与发展部以及产品部等。《纽约时报》在这方面已经进行了许多有益尝试，新闻编辑部里也增加了很多新的核心人员。

对于《纽约时报》来说，打通采编、经营、技术三个团队已经成了当务之急，不再各自为政。

### 8. 优先聘用数字人才，助力"数字优先"战略

再好的战略都要有合适的人去执行，报告中最鲜明的主题之一是：报纸必须在招募、培训和激励数字人力资源方面做得更好。在一家"生产优质数字报道的报纸"转型为一家"生产优质报纸的数字媒体"的过程中，人才战略非常关键。

2014年，几名资深数字专家先后离开《纽约时报》。在数字时代，必须高度重视数字人才的招募及培训，充分发挥其提升改善报道水准的能量。在这方

面,《纽约时报》各部门已经做了很多工作,但该报继续在整个编辑部普及数字技能,从非传统媒体竞争者那里招聘相关人员是其中重要一步。接下来就是要让报纸网站编辑、社交媒体编辑、制片人、设计师、开发人员等在报道中起到更核心、更重要的作用。

第四讲

# 全媒体新闻生产者

媒体业属于文化创意产业的范畴,既然是创意产业,那么"人"就是一个关键因素。在传统媒体的黄金年代,媒体吸附了大量优秀人才,是大学毕业生的理想就业单位。到了全媒体新闻生产阶段,新闻生产主体依然是核心因素,直接决定着全媒体新闻生产的数量和质量,决定着媒体机构的竞争力。这一讲主要谈如下四个问题。

第一,全媒体新闻生产中,媒体里的新闻生产者发生了哪些变化?产生了哪些新的人才需求?已经在媒体里就业的人面临什么样的挑战?他们需要进行怎样的调适?对于媒体组织来说,可以采取什么样的措施激励新闻生产者迸发出新的生产力?同时,面临紧缩的媒体环境,媒体是放任采编人员自由流失,还是主动出击采取裁员措施?

第二,全媒体环境下,随着媒体盈利能力的下降、人员的流失与更替,以及新闻采访行为从后台到前台的显性化,近年来发生在新闻生产者身上的失范行为有增加的趋势,这些失范行为包括酿成新闻差错、违反职业道德、触犯法律三种类型。这些虽然行为一直都有,但于今为甚。面对这样的情况,媒体及其生产者应该采取怎样的应对措施?

第三,机器人写稿现象日渐普遍,这会不会对目前的新闻从业者造成冲击?更进一步说,人工智能的发展和大数据的使用对新闻生产者提出了什么挑战?

第四,新媒体环境,新闻生产越来越具有"社会化生产"的特征,专业新闻生产者和社会化新闻生产者之间是一种什么关系?这是新闻业未来的发展方向吗?

## 一、专业媒体用人需求的显著变化

伴随着传统媒体与新兴媒体融合发展步伐的加快和深入,传统媒体机构在组织架构上发生了很大变化,新闻从业人员也随之发生了很多变化。一方面,新闻从业者不断流失,另一方面,各家机构媒体也在不断发布新的招聘信息,新闻生产者在"供给侧"和"需求侧"两个方面都与之前不同了。这里需要说明的一点是，本书所说的"专业媒体"指传统媒体，但是现在再用"传统媒体"这个词指称报社、电台和电视台这些媒体组织已经不准确了，现在没有哪一家报社还在固守报纸这个平台，没有哪一家电台或电视台固守频率或频道这个平台，都已经转变成了包括"两微一端"在内的全媒体生产平台。从需求的角度来讲，现在的专业媒体主要需要五种类型的人才。

**1. 融合型的采编人才**

采编人才是最体现媒体性质的一类人才，最为传统，也是新闻院校输出的最核心、最大量的一类人才。新闻院校以前培养的人才主要是面向报纸、广播、电视等传统媒体，现在如果还是这样培养人才是远远不够的，因为媒体现在需要的是"全媒体采编人才"。当下的传统媒体都在融合发展，既然是融合发展，就不再是报纸采编人员只做报纸内容，网站采编人员只做网站内容，新闻客户端采编人员只做新闻客户端内容。当下的媒体内部，同样一批人，既要做报纸内容，也要做"两微一端"内容，这是媒体的"就地转型"。

因此，媒体的新闻生产平台变了，采写机制变了，呈现方式变了，人才的需求也变了。只懂采访和写文字显然不够了，照片、视频的拍摄，特别是后期制作显得越来越重要，大部分传统媒体的人做不了这些工作，在职员工需要重新学习和培训，招聘的新人一入职就要具备这种融合新闻的生产能力。这种变化也反映在招聘环节，以前报业集团里的报纸和网站分开招人，报纸主要招聘新闻学专业的毕业生，网站招聘网络媒体专业的毕业生，现在媒体招人需要的是融合人才。

总之，新媒体环境下，采编人才对于一家媒体机构来说依然是最为核心的，只不过，这些采编人才不再是原来以报纸为主要工作平台的采编人才，而是全媒体的采编人才。大学生毕业后如果想去媒体工作，除了懂采编之外，最好还要懂一些技术，会操作常用的音视频编辑软件、图表制作软件。同时，为了增强就业竞争力，毕业生除了去新闻单位实习以外，最好也去网络公司和新媒体公司实习一段时间，这样在就业的时候就会增强自身竞争力。

**2. 整合型的经营人才**

这里说的经营人才指那些在媒体里专门做经营工作的人才，比如广告、发行、印刷等,这是传统报业里最主要的几类经营人才。新媒体环境下,这部分人也面临着全新的挑战,传统媒体的广告、发行、印刷都在不同程度地下滑,如何面对这样的下滑,下滑环境中怎么做好经营,这都是很大的问题和挑战。

以广告来说,传统媒体的广告现在不好做,需要从业人员以更多更好的创意去服务广告客户。传统媒体的广告以前很好做,那时基本是卖方市场,而现在的广告主在投放的时候多了很多选择,需要媒体广告从业人员全面提升自己的服务能力。此外,在新媒体环境下,广告人员需要学会整合营销,给客户提供包括策划、文案以及售后服务在内的一揽子解决方案。

此外,广告人员所推销的也不能只是报纸广告,而应该向广告客户推出包含所有新媒体终端在内的全媒体组合产品。这样的话,这些人就不能只会做报纸广告,还要学会制作新媒体广告,把报纸广告和新媒体广告打包销售。说起来简单,但要做到这一点却非常困难,因为以前报纸广告和网站广告各有一套营销队伍,传统媒体平台与新媒体平台之间存在壁垒,现在需要打破这个壁垒,一体化运行,只有这样,才能遏制不断下滑的广告量。

最后,媒体融合发展一般指内容融合,其实经营上也要融合,仅是内容的融合无法持续。经营上要融合,就需要对媒体的经营人才进行重新定义。

### 3. "转行"必需的产业人才

对媒体行业来说,产业人才是一个新的需求。什么是产业人才?简单来说,就是媒体里不做媒体采编和经营但是也承担盈利职能的那部分人才。

这几年,在媒体圈子里流行一种说法,叫作"最好的转型是转行",说的就是这个意思。媒体盈利能力下降,不足以维持媒体的正常运转,就要考虑广告、发行等传统媒体业务之外的经济增长点,比如上市、投融资、文化地产、文化创意产业、游戏、户外广告等。比如,有些媒体成立了上市公司,广州日报报业集团旗下就有粤传媒这个上市公司,广告、发行、印刷等业务以及多家系列报刊都放进了上市公司。上市公司融资以后就要投资,而投资是需要专门人才的,原来做报纸经营的人未必适合这种新的需求。

上面说的这些业务和媒体有关,但又不是传统的媒体业务,要做好这些业务需要大量的专门人才,这些人才既要懂传媒又要懂各个产业的发展规律,是非常稀缺的一类人才。

### 4. "走到一线"的技术人才

技术人才,具体来说,就是懂计算机技术和网络技术的人才,过去十几年,这一类型的人才对媒体来说一直都很需要,但在新媒体环境下也出现了质的变化。

以往媒体引进技术人才,主要是做维护工作的,采编系统、出版系统的维护离不开这些懂计算机的技术人才,但总体来看就是维护后勤支持系统,谈不上是媒体的核心竞争力。但是到了新媒体环境下,技术变得更加重要,特别是在采编平台的搭建和内容分发数据库的建设上,离开了技术人才,这些工作就没有办法做。也就是说,技术人才已经在新闻生产过程中扮演了一个非常重要的角色,从后台走到了新闻生产前线。

当然,这部分在媒体里面工作的技术人才除了技术以外,还要懂新闻,懂市场营销和用户体验,也就是现在常说的"产品经理",这样才能做出好的新闻平台以更精准地分发内容。

### 5. 全面更新的支持人才

媒体里的支持人才包括人力资源人才、财务人才、行政管理人才等,这些在媒体里一直都有,到了如今的新媒体环境下,这些支持人才的工作难度明显加大了,特别是培训工作的难度加大了,老员工的能力跟不上工作需要,又不可能完全换新人,那就要组织培训,2014年到2015年,《广州日报》人力资源部连续安排了18次新媒体课程,全员参加培训,为报业转型提供了很大的支持①。

总之,在新媒体环境下,媒体机构对专业人才的渴求程度大大提高,主要不是数量上的,而是质量上的。媒体用人的数量或许减少了,但是对复合型、高素质人才的需求却是明显加大了。要把新闻做好,既要懂全媒体的采编技术,还要懂经营和技术,这样的复合型素质,不在专门院校接受专业训练是不可能具备的。

---

① 来自笔者当时对广州日报社的参与式观察。

## 二、专业媒体要不要裁员？如何裁员？

2015年5月9日,微信朋友圈传出一则信息,说是"湖北第一大报,《楚天都市报》要陆续裁员100人",后来又有消息说,"没有100人,大概是70人左右"。裁员不是一件好事,但是如若报社的经营真是遇到了难以逾越的障碍,裁员未尝不是一件好事,甚至可以说,勇于裁员的媒体就是有希望的媒体。这几年,传统媒体的从业人员在不断减少,主要方式是记者辞职,而不是报社裁员。与其记者主动辞职,不如报社主动裁员。之所以这么说,有如下几个理由。

### 1. 国际媒体的裁员潮早已来临,裁员是大势所趋

2012年6月,澳大利亚最大新闻媒体集团之一的费尔法克斯(Fairfax Media)宣布未来三年裁员1 900人,其中20%的裁员将在编辑部门进行。该公司计划通过此举每年节省3.25亿澳元。2014年6月,加拿大广播公司CBC发布5年策略计划,其中包括5年裁员20%,削减节目时间与制作,甚至可能出售公司在多伦多的标志性总部大楼。2014年7月,英国广播公司BBC宣布执行削减开支计划,在新闻部门裁员415人。不过,为了新闻部门重组并适应电子化时代,BBC同时新开设195个职位,总共净裁减220个全职工作岗位。2014年10月,美国时代华纳旗下公司、CNN和TNT电视台的母公司特纳广播公司(Turner Broadcasting)宣布将在全球范围内裁员1 475人,裁员比例约10%。2014年10月,《纽约时报》宣布将裁掉约100名新闻编辑,以节省成本,适应行业新剧变,投资未来的数字业务。另外,《华尔街日报》和《今日美国》也都公布了裁员计划[①]。这些例子足以说明,国际范围内的媒体裁员潮早就到来了。

### 2. 在急剧变化的媒体环境中,中国媒体难以独善其身

2015年5月9日,粤传媒研究院刊发的一则消息说,"大众报业利润总额

---

① 《全球媒体裁员大潮滚滚 新闻人如何自保?》,记者网,2014年12月12日,https://www.jzwcom.com/jzw/37/7954.html。

猛降56%,南方报业营业利润亏500万"。之前的几年,大众报业一直被视为国内为数不多的能够在新媒体环境下保持高额利润的媒体集团,2012、2013年连续两年,利润额超过7亿人民币,但是到了2014年,利润急剧跌落到3.22亿,同比下滑56%。南方报业则一直是中国报业的一面旗帜,在报业市场上留下了无数骄人业绩。但是2014年的年报显示,该报营业利润为负508.62万元,营业利润较2013年同比下降104%。只是因为有政府补贴1.26亿元,利润总额才达到8 065万元,即使如此,利润同比下降仍然达到37%。

上海报业集团掌门人裘新在2015年第一季度的总结分析中说,上报当年第一季度的主要经营指标"断崖式下滑"的势头并没有扭转,报业的"探底之旅"还没有结束①。在全球报业变革的时代,中国的传统媒体业也遇到了和《纽约时报》、时代华纳这些国际巨头同样的问题,甚至问题更加严重。

### 3. 国内媒体从业人员减少,主要方式是记者辞职

中国的媒体和国际上的媒体遇到的困难一样,但是面对这种困难,各家采取的措施却截然不同,非常有"中国特色"。国内媒体往往对裁员讳莫如深,或者不裁员,即使裁员也都在私底下进行,几乎没有一家像上文所列举的国际媒体那样大张旗鼓地裁员。反过来,如果用"记者辞职"之类的关键词去百度上搜索,倒是可以搜出数条信息,甚至有些信息传授记者辞职信的写法。

南方报业内部报纸《南方报人》曾经公布过一项数据,2014年南方报业有202名集团聘员工离职,这一数据在2012年、2013年分别为141人、176人。也就是说,国内媒体的从业人员也在不断减少,只是减少的方式是记者辞职,而不是裁员。

### 4. 与其等待记者辞职,不如果断采取裁员措施

辞职是一种减员措施,裁员也是一种减员措施,仅就减员的效果来说,这两种形式没有差别。但实际上两者之间很不同,至少有两点原则性的差别。其一,通过辞职走的,一般都是比较优秀的记者,他可以找到一个更好的工作;而裁员不会裁优秀记者,肯定要裁能力比较差的。其二,如果不采取裁员措

---

① 《上报集团掌门裘新:传统报业转型要颠覆式破局,关掉部门比裁员10%容易》,虎嗅网,2015年4月30日,https://www.huxiu.com/article/113984/1.html。

施,那么在整体营收下降的情况下,薪水和福利就要普遍降低,在岗人员的积极性和工作状态就会受到打击,报业重新崛起的道路更加漫长。

其实,在一般的国际大公司,当遇到经济不景气或经营有障碍的时候,都会采取裁员措施。比如,2015 年 5 月,德国工业巨头西门子宣布全球裁员 4 500 人,此前的 2015 年 2 月,作为精简行政管理职能部门的举措,西门子已经宣布在全球范围内削减约 7 800 个岗位[①]。西门子此举的目的就是把"冗员"裁掉,同时保留住那些"核心骨干成员",让"核心骨干成员"不至于流失,以图下一个机会来临的时候,能够迅速崛起。

**5. 知易行难,现有用人体制下裁员有困难**

裁员是一件令人伤感的事,最好的解决办法当然是找到媒体转型的道路,越过目前的这个障碍。但是,现在的情况是好多媒体坚持不住了,再不采取果断措施,媒体可能就要休刊或停刊了。因此,"裁员"是一个"两害相权,取其轻"的不得已的做法。

媒体裁员如果运用得当的话,反倒是激活传统媒体内部活力的契机。不过,说起来容易做起来难,特别是在媒体大部分都是国有企业甚至是国有事业属性的前提下。《楚天都市报》因为是湖北日报的下属系列报,用人体制相对灵活,裁员的难度相对比较小。

## 三、启动内部改革,盘活固有人力资源

2015 年 4 月 28 日,时任上海市委书记、市委全面深化改革领导小组组长韩正主持召开市委全面深化改革领导小组第七次会议,会议审议并通过《上海报业集团采编专业职务序列改革方案》,此消息当时在新闻业内引发了不小的反响。所谓"采编专业职务序列改革",就是建立"首席记者、高级记者、资深记者"等新闻采编业务序列,这是一个纯业务序列,与之相对的是"总编辑、部门主任、部门副主任"等行政序列职务。

---

① 《西门子全球裁员 4500 人》,新华网,2015 年 5 月 9 日,http://www.xinhuanet.com/tech/2015-05/09/c_127781612.htm。

### 1. 上报集团启动采编专业职务序列改革

上报集团自己确定的进度如下：2015年春节过后，集团召开采编专业职务序列改革领导小组会议，逐家研究审议三大报的实施方案。当年二季度，三大报全面启动采编专业职务序列改革。上半年结束时，《文汇报》形成对改革试点的初步总结，准备接受上级部门评估。下半年，根据三大报改革推进情况，研究决定在集团其他报刊推广这项改革。

一般来说，报社内部的职务晋升遵循"写而优则仕"的原则，一个记者写的稿子又多又好，慢慢就会被提拔为部门副主任，部门副主任再慢慢提拔为部门主任，个别部门主任再慢慢提拔为副总编辑或者副社长等，这是一条报社职务晋升的典型路线图。这个路线图存在两个明显的问题：其一，好记者提拔做了副主任、主任以后，工作偏向管理，写稿少了或者根本就不写了，是人力资源浪费。其二，管理和行政岗位非常有限，随着时间推移，好记者被提拔的机会越来越少，上升通道愈见狭窄，一个大学生毕业后进报社工作五六年后，如果看不到上升的希望，可能就会选择离开。

报业或者说整个媒体业就是一个文化创意产业，对这个产业来说，人才是最重要的第一生产力。为了留住人才，必须要改革，而采编专业职务序列的改革就是办法之一。在上海报业之前，全国很多报社都曾经实施了这个办法，《南方都市报》早就有首席记者的设置，《广州日报》2012年也启动了这项改革，一批主任记者和资深记者已经上岗。

### 2. 启动采编职务序列改革的必要性

上海报业集团的这次采编序列改革超出了一家报业集团的范围，升级为上海市的一项改革举措。这项工作之所以如此重要，主要有下面四个原因。

（1）报纸依旧是党和政府的宣传主阵地，要把党报办得更好。

2015年4月28日的这次会议指出，经过一年多的改革实践，《解放日报》《文汇报》《新民晚报》三大报社的发展迈出了扎实步伐，各项工作值得充分肯定。但是要清醒地认识到，随着网络和信息技术的迅猛发展，传统媒体面临前所未有的挑战。会议认为，报纸作为党的宣传阵地之一，要正确认识阵地与市场的关系、全面把握导向和效益的关系。改革的目标就是把所有的资源集中到生产优质精神产品上,形成一整套符合报纸健康发展的管理体制和机制。此次采编专业职务序列改革,要真正调动起全体采编人员的积极性,以高度的责任感把上海的报纸办得更好。

(2)要把报纸办好,核心是人,采编序列改革要解决人的问题。

此次会议之前,2015年1月14日上午,时任上海市委书记韩正在调研市委宣传部和上海报业集团时,充分肯定上海报业集团的工作。他说,下一步的改革,要聚焦重点,始终围绕提升影响力这个目标,核心是人,关键是队伍。韩正当时要求,要坚持"导向为先、内容为王、受众为本、采编为宝",始终把充分调动每一名采编人员的积极性,不断凝聚起队伍的荣誉感、责任感、归属感作为重点,上报集团的三大报要结合自身定位,推进和深化采编人员职务序列改革。

推进采编序列改革有两个直接目标:一是要把培养了很久的采编人才留住,不能给别人做嫁衣;二是把留住的人才的精神面貌展现出来,把他们的创造力激发出来,进而把报纸办好。

(3)媒体融合项目有"软肋",报纸承担着集团自我造血的使命。

2014年,上报集团的新媒体项目办得如火如荼,澎湃、界面和上海观察(后来更名为上观新闻)三个项目在全国形成了很好的品牌效应,但是品牌是品牌,要把品牌变换成实际的收入,依旧有很长的路要走。虽说办报纸的第一使命不在于盈利,但是报纸在现阶段依旧具有比较强的盈利能力,承担着上报集团"自我造血"的使命。

根据上报集团自己的分析,该集团的媒体融合项目当时存在三个共通的问题:一是缺乏足够的技术支撑,大多采用外包方式解决技术力量不足的问题,对新媒体产品的调整、优化工作容易受制于人;二是缺乏以薪酬考核体系为代表的配套机制的创新应用,现有机制对人员活力的激发不足;三是缺乏成熟的商业模式。这三个问题不解决,融合肯定是缺乏深度和效率的。

所以,在新媒体项目盈利能力没有培养起来的情况下,报业集团要维持良性发展,还是离不开报纸,特别是《新民晚报》等报纸依旧有不错的盈利能力,那么就要延续这个能力,改革采编序列职务的晋升规则,调动采编人员的办报积极性。

（4）报业遇到挑战，既源于技术进步，也源于国企机制。

上报的这次采编序列改革是一次针对国有企业僵化的用人制度的改革，试图用这种改革来释放报纸内部的固有生产力，盘活固有的人力资源、采访资源以及经营资源。通过这样的改革，激发媒体的内部活力。

改变从当下开始。上报集团社长裘新在2015年2月份的讲话中说，当年在预算安排中，各主要报纸的采编费用都比2014年实际水平有了两位数的增长，尽量保证广大采编人员有更适宜的办公环境和更多的出差采访机会。

## 四、"留守记者"需要做好职业规划

近年来媒体的人才流动加快，一批采编人员离开了媒体，但是留在媒体继续发展还是大多数媒体人的选择。在这个剧烈变动的时期，要继续在媒体工作下去甚至有所提升，职业规划对媒体人而言是十分必要的。

### 1. 记者做好职业规划的迫切性

对记者以及记者所在的媒体来说，做好职业规划有如下好处：有利于记者明确人生目标，不是"脚踩西瓜皮，滑到哪里是哪里"；有利于最大限度地发挥记者自身的潜能，让自己尽早触摸到"天花板"，进而冲向下一个"天花板"，从而推动自身在事业上取得更大的成就；有利于扬长避短，充分发挥记者的才智，让业务上有不同专长的人各得其所、各显其能；有利于克服记者的职业倦怠，让记者在工作上实现媒体和员工的双赢；有利于促进媒体的有效管理，职业规划和成就感是媒体单位和记者之间的重要纽带，做好职业规划，媒体考评的目的性更加明确，培训过程也更有针对性，激励措施会产生更大的效力，从而达到记者与媒体的同步发展。

作为记者个人来说，应当在每个时期了解自己职业生涯的真实状况，明确几个关键问题：自身已经掌握了哪些技能？技能水平如何？如何去学习和发展新的技能？发展哪些方面的技能最为可行？目前的工作岗位需要什么？如何才能达到既使单位满意又使自己满意？

作为媒体单位来说，也不要以为记者的职业生涯规划只是记者自己的问题而与媒体无关。因为对于任何一家传统媒体来说,历经数十年发展仍能保持竞争力,最主要的资源就是人,是传统媒体长期累积下来的优秀人才。如果整个传媒行业的人才流动过大或大范围"外溢",就会造成采编质量下降,某个栏目可能直接垮掉,进而影响报纸的可读性和公信力,再进一步造成读者的流失。优秀采编人员的流失通常是一张报纸衰败的前兆。

在"内容为王"更加凸显的时代,一支优秀的记者队伍仍是一家媒体最宝贵的资源,报社的总编辑或总经理们必须考虑的是,记者干了5年以后要走向何方的问题。媒体的领导应协助记者回答这些问题,并对记者职业规划目标的实现提供必要的支持,给他们提供上升的通道:本单位记者的现状如何?与适应全媒体发展业态有哪些差距?如何弥补差距?本媒体急需什么类型的人才?如何培养或引进这些人才?本媒体记者职业生涯发展有哪些规划?本单位发展规划与记者生涯规划是否一致?

在回答上述问题的过程中,媒体与记者之间要有一个沟通渠道。媒体作为供职方和"娘家",要全面展示职业层级、任职条件、竞争情况和成功率,使他们清楚地了解本单位记者的职业路径,让他们感到"有奔头",而不是前路渺茫。

### 2. 现阶段记者成长的主要路径

说到记者的职业规划,不妨来看看传统媒体从业人员成长或者转型路径有哪些。换句话说就是,职业记者未来的出路有哪些。

(1)做专业的媒体人。

新闻记者有很多条发展通路,如果一直在媒体,可以从常规媒体人成长为媒体行业内的优秀记者或编辑,进而成为媒体圈内有影响力的人才。记者—资深记者—高级记者—首席记者,这是一个常见的成长路径。这条路径是记者的专业化发展通道,适合对新闻有热情有兴趣的记者。当然,对于一部分记者来说还有另外一条通道:记者—资深记者—记者部主任—编委—副总编辑—总编辑,这是一个更加理想的通道,但是并不是所有记者都能走通这条路,这既需要有足够的专业能力,也需要有足够的综合能力。

(2)转行做公务员。

由于媒体记者的"半官方"属性,记者经常与政府部门打交道,尤其是那些深耕一个部门、跑线多年的老记者,时间久了,被借调到相关政府部门或者被政府部门"挖"走也是常有的事。

(3) 到高校任职。

记者—资深记者—高级记者—教授,这个职业规划路线对不少记者来说是一个不错的选择。由于记者长期战斗在采访第一线,具有丰富的实战经验,其观点和教学内容更具有实操性,也正好弥补了高校新闻教学与实践脱节的"两张皮"问题,对于高校新闻专业教学是一个有益的补充。不过,到高校新闻学院任职通常需要博士学位及其他要求,要走通不易。

(4) 到大企业任职。

做了一段时间媒体工作后,记者转行到企业也会深受青睐。从近年来记者的流向看,专业记者流向企业的趋势十分明显,人数众多,比如,跑财经、证券、银行、拍卖的记者被证券公司、银行、拍卖行"盯上",被他们"挖"走。从记者自身来讲,要想被这些公司看中,自身必须具备足够的能力。

(5) 到公关公司任职。

记者做几年后练就一手好文采,这时候,很多记者喜欢自己创业做公关公司或者跳槽去公关公司及企业的公关部工作。这时,记者既对媒体的工作思路和工作原理有足够的了解,在记者圈子也有一定的人脉资源,工作起来得心应手。这也是不少公关公司乐于从媒体"挖"人的主要原因。

### 3. "留守"记者需要提高自己的专业素养

在记者职业出路日益多元化的今天,对多数记者来说,留守所在媒体仍是最主要的一条出路。如果记者选择在传统媒体中"留守",需要作出以下调整。

(1) 拥有综合运用全媒体的能力。

全媒体并不是不同形态媒体的简单组合。实际上,各种媒体在传播形式和手段上都有各自的特点。如纸质媒体借助于文字进行信息传播,往往能够较为翔实、客观、深刻地叙述和分析事件;而视频媒体借助于影像的方式传播信息则往往能够给受众提供更为直观的印象和感受。记者必须学会综合、灵活地运用多种媒体,在信息传播过程中充分发挥不同媒体的优势,使它们互为补充,形成多种形态的传播。全媒体时代的记者更需要掌握多媒体传播能力,记者要能够熟练地搜集、处理各种文本、照片、图表、动画、视频等素材。

(2) 成为某一行业或领域的专家。

在全媒体时代,过去那种单靠从通讯员那里拿通讯员稿然后加个名字传回编辑部,或者对通讯员稿稍加修改,但对稿子的内容却不明就里,或者跑某条线跑了三五年,仍对这个行业的了解是"半桶水"的记者,都将被淘汰。随着社会分工的细化,读者对新闻内容专业性要求的提高,倒逼记者成为某一行业领域的专家。这就要求记者采写某一领域的新闻不能"说外行话",必须以"半个专家"的身份审视行业和事件。

(3) 提高对信息的甄别和把关能力。

全媒体时代,读者面对爆炸式的海量信息往往无所适从,甚至淹没在信息的海洋里,筛选、鉴别有价值的信息,将其有序整合出来呈现给读者是记者的一项重要职责。这些都要求媒体人员对信息的把关能力和过硬的自身素质,这也是在新媒体时代传统媒体从业人员安身立命的根本,也是传统媒体公信力在全媒体时代继续延伸的资本。

(4) 做好长期"坐冷板凳"的心理准备。

如今,媒体人员频繁外流,眼看着一些同行到了企业或者公关公司,收入比以前在媒体时增加不少,在和转行的同事碰头时,一些媒体记者往往发现,离职后的同事往往比以前在媒体时的收入提高了,心中难免失落,甚至对坚守传统媒体的信心有所动摇。如果想深耕于这个行业,做好"坐冷板凳"的心理准备是非常有必要的。如果急功近利,或者想追求经济效益"发财",那么,记者就会在公正、客观的行业立场上有所偏离,甚至走上违法犯罪的道路,这是十分危险的。

## 五、专业媒体新闻生产者的失范行为

全媒体环境下,伴随着媒体盈利能力的下降、人员的流失与更替,以及新闻采编行为从后台到前线的显性化,新闻生产者的失范行为有增加的趋势,并经常成为社会舆论关注和讨论的焦点。概括起来,这些失范行为包括酿成新闻差错、违反职业道德、触犯法律三种主要类型。

## 1. 新闻差错频繁出现

2015年11月13日,广州一份都市报的"佛山读本"05版出现了一处差错,将时任佛山市委书记在会上"致辞"错写为"辞职","众创"错写成"重创"。随后,该报刊发表了致歉声明。

针对这样的差错,有人认为,大多数情况下不过是编辑人员偶尔的失误,单位可以惩罚,受众应该监督,只是没必要上纲上线。也有人认为,不建议过分解读,因为大家的扩散可能会加重对编辑的处罚。对内,质量把控很重要;对外,理解他人不容易。不过,对此类差错也不能无原则地同情,需要分清楚具体情况,区别对待。

(1)"政治性差错"未必不能谅解。

从差错的性质上来讲,差错分为文字性差错和政治性差错,"政治性差错"属于比较严重的一级,理论上需要"严肃处理",但单纯从技术上而言,这类差错如果是因为单纯的文字录入失误造成的,那么从采编实践的角度出发,反倒是可以理解的一类差错。因为在报纸截稿的凌晨时分,时间紧,制作人员由于疲惫,录入的差错有时候确实是难以发现的。

(2)差错不能超过行业容许的范围。

广州的上述报纸把"致辞"写成"辞职",这样的差错一般不能被外界和同行所谅解。因为这个差错不只是一个拼音或者五笔打错的问题,而是整个词组都打错或者用错了,采编或检校太过粗心大意,超出了行业容许的范围。

具体到广州上述报纸的情况,把"众创"写成"重创"还可以理解,因为这是很容易在拼音输入过程中出现的问题,但是把"致辞"写成"辞职"就不是一般的输入错误了,因为这两个词汇在输入法上有着明显的不同。

(3)"人来人往"新常态下,差错率上升。

"常在河边走,哪能不湿鞋",确实,长期在媒体单位工作,差错是难以百分百避免的,但是这几年里,连续出现多起比较严重的差错,需要引起媒体从业者的高度注意。

这些差错的出现除了和具体的当事人有关之外,也和当前报业所处的大环境有一定关联。报业营收能力下降,周边同事不断有人离开或者酝酿离开,如此氛围之下,一部分采编人员的心思就没有原来那么淡定和专注了,投入到写稿和检校中的注意力下降了,差错发生的概率自然就加大。甚至一些从业人员边看手机边打字,注意力被微信和 QQ 占据了不少,俗话说,"一心不可二用",现在却是一心几用,导致有些差错看不出来。

针对这样的情况,从媒体的角度来说,要正视"人心思变"的客观现实,媒体行业整体上对人才的吸引力不再像以往那么强大,"人来人往"已经是一个新常态,这一过程中,差错出现的概率上升,需要有针对性地完善采编流程,同时也要对员工的思想状态进行深入了解。

### 2. 有偿删帖和新闻敲诈

央视《焦点访谈》2015 年 5 月 9 日做了一个《敲掉网络敲诈》的专题节目,节目的内容后来出现在国家网信办官方网站的醒目位置。文字稿不长,但透露出了很多新闻工作者的失范行为,需要引起新闻业界的重视。

(1) 专项整治"有偿删帖和网络敲诈",关闭 103 家网站。

节目抨击的是"以负面炒作相威胁,假有偿删帖之名行敲诈勒索之实的不法现象",为了打击这类严重违法活动,2015 年 1 月,国家网信办牵头,联合工信部、公安部、国家新闻出版广电总局,在全国范围内联合展开了"网络敲诈和有偿删帖"专项整治工作。

截至 2015 年 5 月 4 日,4 个月的时间里,国家网信办分 3 批,关闭"删稿吧""中国新闻热线网""中国资讯信息港""北洋网络公关网""上海名企网络删帖""晋城删帖网""21 头条新闻网"等 103 家违法违规网站。虽然这些网站常常"拉虎皮做大旗",动辄冠以"中国""国家""上海"等大名头,但实际都是一些知名度不太高的网站。

比如,2015 年 4 月 24 日,四川省宜宾市翠屏区人民法院就公开审理了这样一个案件:犯罪嫌疑人赵某和宋某等人,以自己的网站有"背景"、有"关系",花钱就能帮人"平事""脱罪"为名,涉嫌诈骗钱财 219 万元。而受害人之所以相信这些人"很有能量",是因为他们声称是中国国情监察网的地方频道主编和工作人员。这些人制作了做工精良的工作证、调研证等证件,还自己编写了一本《要情汇报》,声称可以直接送给国家权威部门。而警方调查后发现,这个所谓的中国国情监察网,只是一个河北退休工人私人办的网站,根本没有采编权,而主办单位中国廉政和腐败研究中心只是一个课题组。

（2）违规者中不乏身份合法的知名网站。

这期《焦点访谈》节目的亮点是点名批评了中国经济网和中国青年网。节目中说，近期中国互联网违法和不良信息举报中心接到举报，举报者反映，声称是中国经济网环保频道的记者写了新闻报道，然后打电话给企业说，如果不想被曝光，可以通过交广告费的形式与他们合作："这个事你要是了解，就是60万，要不我就给你上到网了。"中国经济网所在地北京市的警方调查后，一个以中国经济网环保频道广告代理人陈瑞刚为首的犯罪团伙浮出水面。

中国经济网之外，与陈瑞刚犯罪团伙合作的还有中国青年网。中国经济网是《经济日报》的官方网站，中国青年网是团中央的官方网站。这两个网站曾经多次作为"中央新闻网站"入选国家网信办公布的可供转载新闻的"白名单"。

（3）新闻敲诈的灰色利益链浮出水面。

这期的《焦点访谈》节目还以中国经济网为例曝光了"新闻敲诈"的实施过程。

首先，犯罪嫌疑人陈瑞刚和中国经济网签订了广告代理协议，双方约定的合作范围是陈瑞刚所代表的北京海之润传播有限公司代理中国经济网环保频道的广告，合作期限为2011年7月1日至2014年的6月30日，为期3年，承包最低额度为150万元。随后，陈瑞刚团伙利用这种权利，驾车前往山西、内蒙古多地，多次进行所谓的"采访活动"，2013年陈瑞刚带着他所谓的记者来到山西新绛报道当地的冶炼污染问题。最后，当这个报道发布在网站上后，企业联系陈瑞刚，陈瑞刚提出做30万元的合作广告就可以撤销稿件，企业没有同意他的条件。

2013年1月21日，陈瑞刚再次发表了针对企业的负面新闻，企业感觉压力巨大，只能同意他的条件付了钱，然后陈瑞刚把稿件从中国经济网删除掉了。事实上，这些企业根本没有在中国经济网做任何广告。据不完全统计，在和中国经济网合作的3年里，被敲诈的企业有10多家，陈瑞刚犯罪团伙的非法收入达到了数百万元。

（4）越是知名网站就越要遵纪守法。

节目最后采访了国家网信办的新闻发言人，发言人说："网上网下都要守法，网大网小都要遵规。任何人都不能把网络当成虚拟世界、无视法律的存在；任何网站也不能觉得自己牌子响亮，就不守规矩，恰恰相反，越是知名的网站就越该做遵纪守法的典范。"这段话是专门说给中国经济网、中国青年网这些"知名网站"听的。

这一次,受到法律惩处的是陈瑞刚,有关方面把陈瑞刚团伙的新闻敲诈和网站之间进行了切割,没有把网站列为"共犯",但这并不意味着这两家网站在这起事件中就没有责任,至少有内部的管理责任。网信办这位发言人的表态其实也就是在警告这些网站要加强自身管理,不要再蹚上新闻敲诈的"浑水"。

### 3. 记者违法犯罪屡见不鲜

2015年10月9日,《南方都市报》深度报道部副主编刘伟被江西警方刑事拘留,理由是"涉嫌非法获取国家秘密罪"。刘伟那个时段一直在报道王林事件,曾写有《"大师"王林浮沉录》,2015年7月王林被刑拘后,《南方都市报》派刘伟再次赶赴江西萍乡采访报道,并报道了王林在案发前与他人签订的多份承诺书。刘伟案一出,惊动了网络世界和朋友圈。

近年来,记者被刑拘的案例已经出现了多起。这还不包括央视郭振玺、人民网廖讧等媒体高管,仅"一线记者"被刑拘的案件,刘伟以外,至少还有下面几起。

2015年8月,《财经》杂志社记者王晓璐被北京警方刑拘,罪名是伙同他人编造并传播证券、期货交易虚假信息,之后王晓璐出现在央视画面上,通过镜头向公众和股民表达了悔意和歉意。之前的2015年7月20日,《财经》杂志及财经网刊发了王晓璐撰写的报道《证监会研究维稳资金退出方案》。

2013年10月,《新快报》记者陈永洲因涉嫌损害商业信誉罪被长沙警方刑拘。2012年9月起,陈永洲在《新快报》刊发10多篇文章披露中联重科内幕,2014年10月,长沙市岳麓区法院以损害商业信誉罪、非国家工作人员受贿罪,一审判决原陈永洲有期徒刑1年10个月。

2013年8月,《新快报》另一名记者刘虎被北京警方刑拘,涉嫌的罪名是诽谤罪、敲诈勒索罪、寻衅滋事罪。当年7月29日,刘虎曾实名举报政府高官。2015年9月10日,北京市东城区检察院对刘虎涉嫌诽谤罪案件作出不起诉决定,移送检方审查起诉其间曾两次退回补充侦查。

2015年6月,因为涉嫌新闻敲诈,河南3名记者被刑拘。消费日报网《经济视点》采编韩某某、《新农村商报》驻豫记者申某某、《中国经济时报》记者郭某某联合"采访"河南一地产项目,认为"可能有违规问题","不给赞助就发稿、曝光"。2015 年 6 月 2 日,3 名记者收取 1.5 万元现金准备撤离时,被警方抓获。

综观上面五起记者被刑拘的案件,可以看到下面四个特点。

(1) 记者被刑拘,罪名五花八门。

通常理解,记者是采访写稿子的,最容易出的问题应该是事实不清或者造谣诽谤,但上面五起案件,除了刘虎涉嫌这一罪名,其他都不是。并且"造谣"在刑法上不是一个独立罪名,只是一种犯罪手段,造谣触犯的罪名通常是寻衅滋事罪,就像刘虎被刑拘的这个罪名一样。其他的四个案例,刘伟涉嫌非法获取国家秘密罪,王晓璐的罪名是伙同他人编造并传播证券、期货交易虚假信息罪,陈永洲的罪名是损害商业信誉罪,河南三名记者的罪名是敲诈罪。因此,记者犯罪和记者的采访领域直接相关,理论上来说,记者有可能触犯多个罪名。

(2) 财经记者和调查记者危险系数最高。

在五起案件中,陈永洲和王晓璐都是财经记者,陈永洲是做产业新闻的,王晓璐是做证券新闻的。财经新闻这个领域和公司来往密切,和钱打交道比较多,危险系数比较高。刘伟和刘虎都是调查记者,这个领域虽然远离公司和钱财,但是因为直面社会阴暗面,碰到的反弹会很多,稍有不慎,就会出问题甚至是触犯法律。至于河南三个记者一起去地产公司敲诈的案件属于另外一个领域,就是一些不规范的"央媒"在地方上打着新闻的旗号从事非法经营行为,这种行为和上面四个案例中的采访行为在性质上不同。

(3) 记者被拘,或是职务行为,或是个人行为。

记者从事正常的新闻采访活动,作品都要在自己所在媒体上发表,媒体会对这些稿件进行逐级审查,这就是职务作品,记者的行为也是职务行为。刘伟对于王林案的采访、王晓璐对于证券市场的报道、陈永洲对于中联重科的报道都是这种情况。因为职务行为出了问题,记者和单位之间如何区别责任,这是一个尚不明确的问题。

反之,刘虎在微博上公开举报官员,河南三个记者去地产公司"采访"就是个人行为。如果是个人行为,那么"记者"就和一般社会公民没有什么两样了,其他人做这些事同样也会触犯法律。2015 年 5 月,黑龙江庆安事件中,安徽的网友柴某就因为在网络上发布不实消息被刑拘,他也上了央视节目,但他的身份就是一个普通公民。

(4) 要区分正常采访和不正常采访。

刘伟通过王林的前妻和秘书获得一些案件的证据,王晓璐通过私下打听获得了一些证监会的动向,这些采访行为在一般意义上是成立的,如果换一个记者,能有这样的渠道获取这样的信息,这个记者也会采用。至少目前公开披露的信息显示,这样的采访还在正常采访的范围之内,只是在采访中无意碰到了"法律红线"(后来警方公布的调查结果显示,刘伟一定程度上参与了王林前妻和一名涉事警察之间的非法交易)。另外一些采访就不是正常的采访了,比如河南的三个记者去地产公司的"采访",陈永洲的采访中有受贿情节被警方坐实也是采访中的硬伤,这两起采访就不再是"正常采访"了。

对正常采访,社会各界需要采取更大的容忍度,因为对舆论监督进行"倾斜保护"是很多国家新闻法律的一个基本原则;对非正常采访,法律当然不能姑息,这种采访其实已经不再是采访,只是打着采访的名义而已。

在正常采访活动中,因为记者不是有执法权的公职人员,在采访中所用的手段有限,在追寻真相的过程中有可能会犯各种错误,包括技术上的、政治上的或法律上的错误。犯了错误之后有很多种处理办法,比如行业处罚、政治处罚或者法律处罚。法律处罚中也有民法处罚、行政法处罚或者刑法处罚。

2003年5月,河南郑州某报社记者朱某在没有进行现场采访核实的情况下,肆意渲染、夸大其词,捏造失实新闻,造成恶劣社会影响。之后,朱某被公安机关依法行政拘留,这就是行政处罚。而刘伟案、王晓璐案、陈永洲案、刘虎案,都动用了刑事手段,也是所有处罚手段中最严厉的手段。对涉嫌犯罪的记者当然需要动用刑罚手段,但此类案件如此密集地出现甚至有扩大化趋势,就需要引起社会各界的反思。毕竟,一个健全的社会需要一个健全的新闻业,这已被世界发展史所反复证明。

## 六、机器人能够代替记者写稿吗?

2015年9月10日,腾讯财经发布了一篇名为《8月CPI涨2% 创12个月新高》的文章,原本很常规的一则短消息,却因为它文末的特别声明让新闻圈炸开了锅,声明如下:"本文来源:Dreamwriter,腾讯财经开发的自动化新闻写作机器人,根据算法在第一时间自动生成稿件,瞬时输出分析和研判,一分钟内将重要资讯和解读送达用户。"这条机器人写的稿子信源主要是国家统计局发布的 2015 年 8 月 CPI 数据,其次引用了四位专家的观点,对数据作了进一步解读。

### 1. 机器人写稿已经蔚然成风

放眼国际,机器人写稿已经不是新鲜事。此前一年多,美联社已使用一个叫 Wordsmith 的机器人写稿,主要使用 Wordsmith 编发企业财报。据虎嗅网报道,在采用 Wordsmith 之前,美联社需撰写约 300 家公司的财报文章,工作量不小,但是在使用机器人 Wordsmith 之后,美联社每季度可以出 3 000 家公司的财报,虽然其中仍有 120 篇需要人力更新或添加独立的后续报道,但显然它替人类承担了绝大部分的工作量。分析认为,美联社之所以选择让机器人承担财报工作,是因为该类文章的内容往往单调枯燥,并且对数据的准确度和文章速度要求很高,这些恰恰又都是人类的弱项。

Wordsmith 是美联社 2014 年夏天与 Automated Insights(AI)公司合作的一个项目,AI 公司的公关经理詹姆斯(James Kotecki)称,Wordsmith 每周可以写上百万篇文章,系统每秒甚至能生产 2 000 篇文章。AI 的合作伙伴还包括美国好事达保险公司(Allstate)、美国最大的有线电视运营商康卡斯特(Comcast)和雅虎,其中雅虎的足球报道就是由 Wordsmith 自动编写的。

无论是美国的 Wordsmith 还是腾讯的 Dreamwriter,目前的写作任务主要集中在一些客观的数据类报道,比如美联社的公司财报和雅虎的体育报道,目前机器人还不能够编写出像人类写的生动稿件,对于需要发挥人类创造力、思辨能力的文体,机器人还不能胜任。

在国内,机器人写稿现在发展得也很快,腾讯之外,封面新闻近年来开发了机器人"小封",在封面新闻内部,"小封"获得了编号为 Tcover0240 的员工牌,成为封面新闻第 240 号种子员工。[①]

---

[①]《机器人"小封"进军新闻界入职封面传媒》,搜狐网,2017 年 11 月 28 日,http://www.sohu.com/a/207145603_100044999。

## 2. 机器人写稿对写"通稿"的记者影响最大

目前来看,机器人写稿不会对善于思考并能够写出有鲜明个性稿件的记者带来挑战,但是对于一些习惯了发通稿或者摘编通讯员来稿的记者来说却是一个巨大的挑战。毋庸讳言,在目前我国的传媒圈子里,前一类记者比较少,后一类记者却很多,这倒不是说有哪一个记者天生愿意做一个"通稿记者",而是大环境和小环境交互作用之下的结果。

就此而言,中国的媒体同行是最容易遭受机器人写作冲击的一个群体。财经新闻、体育新闻不说,就算是时政新闻,通稿也很多,而通稿就是那些可以标准化的稿,只要稿件可以标准化,机器人就可以写。

技术改变生活,技术改变社会,技术也正在改变新闻生产方式。机器人写手的出现是对传统新闻生产的更进一步的挑战,有挑战是坏事也是好事,坏的一面是记者不能再维持原来的工作方式了,好的一面是增加了记者的危机感,也增加了媒体的危机感,在这些挑战和危机面前,媒体自身以及行业管理者如果能正确地应对,就可以找到更好的出路。比如,借此机会改变对记者的传统考核方式、选题方向和写作手法,应对得当,不仅可以经受住机器人的考验,而且还可以大幅提高采编质量,不断输出更加优质的新闻产品。

总体来说,机器人写稿是一个大势所趋,用得好,可以提高生产效率,也可以激活内部活力;但用得不好,就会造成一批人下岗,传统舆论阵地进一步萎缩。机器人只不过是一个提高生产效率的工具,对新闻生产能带来什么影响,关键看各家媒体作出何种应对。

# 七、各类自媒体里的新闻生产者

2014年以来,中国媒体领域最大的变化是大量自媒体的出现,这些自媒体主要包括四种类型。第一种是政务自媒体,指各级各类党委、政府在微博和微信公众号上开设的媒体平台;第二种是商业自媒体,无论大公司还是小公司现在都在微博、微信上搭建了自己的媒体平台,直接和客户交流和沟通,有些做得很有影响力;第三种是各类商业网站及其自媒体平台,在PC时代,主要是新浪、网易等四大门户网站,到了移动互联网时代,这些互联网公司在原来的基础上又建设了新闻客户端等平台,同时又有今日头条、一点资讯等新公司产生;第四种是个人自媒体,主要表现在以微信公号为运营阵地的小型化内容生产者,也叫"内容创业",说是个人自媒体,其实相当一部分已经在机构化地运营。

如此一来,中国的新闻生产图景大为改变,原来只有专业化媒体,如今出现了大量的社会化媒体,在新闻生产者方面,原来只有专业采编人员,现在则出现大量的社会化内容生产人员,有人称"人人都是记者"。

### 1. 政务自媒体——以中纪委网站为例

2013年9月2日,中纪委监察部网站正式开通。网站开通后,之前多由新华社发布的中管干部落马的消息几乎全部由该网首发,中纪委官网成为一个被公众高度关注、频繁点击的网站,成为党风廉政建设的舆论高地,成为监督执纪的有效平台。

中纪委监察部网站开通后,外界通过追踪观察了解到该网首发或转发官员落马的消息有着明显的时间规律,即"周五打老虎、周一拍苍蝇"。由此,每到周五,"敏感的公共媒体和网民们"都对中纪委监察部网站高度关注,生怕走漏了重要消息①。

央视2014年12月17日晚间黄金时间播放的《狠抓节点》首次披露了这种规律的内情,即中纪委监察部网站"巧妙地运用传播规律":"他们坚持在一段时期里相对较多地在每周五公布最新案情。几周下来,敏感的公共媒体和网民们就发现了这个规律,并且开始定时守候。这种"点击期待"也迅速成为一个公共话题,进一步扩大了中纪委网站的影响力。

网站之外,中纪委宣传部和央视还联合拍摄了名为《作风建设永远在路上——落实中央八项规定精神正风肃纪纪实》的电视专题片,共4集,在央视综合频道播出,收到了很好的宣传效果。

中纪委之外,最高人民法院也在积极改善自己网站的运营,这些掌握大量新闻线索的政府或者机构都有了"硬新闻"的生产能力。

---

① 窦锋昌:《媒变——中国报纸全媒体新闻生产"零距离"观察》,中山大学出版社2016年版,第93—96页。

## 2. 个人自媒体——以"范李恋"消息的发布为例

2015年5月29日,知名艺人范冰冰和李晨的恋情在微博上广泛传播,成为新媒体环境下一个"现象级"事件。

分析这个事件之前,先简单回顾一下微博和微信过往几年的发展历程。2012年7月,微信上线不久,微博还是"如日中天"的时候,当时新浪内部人士已经意识到错过发展"朋友圈"的最好机会,使得新浪微博"媒体"属性很强,但是"社交"功能较弱,错过了遏制腾讯微信发展的最好时机[①]。近年来,新浪微博和腾讯微信各自发展,微博主打"精英话语",微信主打"草根社交",分别走出了自己的一条路。这几年,微博的活跃度有所下降,微信的打开率在急剧上升,但实际上,两者不能互相替代。

回到2015年5月29日范冰冰和李晨恋情公布这条新闻,更是充分说明了微博和微信之间的区别。先是李晨发出了一条内容为"我们"的微博,贴了一张和范冰冰在一起的照片,随后,范冰冰转发了这张照片。这样一个简单的事件引爆了当天的网络舆论圈,各种各样的"我们"出现在微博上。各路商家随后纷纷加入进来,做避孕套的杜蕾斯、杰士邦、冈本,做电器的小米、美的,做食品的麦当劳,做金融的招商信用卡,做卫生巾的高洁丝等各路知名商家纷纷模仿"范李恋",不失时机地推销商品或塑造品牌。

通过这个事件的传播可以发现,微博是一个名人和精英的"场域",微信是一个草根的"场域"。普通老百姓公布一段恋情甚至是婚讯,在微博上就是一个普通信息,不会有大的反应,但是范冰冰和李晨就不一样了,他们当时分别有3 000多万和2 000多万粉丝,一张照片就可以在微博上制造一个热点。如果是一个普通人的婚讯,发在微博上不会引发多少关注和转发,但在自己的微信朋友圈上发布这个婚讯的话,就可以在自己的亲朋好友之间引起广泛传播。

因此,发布者利用这些自媒体平台发布消息的时候,要先判断一下自己的身份属性,然后再选择发布的平台以及合适的发布技巧。微博是一个精英话语占主导权的平台,草根在微博中就是一个粉丝的角色。微信出来后,草根找到了自己的领地,在朋友圈内建立自己的"强关系",找到了存在价值,这也是

---

① 笔者与腾讯微博内部人士的交流,2012年3月,广州。

近年来微博活跃度下降而微信活跃度上升的主要原因。

精英和明星对这一点认识得很清楚,而且已经连带地改变了职业记者的工作方式。精英人物比如印度总理莫迪要在中国开一个社交媒体账号,几经选择,还是选择了新浪微博。其他明星,比如王菲发布自己的离婚信息、黄晓明发布自己和杨颖(Angelababy)的婚讯,明星都选择在新浪微博上发布消息,这已经成为了一条定律。因为微博的"媒体"功能非常强大,特别是这些明星动辄拥有上千万的粉丝,在这里发布消息,影响更大,记者特别是娱乐记者一定要时时刻刻盯紧这些明星的微博账号,24小时保持对这些账号的监控。

### 3. 新闻生产从专业化向社会化的转变

本书前面的内容多次提到"新闻生产社会化"这个概念,这也是本书的一个核心概念,它其实是对"全媒体新闻生产"的另外一种表述,前者的出发点是新闻生产者,后者的出发点是新闻的呈现方式。因为是本书的一个核心概念,在这一节进行说明和界定。

2014年以来,新闻生产最大的变化就是新闻生产主体的多元化以及随之而来的新闻生产社会化。在这之前,新闻生产的基本形式是专业化,在专业化新闻生产的情形之下,新闻生产的主体是明确的新闻机构,这些机构可能是报社,也可能是广播电台,又或者是电视台在中国,它们都由新闻出版管理部门授予合法的执照,在国外,这种执照的获得虽然未必是前提条件,但哪些是新闻生产机构依然是可清晰辨识的。在这些机构里面供职的人士按照固定的生产流程去进行新闻生产,他们是专业的新闻从业人员,他们的职业就是新闻生产。

在专业化的新闻生产状态下,基本的传播路线是"一对多",从中心向四周传播,扮演核心角色的是新闻采编人员,他们具有相对垄断的渠道优势和话语权优势。社会化新闻生产和专业化的新闻生产明显不同,最大的不同是生产主体的不同,"人人都是记者",新闻生产不再专属于某一类人,理论上,任何人都具备新闻生产的条件。随之而来的一个不同在于传播路线的不同,之前是"一对多",现在则是"多对多",话语的垄断权被打破了。

### 4. 新闻生产社会化的原因及连锁反应

概括起来,近年来的新闻生产之所以发生从专业化向社会化的转变,主要有两方面的原因。

一方面是新闻生产平台被大型商业互联网公司搭建起来,新闻生产者只需要生产内容,基础设施不再是前期投入的一部分,也就是说进入新闻业的门槛大大降低了,从事新闻生产不再需要投入巨资购买印刷机、运报车,组建发行队伍,只需有合适的人以及几台笔记本电脑就可以了,新闻生产由传统媒体时代的"重资产"模式转变为移动互联网时代的"轻资产"模式。

另一方面,随着微信公众号、今日头条号、网易号等新媒体平台的搭建,原来的新闻准入制度也受到了极大冲击,以前通过"刊号"进行的宏观调控现在很大程度上失效了,特别是在非时政领域。

新闻生产社会化的发展带来了舆论场的变化,改变了热点新闻的传播路径。同时,众声喧哗之下,虚假新闻产生的概率增加,新闻反转现象不断上演,真真假假,引发了不少人的焦虑,在西方甚至出现了"后真相"这一词汇。

在这个问题上,需要持一种乐观态度。首先,各类新媒体平台的不断涌现、各类新闻生产主体的不断加入,使得舆论场上的多元声音得到呈现,这为事实真相的显露提供了更好的条件。其次,由于存在海量的新闻生产主体,事件当事各方制假、造假的成本更高。最后,多元声音并存的情况下,需要新闻信息用户提高自己的媒体素养,增强辨别新闻信息真假的能力,这样也有助于让更加真实客观的声音在舆论场上流通。

第五讲

# 全媒体新闻的采访与写作

和传统媒体时代相比,时政新闻、突发新闻、深度新闻、新闻评论这些题材在全媒体新闻生产阶段有了明显不同。以深度报道为例,伴随着移动互联网的飞速发展,此种报道近年来经历了很大的变化,本章以《南方都市报》"深度版"为例讨论深度报道的变化。最后,随着全媒体新闻生产的展开,一些新的产品类型产生了,比如"话题新闻"的大量涌现以及视频新闻成为标配。那么,传统新闻题材的操作发生了哪些变化?新出现的新闻题材应该怎么具体操作?

## 一、全媒体新闻生产中的采编思想

2015年10月12日,《南方都市报》进行了一次改版,这次改版距离该报上一次改版(2015年3月31日)不过短短六个多月的时间。这几年频繁改版的不只是《南方都市报》,2017年2月13日,《广州日报》和深圳的《晶报》同一天宣布改版,前者强调"回归专业",后者重申"内容为王"。

### 1.《南方都市报》改版的主要内容

无论是《南方都市报》《广州日报》,还是《晶报》,在行业内都具有很强的标杆意义,它们的改版一定程度上透露出传统媒体采编思想在全媒体环境下的改变。《南方都市报》的这次改版很有代表性,其主要改版内容如下。

(1)推出"众筹新闻"版,让读者决定写什么。

改版后,《南方都市报》推出业界首创的"众筹新闻"版,让读者参与到新闻生产过程之中并享受新闻分红。"众筹新闻"计划首先在《南方都市报》的"珠海读本"进行尝试,首期主题为"探访珠海公共WiFi",读者将收获一份详尽的公共WiFi地图宝典和众筹分红。之后,在众筹新闻中,《南方都市报》还会帮你寻找珠海名医。"只要是你需要的,都有可能成为我们新闻纸上的内容。"

(2)推出"南都语闻"版,感受慢阅读的魅力。

这个版的开版语为:阅读方式,决定思维方式。在这个速读时代,唾手可得的结论,让我们失去复杂思考的能力;爆炸的信息,让我们失去系统学习的耐心;碎片的知识,让我们日益狭隘与偏激。我们俯视大海,却不愿仰望星空。嘈杂喧嚣的舆论场上,我们随手点赞,却难诉心声。此刻,我们希望您能静下心来,阅读我们精心编制的新闻,思考事件背后的逻辑,倾听人物内心的声音,琢磨和品味文字的魅力。

(3) 推出"南都指数"版,评估政府治理能力。

这个版的开版语为:南都联手互联网企业、第三方专业机构,评估政府治理能力,追寻移动互联网改变城市公共服务的轨迹,描摹用户数字生存状态和生活方式,以基于权威专业的数据分析形成南都指数。

(4) 推出"南都鉴定"版,记者实验鉴定谣言。

这个版的开版语为:朋友圈中的养生"知识"靠谱吗?生活中的各种"谣言"恐怖吗?网络上各种专家们推荐的"常识"科学吗?南都鉴定希望通过南都记者亲自实验或参与鉴证的方式,纠正人们的错误观念和认识,揭示与人们生活、健康、安全话题等相关的真相。

(5) 广州读本推出"周一见",主打舆论监督。

改版介绍中说:生命不息创新不止,我们又改版了。我们不但要做新闻报道的生产者,还要做公共服务的监督者。办事过程遇到障碍,请找"记者帮";谁敢对市民"踢皮球",我们就让他"周一见"。

以上是这次改版推出的新版面。《南方都市报》上一次 2015 年 3 月 31 日的改版中,宣称已经增加了一些特色版面,包括恢复"深度"版,推出"创客"版、"自贸区"版以及"南都指数"版。"南都指数"上一次就推出了,这一次是再次"强调";"深度"版恢复后做了几篇稿件,但难以再达到原来的高度,"创客"版和"自贸区"版出过几次,但没能成为常规性版面。

总体来看,上一次改版不太成功,第二次改版是对第一次改版的修正。全媒体新闻生产阶段到来之后,新闻环境变化飞快,需要各家新闻机构及时调整应对之策。

### 2. 报纸改版体现出的采编理念

综观《南方都市报》的这次改版,可以发现下面五个特点,它们同时也是纸媒近年来在采编思想上的共同特点。

（1）突出报纸新闻的特性，进一步拉开与网络新闻的差距。

"南都语闻"强调"文字的魅力"，强调"慢阅读"，和网络新闻的碎片化、快速化形成差别，这是纸质读物的优势。《南方都市报》这一次推出专门的版面来做此类新闻，方向是对的。新媒体环境下，"美文"写作对于把报纸办成优质和优雅读物来说非常重要，这样的版面会改进报纸的文风。相比之下，大多数报纸上的文章显得过于粗犷甚至是粗制滥造，缺乏审美体验。

"南都指数"的推出意在强调报纸的研究能力，这类新闻如果做得好，就可以让媒体具有智库功能，而不只是具有传递新闻和信息的功能，这也是传统媒体的一大优势。传统媒体应该强化自己的这种功能，不再跟网络媒体去竞争"短平快"的新闻。"南都鉴定"的定位也是如此，网络上各种谣言很多，真假莫辨，需要具有公信力的媒体去求证和澄清。每一周如果都能刊发几条这样的新闻，既可以让读者明辨是非，又可以进一步提高媒体的公信力。

（2）借鉴网络新闻的特长，取长补短，把报纸新闻做得更好。

传统媒体除了发挥自己的固有优势之外，还需要向网络媒体学习，"众筹新闻"的推出就体现出《南方都市报》在这方面的努力。"众筹"本来就是互联网条件下发展起来的一种做法，《南方都市报》把这种做法引入报纸新闻的操作之中，这体现了传统报纸新闻生产的开放性特征，取长补短，尽力把自己的新闻做得更好。

"众筹新闻"主打"服务性"，读者点题，记者跑腿，这种做法很多报纸其实早就有，只不过《南方都市报》在实施过程中强化了互联网特色。此外，广州读本推出的"周一见"这个版面，主打本地舆论监督，《南方都市报》之前一直都在做此类选题，这一次取了一个更加有互联网特色的版名，"周一见"是在网络上流行的词汇，把网络词汇用到报纸上，试图增加读者的接受度。

（3）强化纸媒与各个新媒体端口的"强链接"，新闻生产一体化。

"主页"版的推出不是这一次改版的举措，但是这一次《南方都市报》比以往更加强化了纸媒与各个新媒体端口的"强链接"，提高各个端口的新闻生产一体化程度。以往纸媒和新媒体各自独立运行，如今报纸和各个新媒体端口的一体化运营已经是大势所趋，在报纸的版面上对新媒体内容进行推荐很有必要。这一次改版之后，《南方都市报》报纸的"主页"版上增加了南都App、并读App的内容推荐，同时增加了"公号连连看"和"跟帖"两个栏目。

（4）扩充直播和视频节目的制作力量,视频成为新闻的标配。

关于视频新闻的生产,在《南方都市报》的这一次改版中没有专门提及,毕竟这是一次纸质版的改版。但是,过去几年中,它在视频新闻生产团队的建设上投入了很大精力,在之前摄影部的基础上成立了视觉新闻中心,配备了专门的音视频采集和制作人员。《南方都市报》之外,《新京报》、财新、《南方周末》等传统纸媒都在做类似的事情。本书序言中提到的《新京报》案例很有典型性。

（5）节约成本,压缩报纸版面,生产重心转向新媒体平台。

改版是好的一面,《南方都市报》在改版介绍中说得很明白,但是有一件事它没告诉读者,就是报纸版面在压缩。改版的当天是周一,版面本来相对就较少,四开报纸,《南方都市报》那一天在广州地区出了 56 个版,翻看之前《南方都市报》周一的版面,比如 2015 年 9 月份的几个周一,都在六七十个版左右,这次改版之后的版面减少很明显。报纸减版是大势所趋,《南方都市报》此次借着改版的机会,减少一些版面也是情理之中的事。版面少了,报纸的零售价却提到了 2 元,这就要求它生产出更加高质的新闻吸引住读者。

总之,在纸媒困境凸显的背景下,报纸的版面需要不断调整,采编思想和采编理念也要不断与时俱进,以期尽快找到报纸在整个媒体市场和舆论场中的恰当角色。

## 二、全媒体新闻生产中的时政新闻

对于中国的大部分机构媒体来说,时政新闻是数量最多也最重要的新闻类型。在报社内部,时政新闻部通常都是最大的采访部门,和时政新闻并列的包括社会新闻、经济新闻、体育新闻、娱乐新闻等。到了全媒体时代,时政新闻的采写发生了很多变化,发布平台不再局限于一张报纸,还包括微博、微信公众号、新闻客户端、网站等,平台的变化也带来采访、写作和发布方式的变化。

下面,以全国"两会"新闻的采访为例分析时政新闻采写的变化。

**1. 做好时政类全媒体报道的方式方法**

2014 年、2015 年以来的几届全国"两会",各家媒体充分运用融合报道的手段进行大规模的全媒体新闻报道。在这方面，中央媒体表现突出，地方媒体虽然总体表现不算抢眼，但在某些选题以及某些时刻也做出了让人印象深刻的全媒体报道发布在不同的平台上，扩大了"两会"的声音和影响。

综观这些传统媒体所做的全媒体报道，可以归纳出如下操作手法和原则。

(1)"直播"法。

研究认为，最初的新媒体产品与传统媒体产品最大的不同体现在时效性上，尤其对于突发事件的报道，"直播"让新闻突破了报纸出版的固定节奏，滚动的文字、图片、短视频播发是新媒体最大的优势。这种方法在全国两会的报道中应用很广泛，比如对总理做政府工作报告的即时播报。就平台来说，"直播法"主要适用于微博和 App 平台，在每天有推送次数限制的微信公众号上不适用。

(2)"一张图读懂"法。

这是近年来出现的一种新闻播报的新招数，是"数据可视化"的一种具体形式。此法在报纸上有应用但不是很广泛，在新媒体平台上的应用率很高，主要适用于用文字表述复杂且难以表述清楚的内容，比如对于政府工作报告的解读。2015 年"两会"期间这方面的代表作品有：《人大代表咋排座，有讲究！》《关于全国两会，你应该知道这些》《我叫广东自贸区，这是我的自画像，九张图读懂我》等。

(3)"小明体验"法。

以虚拟人物"小明"为切入点，拉近国家大政方针与老百姓的距离，以老百姓的视角来解读重大政策对老百姓生活的影响。这方面的代表作品有《两会，这样影响小明的生活》《雷军看好哪些领域？》等。

(4)"角色虚拟"法。

全国"两会"上只有 5 000 多人有正式资格参加，"角色虚拟"的做法可以将老百姓与"两会"勾连起来。如《据说 6 种广东人可能当上政协委员》等。这种做法有时候也表现为"身份包装"，结合时政人物特点，赋予所报道人物一个新的且与老百姓生活更加接近的身份。比如《史上最强 HR，董明珠下一个想挖的"人大代表"是谁？》《广东代表团中的"六大门派"》等。

(5)"揭秘"法。

对一些看似神秘的内容，媒体可以以普通老百姓的视角去做"揭秘式"报道。这种做法有时候会有点"标题党"的感觉,"标题党"是一个含有贬义的词汇,但编辑用心去提炼新闻点的做法至值得肯定的,标题只要不故意歪曲稿件事实,在一定的程度和范围内也是可以接受的。这方面的作品,有《120秒记录代表团媒体开放日》《探秘人民大会堂》等。

(6)"大数据"法。

这几年,大数据的方法已经从"稀有物种"变成"家常便饭",新媒体对两会的报道也不例外,主要就是从公开的资料中挖掘数据然后找出新发现。比如《大数据5分钟看懂广东团》《发言人"吕新华"们的"人"和"言"》。"大数据"法的表现形式多种多样,有时候会采取对比的方法,以2015年的数据和2014年的数据对比,就会产生一些好作品,比如《小丹晒"单"》。"大数据"法有时候也表现为对某些现象的"盘点",比如《开会遭围堵,委员"雪球"指数大盘点》。

(7)"干货"法。

在一些内容非常庞杂的文件报道中,排掉水分和没有新闻性的内容,挤出一条条的内容"干货",此之谓"干货法"。比如,在对《政府工作报告》的解读中,就出现了《2015政府工作报告的100条"干货"》《总理报告9大热词40组数字》这样的报道。

### 2. 做好时政类全媒体报道的原则

新媒体新闻产品目前常用的操作方法,主要就是上面的七种。用文字表述这些方法容易,关键是如何在新闻实践中去灵活应用。具体的方法之外,在新媒体产品的生产中,还要掌握以下三个基本原则。

(1)集中精力抓好两类稿件的制作。

如今,在新媒体平台上,具有传播力和影响力的稿件有两种。一种是重大的突发新闻,比如马航飞机失事这样的事件。从新闻规律的角度说,这类新闻在新媒体平台上比较适合用"直播法"报道,但是现实中未必能做到。另外一种就是深度归纳解读的稿子,这种稿子的报道空间相对比较大,也适合在朋友圈进行病毒式传播,是具有潜力的一种新媒体稿件,新闻生产实践中,采编力量应该集中投向这一类稿件。

(2)优质的新媒体稿件一定是团队作品。

只依靠前方记者已经不能做出优质稿件,需要发挥前方记者和后方编辑制作团队的合力。这是因为优质的新媒体作品需要图文并茂,只有文字内容不行,还要有图片、音频、视频等内容,音视频素材需要后方加工制作,这和传统报纸新闻的生产很不一样。要做到这一点就需要创新新闻生产机制,改革对记者和编辑的传统考核方式。

(3) 高度重视提前的谋划和准备。

在这个问题上,报纸新闻也有同样的需要,所不同的是,新媒体生产需要更高的效率,报纸新闻毕竟有比较长的时间去筹划,新媒体稿件要求又快又好,这就需要对选题进行提前谋划,做好采访前的准备。全国"两会"期间传播力强的作品都具备这样一个共同属性。

## 三、全媒体新闻生产中的突发新闻

突发新闻是所有新闻中最有新闻性和冲击力的一类新闻,突发新闻采访也是最考验记者采访功力和综合能力的一类采访。突发新闻发生以后,媒体同行之间的竞争是一场遭遇战,是同题作文,各家媒体的采编水平高下立现。在传统新闻生产环境下,突发新闻采访比的是媒体对新闻线索的监控水平、反应速度、记者能力和编辑水平,特别是反应速度,"时间就是生命",早一个小时哪怕早半个小时,做出来的新闻效果就明显不一样。

不过,在全媒体环境下,人人都是记者,处处都是发稿平台,对采访反应速度的追求有了疑问,媒体特别是专业媒体需要进行怎样的调适? 下面,通过分析2015年中国媒体对尼泊尔地震的采访,总结归纳其中的问题和应对之策。

### 1. 突发新闻发生,许多专业记者不再到现场采访

2015年4月25日,尼泊尔发生了一次大地震,广州日报社派出两名文字记者和两名摄影记者前去采访。5月3日,《广州日报》在A2版做了一个题为"本报记者撤离尼泊尔地震灾区"的专题报道,四名记者各自讲述了自己在尼泊尔五天的采访历程和心得。发生如此重大的突发事件,报社派记者前去采访本来很正常,但这一次和《广州日报》一样派出记者前往灾区采访的媒体并

不多。

在百度新闻上,用"尼泊尔+记者直击"两个关键词去搜索,当时只能搜出18篇新闻报道,其中包括《广州日报》、财新、中新网、《南方日报》、东方卫视这几家派出记者的中国媒体的报道。如果用"尼泊尔+特派记者"两个关键词去搜索,当时可以搜出621篇新闻报道,但其中三分之二是此次地震前关于尼泊尔的新闻报道,和此次地震有关的只有大约200篇,这些报道大部分出自《环球时报》《人民日报》、国际在线和台湾TVBS派往尼泊尔的记者之手。

国内多家有代表性的媒体比如《新京报》《新闻晨报》《羊城晚报》《新快报》都没有派记者去尼泊尔,它们是北上广的媒体代表,而北上广是中国媒体业的晴雨表,这几个地方的媒体情况基本可以反映国内的总体情况。尼泊尔的这次地震灾难,前往现场采访的中国记者确实不多,而且这样的状况不是特例,已经成为近年来媒体在突发事件采访上的"新常态",和传统媒体时代的采访状况形成了鲜明对比。

关于这个对比,可以举几个地震的采访实例来说明。

2008年5月12日,汶川发生特大地震,震级大,伤亡重,各家报社都非常重视,很多报社在5月12日当天就派出了第一批记者前往灾区采访。之后,各家媒体又陆陆续续进行增援,先后派了好几批记者去灾区采访,人数最多的时候,仅广州日报社就有40多位记者在汶川灾区采访。

2010年2月27日,智利发生一场8.8级特大地震,强度之大震惊世界,但是当地政府3月16日公布的死亡人数仅为507人。这是一场世纪大地震,也是个抗震奇迹,新闻性比较强。当时,广州日报社派了两名文字记者和一名摄影记者前去智利采访,因为路途遥远,单程飞机就要坐30多个小时。

2011年3月11日,日本东北部海域发生里氏9.0级地震并引发海啸,造成重大人员伤亡和财产损失。当时,国内多家媒体派了记者前去日本采访,3月12日上午,日本地震发生后的第二天,一众广州媒体记者齐聚花园酒店日本驻广州领馆办理临时加急签证。其中,《广州日报》派出了文字加摄影记者总共7人去日本,当年6月,又派出4人再次走访日本灾区。

2010年1月12日,加勒比海岛国海地发生7级大地震,死亡总数超过30万。当时,南方日报社和南方都市报社分别派出了2名记者和4名记者去往海地采访。中国和海地没有建交,须从第三国前往,6名记者先是途经美国到了多米尼加,然后通过多米尼加的华人调用了一架军用直升机,送记者到海地完成了采访。这次采访,除了跟随中国国家救援队到达海地的新华社、中央电视台、中国国际广播电台的记者外,南方报业的记者是唯一自行前往并成功到达海地的中国地方媒体记者。

那么,对于突发新闻特别是发生在域外的突发新闻,是不是一定要派记者特别是地方性媒体记者去当地采访呢?

2011年3月,从日本地震灾区采访回来后,《广州日报》的几位记者一起做客广东电视台新闻频道的《第一访谈》节目,讲述了在日本采访期间的经历以及其中的得失。在回答主持人"要不要去一线采访"的问题时,记者说,在那次采访中,中国主要的地方性媒体都去了,是中国媒体在日本灾区甚至是国际新闻现场的一次集中亮相,也是综合实力提升的体现,充分彰显了中国媒体人的职业素养,在重大的国际性问题上,中国的媒体不缺位,开始发出自己的声音①。

《南方都市报》在内部对海地地震采访报道总结的时候,也谈到了同样的问题——作为区域性媒体,从投入的成本和采访团队所承担的职业风险看,值不值得派出记者去海外现场?对这个问题,《南方都市报》当时的领导认为,都市类媒体要在中国正致力于建设的媒体新格局中发挥出力量,应该发挥自己在受众方面的优势,更全面、积极、主动地介入社会重大事件,要有全局的眼光和视野,不将自己局限于一个小区域。南方报业传媒集团时任社长杨兴锋说:"以后要做到'逢大事,有南方',将来在世界任何角落,只要有重大新闻,就要有南方报业传媒集团记者的身影。"②

以广州媒体为代表的中国地方媒体"走出去""到新闻现场去"的做法在2010年、2011年前后到达"历史顶点",可惜好景不长,从那以后,开始慢慢往下走。尼泊尔地震的采访只不过是其中的一个例证。尼泊尔是中国的邻国,比之前的海地、智利甚至日本都要近,加之已经实行"落地签"政策,前去采访没有任何难度。如果按照2010、2011年之前的媒体操作,这次应该有很多中国地方媒体前往尼泊尔采访,但事实上并没有,说明媒体环境发生了变化。

---

① 笔者接受广东电视台记者采访时的回答,2011年3月,广州。
② 南香红:《在考验中积累经验——〈南方都市报〉海地地震报道启示》,《中国记者》2010年第3期,第22—25页。

(1) 媒体环境改变,移动互联网的发展改变了媒体状况和操作理念。

2010年前后,移动互联网开始迅猛发展,微博和微信崭露头角,新闻生产由专业化走向了社会化,UGC(user generated content,指用户原创内容)的新闻生产模式快速增长,读者获取信息的渠道发生了很大改变,手机成了主渠道。

这次尼泊尔地震发生在北京时间下午2点11分,下午两点半,新浪微博和新浪网上已经有了相关消息,20分钟之后,关于地震的各类消息已经开始在微信朋友圈里刷屏。在这些突发新闻面前,"自媒体记者"已经冲在了前面,留给专业记者的空间被大为压缩,特别是在动态新闻的采写上。

(2) 传统报业经营形势日渐严峻,支持跨国采访的采编费用下降。

一般而言,重大突发新闻发生在外地甚至是外国,记者的各种采访费用很高,能够派出记者前往现场采访的媒体机构需要具备比较好的经济实力,但这一点上,国内的媒体近年来都处于比较严峻的形势。

上海报业集团社长裘新在该集团的一次讲话中说,2015年一季度的大势与年初的预判相比更加严峻。一方面反映在一季度集团各单位的实际完成情况与预算指标的差距;另一方面,更令人"揪心"的是,虽然纸媒广告收入连续下滑已经数年,但这种全行业"断崖式下滑"依然看不到触底的迹象。当年一季度整个纸媒广告下跌40%,互联网广告和电视广告首次出现了平分天下的格局。

上报的情况在全国报业里有非常强的代表性,广告下滑不只是2015年的事,而是从2010、2011年以后一直在持续,这和移动互联网的崛起是同步的。报业的营收困难了,用作采编的费用必然跟着下降,特别是跨国采访,费用很高,如果没有经济实力后盾,根本做不了。

(3) 提供内容彰显品牌,有实力的媒体不能放弃做"一手新闻"。

人人都可以做新闻,但并非人人都可以做出优质的新闻,真正优质的新闻还是要靠专业记者去完成。《广州日报》四位被派往尼泊尔的记者每天从前方发回多则两个整版少则一个整版的地震报道,版位非常靠前,是这次地震报道中做得最出色的新闻报道之一。特别是图片报道,《广州日报》的两位摄影记者拍摄了大量优秀图片,这些图片更是一般旅游者难以拍摄出来的,只有专业记者到了现场才拍得出。

此外，把重大突发新闻做好还可以展现一家报社的综合实力，是一种很好的品牌营销活动。当然，时代不同了，即使派记者去尼泊尔采访人数也不会太多，《广州日报》去了四个人，两个文字记者、两个摄影记者，这是比较恰当的。

### 2. 记者在突发新闻现场应采写的内容

2015年4月27日上午，新华国际客户端（新华社的新媒体终端之一）推送了一则报道，标题是"讲述｜我这样抢发全球首条报道"，说的是新华社驻尼泊尔记者抢发全球首条关于地震消息的事，采用的是讲述先进人物事迹时经常采用的"通讯"体。稿子不长，摘录如下：

地震发生时，正在办公室工作的新华社记者（略去名字，以下都以"记者"代替）被突如其来的强烈震感吓得目瞪口呆。不过仅仅5秒后，记者便意识到发生了什么，他赶忙抓起办公室电话，向总社编辑部报告。

"赶紧发快讯……！"说完放下电话，楼房还在晃动，打开的窗户左右滑动，停在院子里的车也在滑行。

记者当晚在给总社编辑部的电话连线中，讲述了自己在强震来袭时是如何带着雇员抢发全球第一条现场报道的。

他说："记者职业使然，当时我给编辑部打完电话后，便拿起手机和照相机跑到大街上，看到有楼体倒塌，使用手机拍摄了照片传回总社。"

"很快，我就在不断的余震中发出了第一条地震的消息。"

事情紧急，可当地雇员的电话却一直不通。"我只好一个人骑着自行车到大街上，这时已经开始有尸体被抬出。"

"再回到分社时，两位电视记者已等候在门口。几个人忙跑回办公室发视频稿件，可网络暂时中断了。我马上让电视记者联系其他雇员，除英文文字记者失联外，其他人都已经有条不紊地展开工作。很快，摄影记者塔帕回来了，还拍摄了大量照片。"

"然后，我决定跑步去500米外的加德满都著名的杜巴广场。杜巴广场意为皇宫广场，囊括尼泊尔16世纪至19世纪间的纽瓦丽古典寺庙建筑和宫殿，现在都是辉煌的世界文化遗产，也是尼泊尔最负盛名的旅游地之一。"

到了杜巴广场，现场已被警察封锁。"我偷偷溜到里面一看，天啊！熟悉的建筑没了！只有瓦砾和救援的人群！我顿时哭出声来，但这个时候除了拿起手中的相机继续拍照,我什么也做不了。"

根据稿子的描述,这名记者在地震发生后发了四条稿。第一条,电话里说的赶紧发的"快讯"。第二条,"拿起手机和照相机跑到大街上,看到有楼体倒塌,便用手机拍摄了照片传回总社",这是一条图片报道。第三,"很快,我就在不断的余震中发出了第一条地震的消息",这是一条文字消息。第四,到杜巴广场,"看到熟悉的建筑没了,这个时候除了拿起手中的相机继续拍照,什么也做不了"。拍摄完之后,正常应该会继续发一条稿。

新华社对此次报道冠以"我这样抢发全球首条报道",这里所说的首条报道指第三条,因为稿子说明"很快,我就在不断的余震中发出了第一条地震的消息"。不过,在百度上能搜索到这名记者署名的新华社稿件,最早的一条是2015年4月25日14时53分53秒发出的《尼泊尔发生8.1级地震》,但是这则消息的内容是,"据中国地震台网正式测定,4月25日14时11分,在尼泊尔(北纬28.2度,东经84.7度)发生8.1级地震,震源深度20千米",内容不是来自尼泊尔,而是来自北京。消息配的图片是这名记者拍的。

14时53分53秒,距离地震发生已经过去了40多分钟,那时,全世界的主要媒体都已经发稿了,新闻用户也早已通过各种渠道获悉了相关消息。百度搜索结果同时显示,关于这名记者最多的稿子除了"全球首条"以外,就是新华网对他的连线采访,记者人在加德满都,地震发生后,成为一名被采访对象很正常。

下面是地震发生两天后的4月27日,新华网另外两名记者就最新救援情况对这名驻加德满都记者的连线采访。

**新华网**:我们知道,您抢发了尼泊尔地震的全球首条报道。可否介绍一下新华社记者现场的情况如何?

**记者**:新华社非常重视这次地震报道。新华社印度新德里分社一名记者带了两名当地雇员,已经到了尼泊尔西部的蓝毗尼,估计当天下午抵达震中地区。新德里分社的首席记者吴强已经抵达加德满都。

另外,新华社还有一些记者已经在孟加拉国首都达卡,估计很快就可以到达尼泊尔。预计当天下午,新华社增援的同志将有六七位,可以开展工作。

尼泊尔的这次地震震级很高,引发全球媒体的关注和报道。比较早的一篇报道是法新社的,北京时间4月25日下午两点多就发出了,"尼泊尔内政部

25日表示,该国发生的8.1级强震迄今造成114人遇难"。之后,美国有线电视新闻网(CNN)将地震消息放置在网站首页的头条位置,以文字、视频、图片等方式作了全方位报道。英国广播公司(BBC)同样将地震消息置于网站首页头条位置,以"尼泊尔地震:数百人死亡,很多人恐被困"为标题作了报道。4月25日,英国广播公司的阅读排行榜前两位都是尼泊尔大地震的消息。《赫芬顿邮报》在4月26日头版中央位置以短标题"地震致死700多人"作了报道,标题图片是一张在地震废墟中受害者手臂的特写,冲击力很强。

大地震是一个典型的突发事件,在这样的突发事件发生后,记者要不要去现场采访是一个问题,记者到了现场或者记者就在现场的情况下,采访的重点又在哪里?《我这样抢发全球首条报道》这样的稿件值得思考。

(1)凸显自己做出"全球首条关于地震的报道",符合媒体惯例。

在这么大的新闻事件中,在这么激烈的竞争环境下,新华社能在当时的情况下做出多篇现场报道很不容易,自我表扬也彰显了新华社的国际品牌。类似的稿件在国内媒体中经常可以看到,特别是在一些重大时政报道和突发报道任务完成之后,媒体会对报道进行总结表彰,一部分内容会刊发在自己的媒体版面上。

(2)抢得"首发"新闻值得肯定,但需要拿出具体例证予以证明。

哪一条稿是"首发",首发稿件的发稿时间和其他媒体比起来快了多少,这些都需要明确在稿件里体现出来,能说出来才有说服力。但是在这次地震的报道中,国内外各大新闻机构的发稿时间相差无几。因为地震是一个足够公开的突发新闻,不存在任何独家的可能性,地震一发生,身在尼泊尔的媒体记者都可以明显感觉到,只要稍加求证就可以发稿。

(3)突发新闻发生,新华社作为中国官方通讯社理当有所作为。

资料显示,这名记者是新华社驻加德满都分社首席记者,驻站至少3年了,这个分社除了这名首席记者以外,还在当地有七八名雇员。这个采访队伍虽小,但对于做好地震这个突发新闻足够了。也就是说,作为地震发生地的驻站记者"发出全球首条报道"是正常的。所谓养兵千日用兵一时,说的就是这个道理。

(4)"人人都是记者",不少游客已通过自媒体发出地震消息。

此情此景之下,"首发"固然重要,但是"首发"的意义已经大打折扣,纯粹从快的角度说,机构媒体再快也很难快过自媒体。像新华社这样有公信力的传统媒体除了抢抓新闻的第一落点之外,更重要的是去抓第二落点——在稿件的深度和广度上去挖掘自己的竞争力。

(5)地震发生后,有很多重要选题等待现场记者去报道。

当然,作为一个媒体内部的业务研讨,"全球首发"这样的问题也值得总结,以便在以后遇到类似突发新闻时做得更好,不过这应该放在地震报道结束之后再做。4月25日发生的地震,4月27日就发出这样的报道,时间上太早了,需要先沉淀一下。实际上,在那个时间段,有很多重大选题等待记者报道,比如地震灾情、救援情况、文物损失、无助儿童等,这些内容都比"全球首发"重要得多。

## 四、全媒体新闻生产中的深度新闻

深度新闻也叫深度报道,是纸媒非常擅长的一种新闻产品,21世纪以前,深度新闻主要出现在新闻杂志和周报上,比如《南风窗》和《南方周末》在20世纪90年代主打的新闻产品就是深度新闻。21世纪以后,综合性的日报也开始做深度新闻,《南方都市报》《广州日报》等报纸在日常的动态新闻之外,专门成立了机构,设置了版面用来做深度新闻[①]。

这一时期,全国性突发新闻采访和深度新闻采访很多时候是一致的,操作两类新闻的是同一批记者。在大多数报社内部,全国性突发新闻的采访都放在深度报道部,这是因为突发新闻与深度报道之间存在着天然联系,突发新闻为深度报道提供新闻由头,深度报道是突发新闻的一种自然延伸。当然,在不同的报社,承担深度报道职能的部门叫法不同,有的叫深度报道部,有的叫机动部,有的叫国内新闻部。在新媒体环境下,深度报道遇到的问题和上一节讨论的突发新闻遇到的问题有一定的共性。

从20世纪90年代到21世纪第一个10年,传统媒体发展势头正劲,网络媒体开始崭露头角,网络空间不仅源源不断地提供消息来源,而且也成为深度报道补充背景、寻找调查突破口的一个重要来源。无限量的网络空间就是一

---

① 窦锋昌:《深蓝——广州日报"新闻蓝页"深度报道实战40例》,广州出版社2007年版,第2页。

个无限的资料库、数据库,为深度报道提供了很多操作的可能性。在那个年代,即使如《广州日报》这样的市委机关报,舆论空间相对较小,但是配以专业化的队伍和版面,也生产出了大量优秀的深度新闻。《南方日报》《羊城晚报》《新京报》《新闻晨报》《大河报》等报纸也都在同一个时间段成立了专门队伍操作深度报道。

但是近年来,随着网络时代的不断发展,特别是微博和微信两大社交平台的发展壮大,深度新闻的操作环境发生了巨大变化,深度新闻遇到了新的困境。这些困境并非哪一家媒体所独有,而是非常具有普遍性①。

困境主要来自两个方面。第一,伴随"双微"时代的到来,读者获取新闻的方式变了,信息的生产量和流转速度骤然提高,读者获取信息的途径更多也更容易了,对报纸的阅读需求随之迅速下降。第二,在重要新闻线索的获取上,深度记者和新闻源管控机构同时都能得到,管控更快、更准,留给深度记者的操作空间和时间变得异常狭窄,让记者"有劲没处使"。

### 1. 深度新闻的"黄金十年"

2015年3月31日,《南方都市报》宣布改版,内容之一是恢复"深度"版。《南方都市报》历史上的"深度"版大量刊发独家调查报道,曾经代表了《南方都市报》的最高原创水平,恢复后的"深度"版希望"实现深入和深度的新闻呈现、精致而细腻的文本表达"。

2003年3月,《南方都市报》深度、对话组成立,最初只有7个记者,但随后进入了快速发展期,从《南方都市报》"深度"版刊发的以下作品中可以知道它曾经达到的高度。2003年4月2日,"深度"版发出创立后的第一篇作品,名叫《地震废墟上的村庄》;2003年4月25日,刊发《被收容者孙志刚之死》;2004年11月5日A版,刊发《深圳妞妞案调查》;2004年12月21日,刊发《霍英东 梁柏楠,南沙恩怨再调查》;2005年1月20日,刊发《深圳"砍手党"来自小山村》;2005年7月13日,刊发《阿星不归路》;2006年10月19日,刊发《重庆彭水诗案》;2007年3月23日,刊发《"最牛钉子户"是怎样炼成的》;2008年2月26日,刊发《南街真相》;2009年5月20日,《女服务员与招商办官员的致

---

① 窦锋昌:《市场化党报的深度新闻生产》,中山大学出版社2014年版,第22页。

命邂逅》,也就是邓玉娇案。

  这些报道有下面几个鲜明特征。第一,篇幅长,平均 6 000 字以上,一做就是连续两个版或者三个版,版面编排很有气势。第二,选题集中在时政和社会领域,而且绝大部分都是监督报道。第三,地域上以广东以外为主,也有一部分选题出自广东本土。在社会上,这些报道在当时引发了强烈的社会反响,《被收容者孙志刚之死》还推动收容制度的废除。在业内,这些深度报道给同行和竞争者带来了很大压力,也给《南方都市报》带来了良好的口碑。

  2009 年 7 月 1 日,《南方都市报》在深度新闻生产上"变脸",把每周随机出版的"深度"版改成了《深度周刊》,每周三固定刊出,一次出 8 个版,每次做三篇深度报道。变阵的初衷是想更加"集中火力",把以前散见于每天的报道集中在一天里出,声势更大,效果更突出。这个做法取得了一定的成效,也做出了不少好作品,比如 2009 年 8 月 19 日《深度周刊》刊发的《远华烟云,赖昌星家族十年命运图谱》,2010 年 9 月 1 日《深度周刊》刊发的《紫金梦魇》等,都是用心之作,选题好,采访也扎实。

  2008 年之前,"深度"一年的深度报道生产量不到 100 篇,到了 2009 年之后,也就是成立《深度周刊》以后,"深度"一年的深度报道生产量接近 300 篇。在人员规模上,也增加到原来的一倍以上。

  《南方都市报》"深度"当时的负责人也看到了这一点。该负责人在写于 2007 的一篇文章中说到,目前在国内,做深度报道正在成为市场化日报的一个重要发展方向。由于市场化日报在全国报业市场越来越主流的地位,这一股浪潮将给原有的深度报道以周报、杂志为主的格局以巨大冲击,使中国的深度报道获得更大的甚至是全新的空间,从而提升中国报业的整体新闻报道专业水准。

  该负责人认为,日报深度报道操作的一大优势是有"弹性"。比如发表的时机,对比周报可快可慢。做周报的常常苦于报纸的发行周期,时限到了,即使采访尚不充分,写作还显粗糙,也必须硬着头皮上。因为一旦错过时机,就得等一周。而日报当天不行,可以再等一天,一天的时效损失不算太严重,这样采访和写作可以更为从容。①

---

  ① 陆晖:《南都深度的竞争力》,网易新闻,2007 年 8 月 16 日,http://news.163.com/07/0816/12/3M12OGI0000124LD.html。

时隔五年多,2015年,《南方都市报》宣布恢复"深度"版。但是,在移动互联网已经充分发展起来的2015年,在新闻环境如此不同的2015年,即使恢复了"深度"版,《南方都市报》的深度新闻生产还能恢复往日的神勇吗?恢复之后,《南方都市报》推出的前三次"深度"版,每次两个整版,力度一如2009年,但效果只能算是一般,没有引起太大反响,之后的"深度"版更是可有可无,远远没有达到改版宣言中所追求的目标。

即使如此,至少在理论上,深度报道依旧是传统媒体对抗网络媒体的一个利器,就此而言,依然要对《南方都市报》恢复"深度"版的做法持肯定态度,如果连深度报道都无法存活,中国报纸的前景就真的堪忧了。

**2. 深度新闻的式微**

2015年5月25日,一则关于《京华时报》深度报道部被撤掉的消息在业界传开,引发不少深度记者的伤感。在这之前,《北京青年报》也撤掉了深度报道部,更早的时候,《中国青年报》的特别报道部也撤了。与此同时,有些报社虽然依旧还保留深度报道部的建制,但是业务范围发生了变化。比如,广州日报社机动记者部原来的定位就是专门做深度报道,但是2016年起,这个部门的采编定位变为"人物","人物"与"深度"虽然有紧密联系,但是选题倾向和范围上已经有了明显改变。

对一家报社来说,把深度报道部撤掉,原因很简单,就是"活少了"甚至是"没活干了"。比如,在2015年5月25日,河南平顶山市下属的鲁山县城一间老人院发生火灾,致38人遇难、6人受伤。火灾伤亡人数在近年来的事故中已经算很多,加之发生火灾的场所是老人院,在老龄化日益突出的背景下,这件事情的新闻价值是毋庸置疑的。此事如果发生在几年前,全国的深度记者必定当天就买机票去现场采访了,但到了2015年已经没有多少深度记者去河南采访这起事件了。

不只是河南养老院火灾事故去采访的记者少了,同一年发生的黑龙江庆安枪击案、福建漳州PX爆炸事件、广州区伯湖南嫖娼案,这些都是关注度很高的热点新闻,但是同样没有多少深度记者去现场采访。

当然,突发新闻的采访只是深度记者的一项职能,突发新闻不做了并不等于深度记者就没活干了,他们还可以做其他深度选题,比如"策划性报道""解释性报道""预测性报道"等。但是,毕竟新闻性最强、最吸引读者眼球的那部分选题不能做了,深度报道部存在的价值也就大打折扣。

此外,深度报道的繁荣和困境与报业的兴衰高度一致。在2012年以前的"前移动互联网"时代,不只是深度报道繁荣,整个报业市场也十分红火。2012年以后,媒体的经营能力下降,操作深度报道的难度也随之加大。

### 3. 从普利策获奖作品看深度新闻的走向

2016年4月18日,该年度普利策新闻奖的14个奖项公布,立即引起网友的热烈讨论。有研究者追踪了普利策奖从1917年诞生以来的新闻体裁演进史,虽然之前历经各种变化调整,但自2006年确立了14个奖项以来没有再发生新的变化。14个奖项的设立中,"新闻报道"与"意见"的分离是基本的分类方法,除去社论写作奖(editorial writing)、评论奖(commentary)、批评奖(criticism)、社论漫画奖(editorial cartooning)4个奖项外,剩余10个都是新闻报道奖。其中包含2项摄影奖,分别是突发新闻摄影奖(breaking news photography)以及特写摄影奖(feature photography)。其余8项是以文字报道为主的新闻报道奖,分别是公共服务奖(public service)、特稿写作奖(feature writing)、调查报道奖(investigative reporting)、解释性报道奖(explanatory reporting)、本地报道奖(local reporting)、国内报道奖(national reporting)、国际报道奖(international reporting)、突发报道奖(breaking reporting)。①

比照我国新闻界对深度报道这一概念的使用,8项报道奖中除去突发报道奖之外的7项都属于深度报道奖。深度报道在我国学界和业界有不同的定义,这里采纳欧阳明的界定,即深度报道是对某新闻事实或新闻现象所进行的集中而专门的报道,在相对集中的时间和板块中,运用广视角、大容量、深层次、多手法的思想视域与报道方式对某新闻事件、新闻现象所进行的专门话题报道或问题研究报道,大致包括解释性报道、调查性报道、典型性报道、预测性报道等。

在新媒体冲击下,中国的深度报道遇到了巨大的发展瓶颈,甚至有观点认为国内深度新闻生产进入了"空心化"状态。反观普利策新闻奖,至2016年已

---

① 窦锋昌:《普利策奖深度报道奖项的"选题常规"——基于10年间7项普利策奖获奖报道的全样本分析》,《新闻大学》2016年第5期,第48—55页。

举办整整100届,从这100届特别是最近10年(2007年至2016年)的情况而言,深度报道在美国依然具有强大生命力。美国的深度报道生产体系和中国有非常大的不同,但既然都属于新闻生产,就会有若干相通的行业规范和操作手法,挖掘这些规范和手法不仅可以更好地认识转变中的美国新闻业,同时也可为中国深度报道的发展提供借鉴。

本节关注的主要是深度报道的"选题常规",一方面是因为选题在新闻报道中的重要性,业界通常认为"一个好的选题是一个成功报道的一半";另一方面,业界普遍认为选题范围的缩小是中国深度报道如今面临窘境的主要原因之一。

此处选取了2007年到2016年10年间7项普利策奖的选题进行全样本分析,7个奖项74组报道的数据来源主要是普利策奖官网。编码中,除了常规的获奖年份和获奖机构外,还包括刊发时间及数量,这些报道基本都是系列报道,常常持续几个月甚至一整年的时间。在选题分析上,选取了"内容""领域""倾向"以及"时效"四个维度。

下表以分量最重的公共服务奖获奖报道为例进行编码分析。

表5-1 普利策公共服务奖选题分析

| 年份 | 获奖机构 | 报道时间及数量 | 选题内容 | 领域 | 倾向 | 时效 |
| --- | --- | --- | --- | --- | --- | --- |
| 2007 | 《华尔街日报》 | 2006年3月17日至12月26日,18篇 | 公司增发新股时允许老股东低价认购,不平等且易滋生腐败 | 经济 | 负面 | 静态 |
| 2008 | 《华盛顿邮报》 | 2007年2月17日至12月1日,10篇 | 一家军方医院环境恶劣,受伤士兵受到不人道对待 | 科教文卫 | 负面 | 静态 |
| 2009 | 《太阳报》 | 2008年3月29日至12月27日,20篇 | 拉斯维加斯建设热潮中,每六周有一名工人死亡 | 社会 | 负面 | 静态 |
| 2010 | 《布里斯托尔捷报速递》 | 2009年12月5日至26日,16篇 | 弗吉尼亚州西南部天然气特许使用费管理混乱 | 经济 | 负面 | 静态 |
| 2011 | 《洛杉矶时报》 | 2010年7月14日至12月27日,16篇 | 贝尔市25%的民众生活贫困,官员却挪用公款发高工资 | 政法 | 负面 | 静态 |

续　表

| 年份 | 获奖机构 | 报道时间及数量 | 选题内容 | 领域 | 倾向 | 时效 |
|---|---|---|---|---|---|---|
| 2012 | 《费城问询者报》 | 2011年3月26日至12月17日，20篇 | 费城268所公立学校的校园暴力问题 | 科教文卫 | 负面 | 静态 |
| 2013 | 《太阳哨兵报》 | 2012年2月11日至12月29日，14篇 | 佛罗里达州警察超速行驶5 000多次 | 政法 | 负面 | 静态 |
| 2014 | 《卫报》美国版；《华盛顿邮报》 | 前者2013年6月4日至12月17日，14篇；后者6月6日至12月23日，20篇 | 斯诺登泄露的文件显示美国国家安全局进行国内监听 | 政法 | 负面 | 动态 |
| 2015 | 《查尔斯顿邮报》 | 2014年8月19日 | 南卡罗来纳州每12天有一名女性死于家庭暴力 | 社会 | 负面 | 静态 |
| 2016 | 美联社 | 2015年3月23日至12月13日，9篇 | 美国超市以及餐馆的海鲜供应链奴役劳工 | 社会 | 负面 | 静态 |

注：公共服务奖是普利策新闻奖中最重头的一个，《华盛顿邮报》3次获奖。从选题倾向来说，全部是负面。从选题领域来说，3个选题聚焦于政法，3个选题聚焦社会问题，经济类选题有2个，科教文卫类选题有2个。

通过上表，可以发现在美国的新闻实践中，普利策奖成为深度报道"选题常规"形成的一个重要规制因素，它确立了行业内公认的标准和范例，经常可见某些新闻作品为了竞争普利策新闻奖而量身订造。普利策获奖报道选题常规存在四个倾向，如果和中国媒体的深度报道选题进行一个横向比较的话，这四个倾向尤其突出。

（1）由热点选题的跟随到静态选题的深挖。

通常来讲，新闻业是格外讲究时效性的行业，而围绕热点新闻做选题是深度报道的主要路数，它指在突发新闻的基础上深入挖掘事件背后的体制机制性因素进而形成深度报道，但是过去10年的普利策深度报道作品显示了新闻的另外一个完全不同的做法。

10年间，普利策深度报道的7个奖项共74组报道中仅有6组是动态选题：2010年卡特里娜飓风灾区的选题，2011年一艘商业渔船在大西洋神秘沉没致6人死亡的选题,2012年一名女子及其男友不幸遇害的选题,2013年华盛顿州喀斯喀特山脉一次雪崩的选题,2014年斯诺登泄密事件的选题,2015年非洲埃博拉疫情的选题。除此之外的68个选题全部是静态选题,动态选题不到10%,静态选题却高达90%以上。

当然,静态选题并不是说毫无"新闻由头",只是说这个"新闻由头"不是像卡塔丽娜飓风、埃博拉疫情那样引起广泛关注的重大突发事件,它可能只是一个比较小的新闻事件,但是背后蕴含着更深层次的问题,深度报道由此切入。

(2) 由负面选题的聚焦到中性选题的替代。

一说到深度报道,最先想到的往往是负面监督选题。的确,在普利策奖百年历史上,负面监督一直是主流选题方向,特别是公共服务奖、调查报道奖、本地报道奖这3个奖项,负面监督更是绝对的主流。2007年至2016年的10年中,这3个奖项的获奖报道共35组,负面监督选题达33个,只有2个是中性选题。不过,如果把眼光投射到解释性报道奖、特稿写作奖、国内报道奖、国际报道奖这4个奖项上,就会发现负面监督选题大幅度下降,而中性选题大幅上升。以2007年至2016年这10年中的获奖作品为例,4个奖项共39组报道获奖,负面监督类选题只有13个,占33%,而中性选题有26个,比例达66%,中性选题刚好是负面选题的两倍。

如果从全部7个奖项共74组报道来说,那么负面选题共46个,占比62%,中性选题共28个,占比38%,也就是说在所有普利策深度报道中,中性选题也达到近四成的比例,这和我们的固有印象依然有较大反差。从实证角度看,中性选题主要集中在科学、环境、人物、经济、商业、社会管理等方面,比如DNA测试引起的道德问题、司机驾驶汽车过程中使用手机问题等。

(3) 由对政府的监督到对全社会的监测。

从报道领域来看,74组普利策深度报道分布如下:政法选题19个,占24%;经济选题16个,占22%;科教文卫选题15个,占20%;社会选题24个,占31%。除了社会类选题比重稍大以外,其他三类选题基本均衡。

政法类选题包括政治政府和法律两类选题,前者聚焦于政府机构的不规范运作以及政治人物的违法失德,比如2011年获得公共服务奖的《洛杉矶时报》的选题,将近四分之一民众生活在贫困线以下的一个小城市的地方官员挪用公款发高额工资。科教文卫类选题涵盖科技、教育、文化、医疗卫生等方面,而教育和医疗是两个主要的报道领域,因为这两个领域的问题和大多数读者的切身利益相关,问题的公共性更加突出。经济类选题里面的"经济"一词是广义上的,既包括日常生活中接触得比较多的商业、金融等财经新闻,也包括劳工、食品药品监管、环境治理、城市规划等宏观经济管理方面的新闻。社会类选题比重之所以大,因为它是一个外延较广的概念,上述三种之外都属于社会新闻,内容涉及妇女、儿童、贫困、少数族裔、飓风、山火、交通事故等社会管理的多个方面。

(4) 由单一形式的文字报道到可视化选题的开拓。

过去10年是互联网高速发展的10年,对媒体的影响极大,反映在深度报道的选题常规上,就是从原来适合单纯文字报道的选题向适合全媒体呈现形式的可视化选题倾斜,全媒体形态的可视化报道已成绝对主流,虽然文字报道依然是最重要的那一部分,但是图片集、动画、视频、数据图表已经必不可少。当然,根据选题的不同,各种形式的报道所占的比例会有不同,这个变化也促使深度报道选题常规的同步变化。

以分量最重的公共服务奖为例,2011年以前的获奖作品基本都是文字报道,但是2012年以后则是清一色的全媒体报道,可视化程度大大提高。2013年《太阳哨兵报》关于佛罗里达州警察超速涉案致人死亡的报道,由包括文字、数据、图片、视频在内的14篇报道组成,其中文字报道11篇,数据、图片集和视频各1个。如果要找一个最佳融合报道案例的话,很多人会想到《纽约时报》2013年的"雪崩"报道,假如只用文字来呈现,该报道在普利策奖评委面前或许没有竞争力。报纸上,它是该报2012年12月22日刊发的一组报道。网站上,它则是由包括图片、动画和视频等在内的一系列全媒体形式的报道。"雪崩"的制作花了6个月,文字记者与视频记者、摄影记者在采写阶段就有密切的合作。普利策深度报道的选题常规之所以呈现上述倾向,主要原因如下。

(1) 普利策深度报道选题"从热点事件的跟随到静态选题的挖掘"反映出对媒体功能的不同认识。

一般来说,跟随热点问题做新闻比较容易吸引读者的关注,因为处在舆论的风口上,点点滴滴的报道都可以赢得读者的注意力。但是其弊端也显而易见,因为突发性热点问题往往随机发生,它只是社会所有问题的一个侧面,对这种热点的跟随和追逐容易使媒体忽略和放弃一些更为重要的选题。相反,深度报道如果聚焦在一些相对静态但值得深入探究的问题上,更加容易做出优秀报道并进而推动社会全面发展,使媒体的监督功能能够在更加广泛的范围内得以发挥。

(2)"中性选题"在深度报道中的大量出现也是新闻运行本身的内在规律在起作用。

迈克尔·舒德森指出,美国媒体虽然号称"第四权力",承担着对政府和社会各个领域的监督职责,但是记者获取的新闻线索绝大部分来自政府机构,政府机构对媒体的控制程度很高,在新闻线索这条生命线被控制以后,媒体要做出优质的监督报道难度很大。在这种现实的压力和困难面前,媒体转向中性选题也是一个合乎情理的选择。更何况,随着社会发展中更加专业化和复杂化的变化,很多问题也值得媒体用自己擅长的通俗化表达方式加以解释和传播,这也是解释性深度报道兴起的一个社会基础。

(3)普利策深度报道的选题领域不仅聚焦于政府的运作,而是"多样化"发展,这源于深度报道本身的发展以及对媒体社会功能的再认识。

既往研究发现,20世纪七八十年代,在政治、经济、体育这些传统报道领域之外,医学、科技等新报道领域开始出现并日渐繁盛。传统报道领域与读者的日常生活相关性强,读者多有直接体验,理解起来不困难,但医学、科技等报道领域读者较少直接体验,若无专业知识背景,理解起来可能存在困难。这些新领域的出现对新闻报道方式提出了新要求,除了要求报道者具有相当的专业知识储备外,还要求一套化繁为简、深入浅出的表述技巧。普利策奖在20世纪七八十年代新增的特写报道奖等三个奖项都是围绕这些领域而设的。

(4)如今的普利策深度报道大多是全媒体呈现的可视化选题,其直接原因是新媒体技术的发展。

早期普利策奖的颁发对象只是报纸作品,但是随着网联网技术的迅猛发展,过去10年普利策奖极大地改变了规则。先是在2008年把刊发在报纸网站上的作品纳入评奖范围,又在2010年把独立新闻网站上刊发的作品也纳入评奖范围。近几年来,更常见的操作是传统新闻机构在同一个选题上运用文字、视频、音频、数据等多种表现形式共同完成一个报道,是一种融合报道或者全媒体形态的报道。

普利策深度报道的"选题常规"可以为中国的深度记者所借鉴。在寻找和确立深度报道选题的过程中,无须紧跟突发新闻热点,要学会转向从静态问题中找选题;无须一味强调深度报道的监督色彩,转向对复杂问题的解释和阐释;无须盯着单一时政领域,转向对科教文卫、经济、社会等更广泛领域的监测;适应新媒体环境的发展变化,多挖掘适合全媒体呈现的报道素材。

以第一点为例,围绕热点新闻做深度报道一直以来是中国深度报道记者的一个主要路数,曾经占到选题的三分之一以上。一个典型的例子是,2008年5月汶川大地震发生后,除动态消息之外,各家新闻机构围绕震区的生态环境保护、文化遗产保护、孤儿安置、救灾体系等生产了大量深度报道,这些报道如果没有地震这个新闻由头显然是做不出来的。但是,国内一线深度记者最近几年明显感受到一个变化:"由重大突发事件引发的深入报道比重下降。以前重大突发事件占比1/3,静态报道占1/3强,报社策划报道占1/4。现在突发事件占比降到1/5,有时甚至全放弃了,做得最多的是话题类和人物类稿件,约1/3,另外还有约1/4为报社的策划性报道。"①

普利策深度报道的实践证明,围绕突发新闻开展深度报道生产固然有利,但在静态选题上并非无路可走,特别是在中国的语境下,静态选题因为刊发前受社会关注度低,因此被外界干预的概率也低,操作成功的可能性反而更大。试举一例,2015年7月《南方都市报》操作的江西考生替考事件报道是一个典型静态选题,但是因为调查深入做出了一篇优秀深度报道,获得2015年《南方都市报》优秀报道奖。

同理,中国的深度记者可以更多地在解释性报道、特稿写作这类深度报道上多下功夫,这类报道的选题更加中性化,不以监督为卖点,其竞争力来自选题的重要性和接近性,更来自记者采访的扎实性、构思的逻辑性以及文笔的可读性,要把一个中性选题做好,其难度并不比做好一篇调查类的负面选题小。

## 五、全媒体新闻生产中的话题新闻

"话题新闻"属于软新闻的一种,它不是因为硬性的事件成为新闻,而是依

---

① 窦锋昌:《普利策奖深度报道奖项的"选题常规"——基于10年间7项普利策奖获奖报道的全样本分析》,《新闻大学》2016年第5期,第48—55页。

赖一种"观念"的碰撞或者"情怀"的撞击成为新闻。这类新闻的主要素材不是描述事件的前因后果,而主要是观点的抒发和讨论,或者说,构成这类新闻主体的不是"事件"而是"观点""观念""评论""情怀"等主观性的内容。

新媒体环境下,不仅"人人都是记者",新闻生产的主体不再清晰可见,变得愈发边界不清。同时,新闻作品的边界也变得模糊起来,新闻的内涵和外延都有了极大的拓展。

**1. "新闻"边界不断模糊,"新闻"的内涵和外延不断扩张**

2015年4月24日晚间,几则关于窦唯的公众号文章开始在微信朋友圈流传开来:《如果窦唯都不体面,那还有谁体面》《窦唯的故事,以及关于他的所有误读》《放过窦唯吧,让他静静做个艺术家》,这几篇文章的转发量都过万甚至超出十万。新媒体之外,传统媒体也纷纷跟进,第二天出版的报纸基本都报道了这则娱乐新闻。

事情的来源是网友在地铁上拍了一张窦唯略显颓废的照片,没有任何故事情节,这件事就成了一个大新闻。如果按照新闻的一般定义去衡量,它不构成新闻。

无独有偶,此类新闻几乎每天都在上演。此类新闻的频繁出现打破了人们对新闻的既往认知,拓宽了"新闻"这个概念,"新闻"一词在新媒体时代有了新的内涵和外延,是一个值得业界和学界重视的问题。

在这类新闻发展演变的过程中,"言论"或者说"评论"扮演着重要角色,仅一篇言论性或评论性文章就可以把此类新闻"炒热"。"话题新闻"是对这类新闻的一种比较中性的叫法,在日常新闻实践中,也有一种带有贬义的名字用在这类新闻上,就是"口水新闻"。有一句广东话,叫"口水多过茶",说的就是这种情况。这类操作手法用在合适的地方,可以轻松做出好新闻,就是好的"话题新闻";用在了不合适的地方,做出来就是差的"话题新闻",比如下面这两起同时期出现的新闻。

(1)关于京剧演员"点翠头面"的新闻。

这则新闻是2015年4月24日下午新浪新闻客户端最先做出来的。因为在微博上晒出一个40多万元人民币都买不到的"点翠头面",天津青年京剧团程派青衣、国家一级演员、梅花奖获得者刘桂娟被推向了"风口浪尖"。刘桂娟的微博称,"这一头点翠头面,十几年前买的,花了12万银两,今天即使是四十几万人民币也买不到了,八十只翠鸟翅膀下的一点点羽毛,经过点翠师傅的加工,变成有流动光泽的头面……"

这样的微博内容,正常情况下是不会成为新闻的,但是新浪客户端把它做成了新闻,说是"包括环保人士在内的众多网友质疑其残忍",而且如此"炫富"令人不齿。作为回应,刘桂娟坚持认为,"对艺术负责,宁可多花钱,多一倍的翠鸟,也要买最好的"。

因为存在着强烈的观念冲突,之后多家媒体跟进报道,各有各的观点,新华社也就此发了一条稿:当我们谈论"点翠头面"的时候,应该跳出事件和情绪,多一些客观理性。既要看到公众积极关心环保、参与动物保护的一面;也要承认当前传统艺术中,在道具材料和制作工艺层面存在不小的进步空间。当然,更重要的一点是,公众人物自身也要言行克制、客观发言。

(2) 关于加多宝感谢"作业本"新闻。

2015年4月16日上午9时2分,加多宝官方微博发布了一条信息:"多谢@作业本,恭喜你与烧烤齐名。作为凉茶,我们力挺你成为烧烤摊CEO,开店十万罐,说到做到……"。之后,"作业本"与"烧烤"一词的渊源被网民搜了出来。原来,有874万微博粉丝的"作业本"曾于2013年发过一条微博,内容涉嫌侮辱英烈。

就此事件,2015年4月17日9时48分,中国青年网官微发出措辞激烈的评论《加多宝怎敢侮辱英烈搞营销》。4月17日15时1分,共青团中央官方微博发布调查,主要关于加多宝找"作业本"做网络营销是否合适。继而,《环球时报》又刊发评论员文章《诋毁邱少云的那帮人,既狂又二》,对加多宝的这一营销事件提出质疑和批评。在舆论压力之下,加多宝方面4月18日给出回应,对客户表示歉意。

### 2. 操作话题新闻需要注意的问题

一般而言,媒体操作这样的新闻,应该注意下面三个问题。

(1) "话题新闻"操作简单,采编成本相对较低,是新媒体时代比较容易成稿的新闻品种。

原则上,应该对"情怀新闻"持开放态度。在目前中国社会转型的过程中,各种观念的碰撞和交锋为媒体做新闻提供了源源不断的素材,这之中蕴藏着丰富的优质新闻,媒体和记者应该高度重视这一类新闻线索,否则很可能会漏掉好新闻。不过,需要注意的是,此类新闻比起事件性新闻特别是调查性新闻的操作,相对来说要容易得多,只要有自己的立场和观点,再加以阐述和论证就成稿了,采编成本很低。记者不用花很多时间去调查事实,媒体也不用承担很大的报道风险,这就是为什么那么多媒体和记者喜欢做此类新闻的原因之一。

(2)正因为太容易操作了,媒体在做"话题新闻"的时候需要更加慎重,尽量保持观点的平衡。

话题新闻不是不能做,关键是要选好话题的导向,特别是在关乎价值观的问题上需要把握好,尽量让关于话题的各方面观点平衡,不要走极端,特别是在对私人活动和商业活动的讨论中,需要给私人和商业活动留下一定空间。在毕福剑和加多宝事件中,他们的行为在政治上显然是有问题的,也应该受到批评甚至批判,但媒体什么时候介入以及以什么方式介入却是需要考虑的问题。

(3)"话题新闻"此起彼伏,一方面是因为新闻素材很多,另一方面也是因为事件性新闻不够多或者做得不充分。

以新闻业界的取向来说,如果有好的事件性新闻可以做,肯定会优先考虑把事件性新闻做好,但是如果没有足够多的事件性新闻,或者虽然有但是不能充分去做,那媒体就会转而去做比较"软性"的"话题新闻"。通常来说,"话题新闻"只是"事件新闻"的一个补充。理论上,在一个媒体刊登的新闻中,事件性新闻的数量应该高居第一位,如果话题新闻超过了事件性新闻,说明这个媒体的选题是有问题的。

### 3. 话题新闻的传播路径分析

2015年4月17日,一个"段子"在微信朋友圈流传,结尾是一副对联:"上联:世界这么大,我想去看看;下联:钱包那么小,谁都走不了;横批:好好上班。"这个"段子"有真实的故事原型,主角是河南省郑州市实验中学的一个女教师,名字很男性化,叫顾少强。她给学校写了一封辞职信,只有一句话:"世界这么大,我想去看看。"辞职信得到网友的共鸣,勾起了普通人内心深处的一丝涟漪。有评论说,短短十个字写出了人的一种本性需求。

那么,"世界这么大,我想去看看"瞬间传遍中国的网络世界,它经过了哪些传播渠道,有什么传播规律可循?经过梳理,可见这句话的传播经过了如下路径。

(1) 顾老师写辞职信并被朋友发到朋友圈。

照片显示,顾老师是 4 月 13 日写的辞职申请,这是事情的源头,但是如果随后没被自己的同事转发,这也就是这间中学内部的一件事。但是,这封辞职信被她的同事拍下来发布在朋友圈里,这就促使一个私人事件转变为公共事件。

(2) 名家转发辞职信,一份"情怀"走红网络。

2015 年 4 月 14 日上午 10 时许,当代作家、诗人冯唐,也就是当时正在上映的电影《万物生长》的编剧之一,通过微博上传了这封辞职信:"世界那么大,我想去看看。"冯唐是名家,粉丝众多,当天显示有 871 万粉丝,影响力很大。截至当天晚上 7 时,这封辞职信已经被 1 304 人转发、2015 人点赞。

(3) 学习粉丝团、《南方日报》等微博大号转发。

冯唐作为一个文化名人,只是一个个体,相比于组织和机构,个人的力量还是很小。当天下午 16:22 分,有 276 万粉丝的"学习粉丝团"转发了这张照片,这个微博账号虽然粉丝不算太多,却具有某种官方味道。此外,有 406 万粉丝的南方日报微博账号当天下午 16:49 分也转发了这张照片,这是广东省委机关报的官方账号。"学习粉丝团"和南方日报微博的转发在官方媒体的定位上赋予了这封辞职信一个态度。

(4) 中原网刊发第一篇完整新闻报道。

冯唐、"学习粉丝团"、南方日报微博影响力再大,它们刊发的也只是一张照片,没有新闻稿件所需要的五个 W 要素。换句话说,这只是一个新闻线索,不是一篇完整的新闻报道。2015 年 4 月 14 日 19:55 分,郑州日报报业集团旗下的中原网发出了关于此事的第一篇完整报道,标题为《史上最具情怀的辞职信:世界那么大我想去看看》。这篇报道在此次辞职事件中具有转折意义,之后,全国多家网络媒体转载了中原网的报道。

(5)《大河报》发表了第一篇纸质报道。

中原网的报道是一篇新媒体报道,在我国目前的语境下,新媒体固然发展得如火如荼,影响力也渐渐壮大,但是如果纸质的报纸没有刊发,事件的真实性就会有些让人怀疑。一旦有哪家报纸报道了,事情真实性就算是被肯定了。这也就是作为传统媒体的报纸所具有的公信力,网络媒体的特点是快,但是要说到公信力,还是要看报纸。

在这一点上,和中原网同属一个集团的《郑州晚报》表现让人失望,该报第二天的报纸上没有关于此事的任何报道。倒是同城的《大河报》反应敏捷,第二天出了一个头条新闻,该条新闻本来可以做得更大,只是由于当事人认为"辞职只是个人行为,不愿就此接受任何采访,只想继续安静地生活"。《大河报》尊重了顾少强的个人意愿,放弃了进一步的新闻挖掘。

(6) 网友各自演绎,"世界那么大"成为流行体。

2015年4月15日以后,这件事就在各个媒体平台上流传开来,创造力十足的网友们也开始了在此基础上的"再加工",本节开始说的那个"段子"就是其中之一。与此同时,很多媒体就此刊发评论,探讨为什么这么简短的一封辞职信会引发到那么多网友的共鸣。总之,4月15日以后,此事成为一个完全意义上的网络事件,"世界那么大"也成为风靡一时的网络新文体。

**4. 话题新闻形成特有的传播规律**

以上是对具体话题新闻传播过程的简要梳理,在新媒体时代,一个热点话题新闻的形成和传播产生了自己的规律,和以往报纸时代形成明显反差,表现在以下三点。

(1) 话题新闻必要具有引爆点才能成热点。

一如新闻报道需要有新闻由头一样,话题新闻中的引爆点要具有争论性、矛盾性、新颖性,新闻中如果涉及公众人物或者名人,则更容易被引爆,进而发展成为热点事件。"世界这么大"这起事件就有这方面的典型特征,特别是"跳槽"成为社会常态的背景下,一篇文艺范十足的辞职信马上挑动了亿万人的神经。

(2) 话题新闻的传播结构明显扁平化。

网络环境下话题新闻的传播时效性大大加强,特别是借助微博、微信层层嵌套的弱关系,可以在瞬间将信息大面积地扩散。这些话题新闻在短短一两天的时间内,用户的关注度就可以达到一个高峰,有时也是顶峰。研究证明,网络传播多点、多面的传播模式,使得以往大众传媒主导的传播结构进一步扁平化,民众获取信息更加便捷,而话语权也进一步回归民众①。

(3) 传统媒体在议程设置中仍占据一席之地。

话题新闻虽然肇始于网络,但要被确认真实性,很多情况下还要由传统媒体介入才能在大范围内形成话题,最终发展成热点新闻。争论的焦点和核心经过传统媒体的梳理,进一步返回网络成为网络的议题。不过,最近几年,网络媒体在设置议程方面正发挥更大的作用,在某些热点新闻中,甚至具备了"踢开传统媒体"的能力,典型的例子是2016年发生的和颐酒店、雷洋、罗一笑三起事件,三起事件分别在微博、知乎和微信公众号上发端并引发关注,传统媒体不再是不可或缺的角色。

## 六、全媒体新闻生产中的视频新闻

数字技术的不断发展以及视频用户的不断增加,使处于媒介融合中的中国传统纸媒近年来启动了从文字到视频的生产迁移。国内纸媒当下的视频生产在采访资源、信息挖掘等方面具有先天优势,视频产品也较为多样化,但存在产品定位不科学、分发策略待改善等问题,总体来说仍处于探索阶段。

### 1. 组织架构

传统纸媒的新闻采编主要是"文字+图片",机构设置以及人力资源配置适应的也是此种形式,但是随着媒介融合进程的加快,纸媒的分发渠道至少增加了"两微一端一网",新闻采编也转变为包括视频在内的全媒体采编,产品形态的变化要求纸媒在组织架构上进行相应调整。近年来涉足视频生产的国内纸媒在组织架构上大致出现了以下三种模式。

(1) 内部单建式。

在原有纸媒内部单独建立视频部门专门负责视频生产是目前较多纸媒的操作方式。2010年,《人民日报》旗下网站人民网成立视频部门,并推出视频频

---

① 窦锋昌、李华:《新媒体时代热点事件传播路径的转变——以韩寒代笔门和三亚宰客门为例》,《新闻战线》2012年第4期,第40—42页。

道"人民电视",这是国内首家由报纸主办的网络电视媒体。2011年3月,《南方都市报》设立音视频制作部。2014年年底,广州日报社成立中央编辑部,内设音视频部。2016年底,《浙江日报》建成全媒体视频影像部。这些媒体采用的都是"内部单建"的模式。

需要注意的是,传统纸媒内部原来设有摄影部,而视频生产与图片生产最为接近,针对视频部门是在摄影部的基础上扩建还是另外单独建立的问题,不同报社采取了不同做法。大部分报社在原来摄影部的基础上扩建,长处是摄影记者比较容易转型为音视频拍摄。但是也有一部分报社,比如广州日报社,是在摄影部之外单独成立音视频部,长处是专业化程度更高,短处是组建的音视频队伍力量比较薄弱,而原来的摄影记者又因为报纸版面的压缩出现了一定程度的闲置。

(2) 内部下沉式。

澎湃新闻推出的"澎湃视频"采取了另外的模式,它是"一个虚拟的新闻视频团队"。视频项目上线之后,澎湃新闻的架构依然按照原来的新闻中心运作,没有另设专门机构,视频新闻的生产任务"下沉"到原有的各中心或组别中,每个中心负责1至2个视频栏目,"遇到适合的选题就会拍视频来呈现"①。与澎湃类似,《中国青年报》内部也没有特别设立视频部门,"平日视频新闻的生产均由自己和同事合作完成"②。

(3) 外部孵化式。

有的报社选择与外部公司联手组建音视频机构,从外部孵化。2016年10月,《南方周末》和灿星传媒、小强填字传媒公司三方投资成立广东南瓜视业公司,南瓜视业是集研发、制作、销售为一体的视频产品制造公司。《新京报》旗下的两大视频产品"新京报动新闻"和"我们视频"也属联合成立,前者是《新京报》与小米、奇虎360、三胞集团合资成立,后者是《新京报》与腾讯合资成立。

三种不同的组织方式带来了三种不同的生产机制。一般来说,成立独立的视频生产部门就要配备专业的视频生产人员,视频生产的主体是专业人员。而在澎湃新闻的模式之下,固然每个新闻生产部门都会配备专业视频人员,但

---

① 对澎湃新闻时政组记者A的访谈,2017年5月,上海。
② 对《中国青年报》上海记者站记者B的访谈,2017年5月,上海。

实际上是希望所有记者特别是文字记者能够掌握视频生产能力,类似于西方媒体界所称的"背包记者"。前者看重的是视频质量,后者注重的是保证视频生产的数量,两者各有侧重点。

### 2. 内容定位

当新闻的呈现形式从单纯的文字转换成包括视频在内的全媒体之后,内容定位也会发生相应的变化。当前国内纸媒视频产品的定位差异很大,有的比较综合,有的强调"硬新闻",有的在"去新闻化"。

(1) 综合性视频。

大部分纸媒开展视频生产时,其产品除了时事新闻,还会推出若干软性内容,满足受众多层次的需求。以人民电视为例,它目前拥有的栏目数量超过 30 个,既有《PTV 新闻》等新闻栏目,也有《一说到底》等评论节目,以及《十分感动》等纪录片类视频,《51 搞笑》则主打生活娱乐类。"聚焦时政和思想"的澎湃视频在推出《@所有人》《温度计》《中国政前方》等新闻、时评类栏目之余,也有《追光灯》《运动装》《场所》等文娱资讯和纪录片的视频产品。财新视频在报道财经新闻、做财经类专访之外,也涉及其他社会各领域的资讯。

(2) "硬新闻"视频。

在娱乐类视频盛行的当下,部分纸媒的视频生产坚持走严肃新闻路径。新京报的"我们视频"宣称"只做新闻,不做其他",并且主做突发、社会、时政方面的硬新闻。《新京报》"动新闻"用的是动画形式,但主打的依旧是新闻,《3D动新闻》《新闻囧播》等栏目都定位为硬新闻。浙报旗下的"辣焦视频"定位为曝光社会不良风气的调查性新闻,将自己的名字解读为"监督批判之辛辣"和"不避难点热点之聚焦"。杭报集团旗下的《都市快报》打造了一档特色的求证、调查类新闻节目《好奇实验室》,用实验方法调查新闻热点,譬如鉴别地沟油、揭秘共享充电宝风险等。

(3) "去新闻化"视频。

在《新京报》、澎湃聚焦新闻之时,也有纸媒的视频生产反向而行,让视频产品"去新闻化"。《南方都市报》的视频生产分为两大类:一是纪录性较强的人物视频专题《南都人物志》《南都深呼吸》,二是与评论部、娱乐部合作推出的评论节目《新闻老友记》、娱乐节目《花港观娱》等。《南方周末》向来以公信力和严肃、深度的报道著称，但南瓜视业却完全摒弃新闻，打起文化牌，包括女性搞笑脱口秀《波波播呗》、明星访谈纪实片《拜访》等。《杭州日报》的"杭＋"视频同样将去新闻化作为发展路径，其常规栏目《杭州地图》主要介绍杭州的美景、方言等。

### 3. 素材来源

在"文字＋图片"的传统新闻生产框架下，无论文字还是图片，原创是第一位的，原创能力的高低代表了一家纸媒采编水平的高低。视频生产与文字、图片有相似之处，自制原创依然重要，但是因为视频节目制作的难度较大，完全原创不现实，需要开拓更多的素材来源，近年来的实践中出现了四种主要做法。

（1）自制原创视频。

自制、原创的内容更能体现视频节目的独家，有助于品牌和口碑塑造。开辟视频栏目的纸媒都会产出一定数量的自制原创视频，而且不少纸媒的原创视频占了相当大的比例。实施过程中，自制原创视频往往需要多个团队跨部门协作。澎湃的原创视频就是新闻中心下属栏目组与视觉中心合作的成果，新闻中心的记者草拟脚本，前往一线采访、拍摄，再由视觉中心的编辑对视频进行剪辑，统一格式后发布。《新京报》"我们视频"对团队合作紧密度的要求更高，特别是在突发新闻报道中。奔向新闻现场的记者要实时播报，直播内容同时被上传到云端，被后方编辑剪辑成信息量更为集中的短视频再次传播，文字记者根据视频素材生成文字报道，在报纸和网站上分发。

（2）"二次"加工视频。

优质的原创视频内容固然重要，但面临许多突发性新闻或是在媒体报道范围外的重大新闻，记者难以亲自赶到现场，就需要二次加工已有素材来生产视频。澎湃新闻的《＠所有人》栏目多由非原创的视频素材配以相关文字信息二次加工而成，内容涵盖国内外的新闻，在原创视频增加深度和独家性的情况下，这种再加工类型的视频拓宽了新闻题材的广度。《新京报》"动新闻"的大部分视频节目运用的也是这种方式，只不过，在原有文字、图片等素材的基础上加进了大量的动画元素。

(3) 合作共享视频。

《人民日报》旗下的人民电视利用其新媒体的平台优势,除原创和再加工视频之外,还和国内外其他视频生产机构合作共享。《新闻15分》栏目和全国32家地方台与11家海外分公司合作,由它们提供内容,每日播出国内外重大新闻事件。人民电视因此获得了更优质的视频内容,也给予传统电视节目更大的传播平台。《中国青年报》除了记者生产的视频新闻,还和团中央合作打造了《轻微工作室》等栏目,和中国高校传媒联盟共同制作了《高校新闻联播》。《都市快报》的《好奇实验室》与杭州市科协合办,加强了节目的科学性和专业性。

(4) 用户生产视频。

知乎、微信公众号等社交平台都以用户生产内容(UGC)为主,如今也逐渐渗透到纸媒的视频平台中。人民电视的微视频栏目鼓励用户登录并上传自己的视频内容,《浙江日报》成立了拍友俱乐部,招募摄影爱好者加盟成为会员。澎湃新闻在上线之时同样预留了相应的技术接口,随时将开放 UGC 通道。2017年4月,《新京报》"拍者"启动,每天能生产100条左右的新闻短视频。

## 4. 分发渠道

"酒香也怕巷子深",好的内容需要有效的渠道来传播。从实践来看,多平台传播策略在纸媒的视频分发方面已被普遍运用,但具体的操作和效果有很大差异。

(1) 自有平台分发。

大部分纸媒都优先在自己的官网和客户端开辟频道分发视频产品,《新京报》、澎湃新闻、《中国青年报》的视频都处于网页的显要位置。另外,纸媒也会在视频产品上线之时开通专属于视频的微博、微信等社交平台账号,但从阅读量和评论数来看,这类账号所能带来的流量贡献甚微,视频流量仍依靠其所从属纸媒的"两微一端"驱动。以《南方周末》为例,南瓜视业微信公众号的平均阅读量仅有几百,但同样的视频在南方周末微信公众号上的阅读量可以达到数万甚至超过十万。

(2) 网络平台分发。

完全依靠自有平台传播容易遇到"信息孤岛"问题,因此在第三方门户网站或是视频平台上,"借船出海"成为很多纸媒的选择,优酷、爱奇艺、腾讯、搜狐等成为纸媒青睐的对象。不过,纸媒与网络大平台的合作深度有深有浅,有的只是开通一个账号或频道,比如《南方都市报》的南都音视频。有些媒体与平台的合作则更加深入,《中国青年报》与百度、360两大门户网站合作,原创视频会得到两个平台推广,流量则导回自己的官网。直接与平台合资成立公司的《新京报》在分发渠道上的布局更显深入,"我们视频"的分发专注于腾讯下面的多个平台,如腾讯新闻、天天快报、腾讯视频。

(3) 电视媒体分发。

优质的视频内容不仅会在网络上传播,甚至可能得到传统电视媒体的青睐。财新视频的王牌访谈节目《财新时间》就被旅游卫视和中国教育电视台两个卫视频道订阅。《好奇实验室》推出的视频还会在杭州生活频道和宁波文化娱乐频道中播出。

### 5. 纸媒视频生产存在的问题

一般而言,纸媒记者拥有丰富的采访资源和出色的信息挖掘能力,这些优势可以让他们在视频领域同样生产出有价值、有深度的作品。澎湃新闻的视频素材拍摄、采访等工作之所以让文字记者而非专职视频记者来做,就是看中了前者的采访资源和采访能力。从纸媒的视频表现来看,很多调查、访谈、纪录类视频的质量很高,正体现了纸媒的这种优势。不过,纸媒做视频毕竟是"跨界"工作,且目前国内纸媒的视频实践尚在起步阶段,仍存在很多问题。

(1) 视频产出不稳。

因为起步晚、专业人员储备不足等原因,部分纸媒的视频尚处于"见到什么拍什么"的阶段,甚至把记者采访的画面原封不动地搬上屏幕,再随机穿插一些被采访者工作、生活的画面便草草了事。质量之外,数量也很重要,视频生产需要建立常态生产机制,偶尔生产出一条"爆款"视频不难,难的是持续不断地生产出高品质视频。然而,目前的纸媒视频生产能做到所有栏目定期更新的尚属少数,甚至些视频栏目开通后只推出两三期便夭折了,难以让用户形成"观看期待"。

(2) 视频定位不准。

在纸媒视频的多样化内容中,可以看到有发挥纸媒既有优势的内容,也有一些"不明所以"的创新,比如南瓜视业的娱乐搞笑脱口秀《波波播呗》和《中国日报》的美妆类视频节目《Compelete Makeup》。在娱乐搞笑自媒体和美妆时尚自媒体层出不穷的今天,这些领域的竞争十分激烈,纸媒有限的视频制作资源更应用在"硬新闻"等自己擅长的领域,而不是"扬短避长"去做娱乐化视频。另外一方面,与定位相关的品牌问题也很突出,很多纸媒的视频板块设置了各式栏目,但受众能否记住这些栏目仍然未知。

(3)视频分发不力。

不同纸媒采取了不同的视频分发策略,虽然总体布局相似,实则在主推渠道、与第三方平台合作深度上有很大不同。有的媒体不甘于只做"内容供应商",急于发展自有平台,投入大量资金和资源,但却因为规模小、流量小,最终收效甚微。有的媒体将第三方平台传播简单理解为开通视频账号,却没有考虑更深入的合作以及更细致的运营策略。总之,如果缺乏良好的分发渠道,内容价值就无法得到充分发挥。

(4)视频资质不齐。

根据规定,从事网络视听节目应取得《信息网络传播视听节目许可证》。纸媒具备新闻生产资质,但它们能否进行视频生产却没有明确说法。2017年2月,主打时政及突发新闻的梨视频因为未取得该证而被迫转型,这为涉足视频的纸媒敲响警钟。目前,纸媒持证的情况参差不齐,《人民日报》《中国日报》已经取得视听节目许可证;澎湃新闻的网站上只显示了《互联网新闻信息服务许可证》的编号,未显示视听类节目许可;财新网、新京报网公示的是《广播电视经营制作许可证》。从长期发展的角度来看,纸媒要想在视频之路上走得更远,资质的问题需要正视。

## 6. 对纸媒视频生产的若干建议

(1)找准视频内容定位。

在开展视频生产之前,纸媒必须考虑两个问题。一是能投入多少资源做视频,这需要量力而行。体量较大、资源雄厚的大型媒体有全面布局视频领域、设置多元化栏目的能力。但对于一些体量较小、资源有限的媒体而言,过于宽广的布局很可能得不偿失,往大而全还是小而美的方向发展,要根据自身现状决定。二是要考虑清楚视频产品的定位。在网络巨头以及各式自媒体纷纷发力生产视频的情况下，纸媒要找准自身的优势进行错位竞争。不论最终选择哪条发展路径，都要认识到优质内容才是纸媒最大的竞争力。

（2）熟悉视频传播规律。

路透研究院的报告发现，本应处于视频生产最优位置的广播电视从业者，也在艰难地寻找在线视频的规律，在线视频不能按照电视新闻的旧思路来制作。电视媒体尚且如此，纸媒从事视频生产难度更大。以短视频为例，它们不只是时长短、节奏快，叙述也要集中。比如，美国的 *Now This News* 节目时长以 6 秒、15 秒、30 秒为主，为了缩短时长甚至砍掉了主持人串场的环节；英国广播公司的视频新闻服务 Instafax 的每则新闻也控制在 15 秒之内，其中包含 3 到 5 个镜头，配以大字体的文字解说和节奏感极强的背景音乐，以适应移动时代受众不断缩短的注意力[①]。

（3）优化视频分发渠道。

目前可供视频传播的渠道非常多，但在每个渠道投入多少精力、投入什么内容需要一定策略。总体来看，第三方平台上的视频新闻消费量增长迅速，许多外媒的视频都是通过 Facebook 或其他第三方社交平台传播，即便是《华尔街日报》也有超过 30 个视频分发平台。《纽约时报》和美国在线、雅虎等平台达成视频分发、运营合作，还和 Facebook 达成直播合作，后者向《纽约时报》付费订阅直播内容[②]。

（4）建立视频常态化生产机制。

视频生产成本明显高于文字报道，相应而言，产量也就远比不上文字报道。《华盛顿邮报》《卫报》等国外媒体的生产能力也就是每日几十条。国内做得不错的纸媒，比如《新京报》的"我们视频"，目前的日产量只有 20 至 30 条之间。要稳定视频的产出，一方面是专业人力资源的投入，另一方面也需要提高技术运用水平。Newsy 在初创时就开发了一种自动捕捉内容的技术，促使该机构的聚合分析类新闻能达到每月 2 000 条的产量。谁能通过技术升级达到规模化、常态化的优质视频内容生产，谁就更有可能成为未来视频新闻的优

---

[①] 杨嫚、王凯：《基于移动社交网的视频新闻生产策略——以英斯达法克斯（Instafax）为例》，《中国出版》2016 年第 3 期，第 6—9 页。

[②] 王贺新、曹思宁：《网络视频新闻创新的美国经验——以〈纽约时报〉〈华盛顿邮报〉的视频化改造为例》，《青年记者》2016 年第 34 期，第 19—21 页。

胜者。

  总之,在媒介融合进一步深化、视频流量快速增加的双重背景下,纸媒内容由原来的文字向视频转移已成为不可逆的趋势。虽然中国纸媒的视频生产起步较晚,但目前已经形成各具特色的内容生产与分发机制,发展出许多定位各异的视频产品。与此同时,纸媒的"跨界"生产也存在一些突出问题,纸媒的视频生产尚未成熟,总体来看仍处于探索阶段。未来的纸媒视频生产仍需要以优质内容为先,并从产品定位、呈现形式、分发渠道、常态化生产等多方面共同发力,才能给受众带来更好的使用体验,同时为纸媒的融合发展提供更多动力。

第六讲

全媒体新闻生产中的热点新闻

研究全媒体新闻生产,一个重要的问题是探究全媒体新闻生产的效果如何,对舆论场产生了什么影响。要研究生产效果和对舆论场的影响,最好的方式是解剖热点新闻的形成和传播机制,本章主要以中央媒体、地方媒体以及网络媒体对2015年5月发生的庆安枪击案的报道为例,试图勾勒一副全媒体新闻生产中热点新闻的传播图景。

热点新闻指社会关注高、影响面广、冲击力强的新闻,此类新闻可以是重大突发新闻,也可以是相对静态的新闻。做出以及做好热点新闻一直以来都是媒体及其从业者孜孜以求的目标,是判断一家媒体及其从业者是否优秀的一个重要标准。相对于传统媒体时代以及门户网站时代,在全媒体新闻生产环境下,热点新闻的形成和传播机制发生了明显变化。

在传统媒体时代,议程设置完全由传统媒体掌握,热点新闻的典型传播路径是:传统媒体发端—社会讨论—回归传统媒体,热点事件由传统媒体制造,经由社会讨论后,最后由传统媒体再进行总结和收尾报道。在这个传播链条中,传统媒体牢牢把握着议程设置的中心地位。在门户网站时期,热点事件的传播路径中加进了网络媒体这一环,通常的路径是:新媒体引发热点事件—传统媒体落地—网络转载—回归传统媒体。在这个传播过程中,虽然新媒体在话题制造以及线索提供方面有了明显作用,但传统媒体依然发挥着决定性作用。不过,随着技术的进一步发展,特别是移动互联技术和智能手机的普及,微信、微博、知乎、贴吧等新媒体平台的分享和共振机制渐趋成熟,极大地改变了热点事件的传播路径和舆论场的生成方式,热点事件的传播因此出现了全新的第三条路径:新媒体引发热点事件—新媒体设置议程—新媒体平台之间共振—传统媒体跟进报道[①]。

需要说明的是,第三条传播路径形成之后并不意味着第一条和第二条路径就不存在了。事实上,目前中国媒体的环境正处于急剧变化之中,在比较长的时间里,这三条路径会共存,通过从不同角度对庆安枪击案的分析,我们可以看到当下热点事件传播的复杂性。

---

① 窦锋昌、李华:《热点事件传播的新路径、新特点与新应对——以2016年5起热点事件的传播为例》,《新闻战线》2017年第17期,第115—118页。

## 一、热点新闻的形成:传统媒体与网络媒体协作

在全媒体新闻生产环境下,热点新闻的形成有其独特的机制,首先是事件本身所具有的重大性、新颖性、冲击力等固有属性。同时,写手(主要包括自媒体写手以及专业媒体的记者两种类型)的调查采访水平以及写作水平也会直接影响一条新闻的热度。最后,发稿平台的选择也是一个重要的影响因素——是在新媒体平台(微博、微信、知乎等)首发,还是在传统媒体(报纸、杂志、电视)首发。当然,现在最常见的是先在新媒体平台首发,然后被传统媒体关注并以此为线索进行专业制作,之后再转移到新媒体平台进一步讨论。总之,在热点新闻形成的过程中,传统媒体与新媒体的协作已经成为一种常态。

2015年5月8日,《南方都市报》的社论版头条刊发《庆安车站枪案亟待还原真相》,全文两千多字。文章开头写到,"黑龙江绥化的庆安火车站,2015年5月2日之前,普通,再普通不过。随着5月2日中午的一声枪响,庆安车站与农民徐纯合为越来越多的人知晓、谈论。按照官方说法,'一名男子火车站抛摔幼童抢夺枪支被铁路民警开枪击毙',但经过几天的发酵、查证与信息披露,人们期待公开该案视频"①。

### 1. 新华社等媒体关于案件的早期报道

此文的写作由头是发生在黑龙江庆安火车站候车室的一起极端事件,在此之前,新华社已经率先做过简短报道,基本内容如下。

2015年5月2日中午12时左右,一名中年男子在候车室安检口处拦截乘客进站,安检员在劝说无效的情况下,叫来了执勤民警李乐斌,后证实中年男子名叫徐纯合。当时徐纯合拦着旅客,民警隔着栏杆扣住他的双手,乘客才得以进站,其间徐纯合曾用矿泉水瓶攻击民警。在乘客进站后,民警李乐斌放开了徐纯合的双手,而徐纯合却反手一拳追打民警,李乐斌跑进执勤民警室,徐纯合一脚踹在门上。紧接着李乐斌拿出了警用齐眉棍,两人厮打在一起。

---

① 《庆安车站枪案亟待还原真相》,《南方都市报》2015年5月8日 A02版, http://epaper.oeeee.com/epaper/A/html/2015-05/08/node_20321.htm。

针对网上热传的"当事男子抓住5岁左右的幼童向执勤民警抛摔"这个情节,庆安火车站铁路警方对记者说,徐纯合摔的是自己的7岁女儿。之后,铁路民警在手背受伤,口头警告无效的情况下,开枪将徐纯合击倒,后经120确认死亡。

事件发生后的5月3日,时任庆安县委常委、副县长的董国生代表省市领导慰问了事件中的受伤民警。报道称,董国生对民警为保护群众生命、财产安全,在负伤情况下坚持与歹徒搏斗的行为给予了肯定。

《南方都市报》5月6日曾对对事件做了跟进报道。徐纯合的家属向记者透露,徐纯合的遗体已火化,而他生前的两个愿望已实现——两儿一女已被送往福利院,其母权玉顺在出院后,被送往政府安排的敬老院。徐纯合的家属说,事发当天,徐纯合带着母亲和三个孩子原本准备去往大连,车站安检人员认识他们,以为他们又要赴外地上访。家属说,此前徐纯合和母亲多次上访,是想把自己的儿女送入福利院,把母亲送入敬老院。

事实上,早在2015年2月,《北京晚报》就曾报道过徐纯合的母亲权玉顺带着3个孙子、孙女赴京寻求帮助一事。当时的报道称,82岁的权玉顺一直独自抚养孙子、孙女,如今岁数大了,无力照顾孩子,希望找个福利院收养他们。

### 2.《南方都市报》发表社论提出三个疑问

以上是事情的大致经过,针对此事,《南方都市报》5月8日的社论认为,"买票乘车,因所谓重点稳控人员的身份而被无故拒绝登车,纠纷发生导致执勤警员介入,并一度制服徐纯合。随后的事件升级,究竟出于何种原因,现场又是怎样的状况,在一方毙命、另一方很快得到当地政府表彰、慰问的情况下,变得越来越真相难明"。

之后,社论提出了如下三方面的疑问。

第一,警察执法在什么情况下该采取怎样的强制措施,枪支在怎样的紧急时刻可以使用,以及开枪的法定程序以及一枪毙命的必要性、合理性在哪里。

第二,根据新华社的报道,哈尔滨市检察机关正在对事件进行调查,但在调查结果没有公布之前,具有明显倾向的官方说法已经大量流传,涉事警员甚至已经得到当地政府领导的慰问与表彰。这是一起检察机关正在调查中的突发枪案所应当有的描述吗?地方政府的形象和公信力又会不会因此遭遇质疑。

第三，事件调查尚在进行，家属收到铁路公安以"救助"名义发来的一笔钱，随后死者遗体被火化。再之后，老人被送往养老院，孩子被送到福利院，患精神病的妻子被送去了精神病院，这些据说是徐纯合多年上访主要诉求的目标，在其本人被击毙后得到了实现。当地政府与死者家属达成了协议。官方急于了结此事的原因在哪里？

社论最后认为，回应并纾解这些公共忧虑的最好办法，在于及时、全面、一刀不剪地公开全部现场视频。

### 3. 传统媒体与网络媒体共同设置议程

刊发这篇评论之前，新华社已经发过稿，《南方都市报》关于此事的报道也已经有过两篇。但是，在5月8日的这篇社论刊发之前，庆安枪击案还没有成为一起热点新闻，但是5月8日之后，伴随着这篇社论的刊发，它就演变为一个热点新闻。通过此事可以看到社论或评论在热点新闻形成过程中所起的突出作用。

过往十几年中，《南方都市报》在全国报界的迅速崛起主要靠两个产品，一个是深度报道，另外一个就是评论。在那个年代，这两项新闻产品都曾经达到比较高的专业水准。只是后来随着报业环境的剧烈变化，这两项产品的发展受到了制约，名声和口碑渐渐走上了下坡路。如今，传统报业受到新媒体的巨大挑战，拼时效拼不过互联网，传统媒体需要靠深度报道和有见地的评论去取胜，它的这篇社论让我们又看到了评论力量的所在。

总之，在庆安枪击案初始阶段的报道中，以《南方都市报》为代表的传统媒体发挥了突出的作用，起到了明显的议程设置的作用。在《南方都市报》报道之前，虽然有媒体做了报道，但这起事件主要是在网络上被议论和讨论，没有正式进入公众视野，但是《南方都市报》连续几天的报道，特别是5月8日的这篇社论把庆安枪击案置于大众视野之下。当然，媒体之前对此事的报道以及网络上的讨论也不可忽视，是传统媒体与网络媒体协作，共同让庆安枪机事件成了一个重要的媒体议程。

## 二、热点新闻的传播：中央媒体是"定盘星"

2015年5月9日晚上，新华网刊发了一篇关于庆安枪击案的述评性文章。文章的第一段是："新华网北京5月9日新媒体专电（记者丁永勋）5月2日，黑龙江庆安县火车站候车大厅发生枪击事件，一名叫徐纯合的男子，被执勤民警开枪击倒死亡，引发民警用枪是否合理等争议。"①

新华网的这篇稿件在整个庆安枪击案的报道过程中，起到了"定盘星"的作用。当时，枪击案已经成为一起热点新闻，社会上及网络上对案件的讨论广泛出现，但是主流媒体的声音还比较缺乏，新华网的这篇报道及时发出了主流媒体的声音。

### 1. 新华网发稿：真相不能总靠"倒逼"

这篇文章夹叙夹议，在讲述了事件的基本经过和其中的疑问之后写到，"站在公众的角度，选择站在弱者一边，并对警察开枪的权力保持警惕，除非对方是罪大恶极或有现实危险的人，这也是公众关心死者身份的心理基础。正因如此，有关部门更应公布完整的录像和调查结果，来证明开枪的决定必要和适当"。

文章认为，当时情况下，仅靠有限的信息公开和警方人员讲述，显然无法平息公众的疑问，更无法缓解人们对开枪的疑惧。既然事发在众目睽睽之下，现场也有监控录像，不妨公开完整的视频，邀请更权威中立的部门参与调查，以此赢获公信力。文章最后说，认真负责的调查，及时主动的公开，是对突发事件最好的应对。掌握了更多传播主动权的公众，需要更多真相，而真相不能总靠"倒逼"。

新华网此文刊发后，立即被各大新闻网站和客户端转载，比如新浪网的标题是"官媒评庆安枪击：真相别靠倒逼"，澎湃的标题是"新华社发文评黑龙江庆安枪案：公布录像，真相别总靠倒逼"。其他网站的标题基本大同小异，一

---

① 丁永勋：《真相别总靠"倒逼"》，新华网，2015年5月9日，http://www.xinhuanet.com/local/2015-05/09/c_1115230905.htm。

定会有"新华社""新华网"或者"官媒"这几个关键词里面的一个体现在标题上。

这里有一个技术性问题需要注意,就是冠以"新华网北京新媒体专电"的名头,又署有记者名字的稿件,虽然首先发表在新华网上,但通常新华社电稿稍后也会发,这种署名的稿子一般可以视为新华社的电稿。与此同时,新华网还会转发其他网站的稿子,那些转发的稿子不会署电头和记者的名字,也就不能说是新华社的电稿。新浪用"官媒"没有问题,澎湃用"新华社"不是太准确,也有一些用"新华网"的(比如《南方都市报》当天的评论版),最准确。

一些媒体之所以在标题上倾向于用"新华社"而不是"新华网",主要是因为觉得"新华社"身份更特殊,评论的力度更大。其实,新华网也是很权威的媒体,国家网信办一直把新华网作为中央新闻网站之一,列入"可以被网站转载新闻的新闻单位",而且位列第二,仅次于人民网。

作为一般读者不知道这些细微差别,把新华社和新华网并列使用,通常也是可以的。比如,每年全国"两会"之后的总理记者招待会上向总理提问,几家央媒记者在自报家门的时候也常说自己是"新华社和新华网的记者",或者"《人民日报》和人民网的记者"。

另外还有三家主要央媒的行政级别。《人民日报》是中国共产党中央委员会机关报,为正部级单位;新华社是国务院授权行使一定行政职能的正部级国务院直属事业单位;中央电视台(2018年4月,中央电视台和中央人民广播电台合并,成为中央广播电视总台)是国家广电总局的直属事业单位,而国家广电总局是国务院直属的正部级机构,中央电视台的行政级别为副部级。总之,这三家都是权威的中央媒体。

## 2. 广泛转载:中央媒体发稿有"独特性"

新华网就庆安枪击案发表的评论引起广泛转载,媒体级别的高低是一个重要原因。比较早报道庆安枪击案的《南方都市报》只是一个处级新闻单位,新华社则是一个正部级新闻单位。被监督的对象庆安县,行政级别上也是一个处级单位。一个处级媒体监督一个处级地方政府,力度不够,但是一个部级媒体监督一个处级地方政府,力度就大多了。所以新华网一发稿,全国的媒体特别是网络媒体纷纷第一时间跟进,把"新华网(社)发文"作为一个新闻事件来报道。

一条稿子特别是带有强烈监督色彩的稿子,如果是一般媒体报道的,有可能遭遇地方政府的反弹,甚至有可能被认定为假新闻,但如果是三大中央媒体做的报道,其遭遇反弹或者被认定为假新闻的可能性小了很多。从这个意义上说,三大中央媒体有其他地方媒体不可比的"独特性",这种"独特性"带来的特殊舆论压力,客观上加快了庆安枪击案的调查进度。

在庆安枪击案的报道中,新华网的这篇报道在整个传播链条中起了非常大的作用,如果说《南方都市报》2015 年 5 月 8 日的评论将这个事件摆到公众面前,那么新华网 2015 年 5 月 9 日的这篇述评性文章很大程度上给事件定了调,使之成为一个全社会不容回避的问题,没有办法再遮掩或视而不见。

人心是最大的政治,舆论是有力的武器。新闻舆论工作历来是治国理政、定国安邦的一件大事。各级党报党刊要始终把政治方向摆在第一位,牢牢把住党媒姓党的"定盘星"功能。在热点新闻的传播过程中,党媒特别是中央级党媒要敢于发声、及时发声,在嘈杂的舆论场中发出党媒的声音,有效地引导热点新闻的发展走向。

## 三、热点新闻的后续:专业媒体提供专业分析

热点新闻通常是"余音袅袅",媒体在报道热点新闻时通常要用系列报道和连续报道的方式。在这一系列对热点新闻的后续报道中,媒体特别是专业媒体一定要强化自己的采写能力,只有写出专业的报道,才能在舆论场上有相应的引导能力。

新华社的报道刊发之后 5 天,2015 年 5 月 14 日,庆安枪击案有了官方调查结果。调查通报说,5 月 2 日庆安火车站派出所民警击毙一名暴力袭警犯罪嫌疑人,事发后,哈尔滨铁路公安局迅速组成调查组开展全面调查。调取了现场视频资料,赴济南、大连、伊春、齐齐哈尔等十余个城市,走访近 100 名旅客群众,找到 60 多名现场目击证人,逐一调查取证。最后的结论是,"民警李乐斌开枪是正当履行职务行为,符合人民警察使用警械和武器条例及公安部相

关规定"①。

**1. 央媒关于调查结果的报道**

根据央视播出的视频和新华社的报道,官方认定的"枪击事件"主要包含下面五个部分:第一,徐纯合封堵候车室,驱赶旅客;第二,民警劝阻,徐辱骂并用水瓶投掷民警,抢夺防暴棍拳击民警头部;第三,徐猛推 81 岁老母,举起 6 岁女儿向民警抛摔;第四,民警拔枪警告,徐继续袭警,中枪倒地;第五,其母夺过防暴棍打了儿子背部两下,徐之后很快死亡。

此前,舆论对于事件的质疑主要集中在李乐斌的开枪是否必要且合法上:首先,民警为何选择开枪;其次,开枪的必要性和合法性是什么;最后,为何没有警告而是一枪毙命。央视和新华社的报道基本上回答了这几个疑问,总体认为当时情况下开枪是必要的。

整个事件过程中,李乐斌一共两次掏枪,第一次是在车站安检口附近,第二次是防暴棍被徐纯合夺走之后。李乐斌对新华社记者说:"他继续击打我,第一下打在头部,第二下打在拿枪的手上。这时我判断,如果枪被他抢走了,后果不堪设想。"为了制止徐纯合,防止事态恶化,继续对徐口头警告无效后,李乐斌选择了开枪。中国刑事警察学院警务战术专家李和教授认为,根据《人民警察使用警械和武器条例》以及 2015 年 5 月 1 日开始施行的《公安机关人民警察佩戴使用枪支规范》,李乐斌开枪行为是合法的。②

不管事件的肇因如何,当事件发展到双方动手,防暴棍被嫌疑人夺走,而且不断被追击猛打的情况下,警察开枪就有了必要性和必然性。无论在国外还是在国内,"袭警"和"暴力袭警"都是一个严重罪名,徐纯合的夺枪行为已经是袭警行为。

**2. 专业人士对事件疑点的追问**

接下来的一个问题是,事件从最初的"推推搡搡"一步步激化,警察最终使

---

① 《哈尔滨铁路公安局:庆安站民警开枪属正当履行职务》,新华网,2015 年 5 月 14 日,http://www.xinhuanet.com/legal/2015-05/14/c_1115285293.htm。

② 《"庆安火车站事件"追踪》,新华网,2015 年 5 月 14 日,http://www.xinhuanet.com/legal/2015-05/14/c_1115290309.htm。

用防暴棍并最后开枪,这个演变过程有没有可能在比较早的阶段"中止",有没有可能在不开枪的情况下解决徐纯合在车站闹事的行为?这个关键的问题央视和新华社的报道没有给出答案,同样,在新浪微博网友的一片"吐槽"声中也找不到答案。

不过,当天下午腾讯新闻App就此事制作了一个专题页面,里面包含央视和新华社的报道,此外还刊发了一篇特约评论员文章分析事件当中警察行为的得失。文章说,综合调查公布的文字信息和视频信息,如果仅仅以后半段的处置程序而言,民警使用警械和武器的行为堪称"现场处置典范",用枪没有问题。但是如果从徒手制止升级到警械制止环节的关键过程而言,至少存在三个显而易见的有待商榷的问题[①]。

第一,当民警在前半段徒手控制住徐纯合之后,为何没有使用手铐等约束性警械?如果在这个阶段就把徐纯合拷起来,那他下一步的剧烈行动就可以被避免。"避免激化矛盾"也是公安部操作规程中明确规定的一项基本原则。

第二,也是在这个早期阶段,民警在对徐纯合的口头警告中采取了拔枪的动作,刺激了嫌疑人的神经。这个"拔枪动作"在这个阶段是否必要?

第三,根据有关规定,出警应该有两人以上,互相监督互相配合,但在本案中,始终只有李乐斌一个人在现场处理此事,这是为什么?如果有两人以上在现场,徐纯合的暴力行为是不是早就被控制住了?果真如此的话,也就发展不到最后开枪的程度。

这篇文章对官方的调查结果提出了一个"适度的疑问",也是一个"有理有据"的疑问。在绝大部分媒体只是转载新华社和央视报道的情况下,这样的文章属于热点新闻讨论中的理性文章。文章的作者是一位特约评论员,但是从内容不难看出,文章具有很强的专业性,作者对警察的用枪制度有比较深入的了解。由此可知,在对热点新闻"七嘴八舌"的讨论中,媒体和记者不能人云亦云,需要扎实采访,让专业人士发出专业声音,这样才能真正为互联网信息提供有效的"增量",为理解事件的复杂性提供独特的视角。

---

① 《庆安枪击案是否存在"执法错误"?》,转引自香港商报网,2015年5月14日,http://www.hkcd.com/content/2015-05/14/content_930374.html。

## 四、热点新闻的舆论场：官方与民间"相交"

十几年前,曾任新华社总编辑的南振中提出了"两个舆论场"的论断。南振中认为,当下的中国客观上存在着"两个舆论场",一个是以党报、党刊、党台、国家通讯社为主体的传统媒体舆论场,一个是以互联网为基础的新兴媒体舆论场。这两个舆论场也可以分别叫作"主流舆论场"和"网络舆论场"。如果两个舆论场的传播基调和诉求表达长期分离对立,不仅直接挑战党管媒体的原则和底线,而且会导致社会阶层分裂对峙、政府公信力受损、党的执政基础削弱等后果①。

"两个舆论场"的问题存在很多年,实务界和理论界就这个问题的解决也呼吁了很多年,但进展还不大,效果还不明显,基本上还是各说各话,主流媒体说主流媒体的,网友则在微博、微信上表达自己的想法。不过,黑龙江庆安2015年5月的这一声枪响,两个本来隔阂巨大的舆论场出现了明显的交集。

### 1. 两个舆论场的"相交"

在庆安枪击案这起热点新闻中,两个舆论场的"相交"具体表现在八个方面。

(1) 徐纯合被击毙,新华社发稿,主流舆论场有先发优势。

事件发生在2015年5月2日中午,之后当地媒体刊发了相关消息,说是一男子在火车站扔摔女孩被民警击毙。5月3日,当时的县委常委、副县长董国生去慰问开枪民警,当地电视台发稿。同时,新华社黑龙江分社的两位记者采访了此事,接受采访的是铁路公安刑警队队长,说法和此前当地媒体的报道差不多。这个阶段,事件刚刚发生,主流媒体及时发稿,舆论场控制在传统媒体手里,有明显的先发优势。

(2)《南方都市报》刊发评论,呼吁公开全程录像,网络舆论场发威。

《南方都市报》是《南方日报》办的都市报,也属于党报范围,但是在相当长

---

① 窦锋昌:《媒变——中国报纸全媒体新闻生产"零距离"观察》,中山大学出版社2016年版,第262页。

的一段时期,以《南方都市报》《新京报》《财经杂志》、财新传媒为代表的都市报和财经类媒体没有被纳入主流舆论场的范围,而是被归为网络媒体一类,市场化媒体和网络一起撑起了网络舆论场。就庆安一事,《南方都市报》5月8日刊发的社评《庆安车站枪案亟待还原真相》掀起了网络舆论场的强大威力,社评直接提出了三点质疑,怀疑事件有所隐瞒,呼吁公布完整的录像。

(3) 新华网播发新媒体专电,两个舆论场出现"交集"。

2015年5月9日,新华社播发了一条新媒体专电,这条专电认为,在庆安枪击事件中,认真负责的调查和及时主动的公开,是对突发事件最好的应对。掌握了更多传播主动权的公众需要更多真相,而且真相不能总靠"倒逼"。随后,各大新闻网站和客户端都援引了这条电稿,以"新华社发文认为庆安真相不能总靠'倒逼'"之类的标题在醒目位置刊发了新闻。在这个阶段,两个舆论场出现了明显的交集,出现了良性互动。

(4) 官方启动案件调查,主流舆论场回应民间舆论场。

5月12日,新华社播发了一条来自公安部的消息,针对舆论关注的庆安枪击事件,公安部和铁路总公司领导高度重视,责成铁路公安机关全面开展调查,回应社会关切。铁路公安局迅速组成工作组赶赴庆安开展调查处置等工作,检察机关已于第一时间介入调查。这是一条传统的官方稿件,在那个网络舆论场强烈呼吁调查此案的节骨眼上,这条稿子的价值自不待言,播发后引发了全网络的转载,这是主流舆论场对网络舆论场所作出的比较及时的反应。

(5) 央视和新华社公布调查结果,占据主流舆论场。

5月14日上午,央视率先公布了庆安民警开枪致人死亡的相关视频。哈尔滨铁路公安局表示,调查组进行了现场勘查、尸体及枪弹检验,调取了现场视频资料,赴济南、大连、伊春、齐齐哈尔等城市,走访近百名旅客,找到多名现场目击证人,逐一调查取证。结论是,李乐斌开枪是正当履行职务行为,符合人民警察使用警械和武器条例及公安部相关规定。央视当天上午11时左右发布了上述调查结果,新华社稍后又刊发了一篇对事件的调查报道,两者共同撑起了当时的主流舆论场。

(6) 专家提出三点疑问,网络舆论场仍在发挥作用。

在调查结论公布后的几个小时内,腾讯新闻客户端推出了两个报道,一个是特约评论员的文章,一个是"锵锵三人行"。特别是前一篇文章,在认可李乐斌那一枪确实应该开的前提下,从专业的角度提出了自己的三个疑问。

(7) 央视、《人民日报》发表评论,肯定网络舆论和民意。

按照惯例,中央媒体刊发了调查结果以后,此事在主流舆论场里就告一段落了。但是央视这一次的操作打破了常规,马上发出了自己的声音。央视特约评论员杨禹说,调查结果已出,徐纯合家人拥有继续表达意愿的法律空间,持续的舆论关注成为一种带有建设性的监督压力,让人民警察能依法维护我们的安全,让人民警察的行为时刻置于法律的严格约束之下。这个态度肯定了舆论和民意的力量。无独有偶,第二天,《人民日报》也刊发了一篇人民时评,认为"调查结果的公布,只是反思此案的开始"。

(8) 央视主持人提出四点疑问,深度回应网络舆论场。

2015年5月17日,白岩松主持的《中国周刊》做了一个18分钟的深度报道,聚焦庆安枪击事件,对事件提出四个方面的疑问。白岩松说:"警方调查称合法,检方调查称不违规,再加上监控视频的公布,关于此案的大部分质疑因此打消。这件事就该结束了吗?显然还不能。徐纯合到底为何阻拦乘客进站,更加完整的监控能否公开,警方和检方是否会出具详细的调查报告,能否允许更加中立的机构介入调查等疑问仍然存在。希望一条生命逝去之后,关于真相的拼图能够更加完整而清晰。"白岩松发出疑问之后,网络媒体又进行了广泛转载。

以上是庆安枪击事件中,两个舆论场此消彼长、相互作用的大致过程。在这个过程中,两个舆论场形成了比较好的良性互动,共同推进事件的解决。

## 2. 两个舆论场"相交"的原因分析

人民网的研究认为,2014年以来,两个舆论场的交集和共识度有显著增强。比如反腐、打虎拍蝇,落实中共中央政治局"八项规定",改进党风政风,以及户籍、教育、计划生育、劳教、司法、央企薪酬等方面的改革,社会各界有高度共识。笔者认为,其中的主要原因如下。

(1) 借助媒体融合,主流舆论场改善了自己的话语方式。

以《人民日报》为例,近年来,人民日报社一手抓传统媒体建设,一手抓新兴媒体建设,已由一份报纸转变为全媒体形态的"人民媒体方阵"。伴随着这些新媒体平台的上线,央媒极大地改变了自己的话语方式,选题上更加大胆,极力回应民生,写法上更加平民化,让大家愿意看也看得懂。比如,纸质版的《人民日报》和微信公众号有非常大的不同,纸质版《人民日报》不能刊登的内容,人民日报微信号上会发布。无论是从哪个端口出来的,都是《人民日报》的媒体产品,网络媒体都会冠以《人民日报》的名义去转载,放大本来在《人民日报》的声音。新华社也是一样,在网上被广为转载的"呼吁尽快放开二胎""不要总让真相被倒逼"这些新闻,新华社电稿都没有发,而新华网发布了,这也被视为新华社的声音。在新媒体转型的道路上,中央媒体近年来的步伐远远大过很多地方媒体。

(2) 以网络和都市报为代表的舆论场在规范化,不再无序发展。

两个舆论场要共振,就要互相靠近,不能一边热一边冷。主流舆论场近年来在放低姿态主动回应网络民意,这是主要原因,但不是唯一原因。2014年8月以来,国家重组了中央网信办,新的中央网信办成立以来,出台了"约谈"制等很多管理措施,也推出了多项专项整治行动,有效地遏制了网络的无序发展。这样的管理和整治给网络舆论场带来了非常大的影响,原来一些借机闹事甚至是无中生有的网络炒作事件少了很多,个别网络"大V"不负责任的言行也收敛了很多。这些措施都会缩小两个舆论场之间的分歧。

(3) 多数都市报调整采编方针,加入主流舆论场阵营。

在早期的舆论场划分中,都市报没有被划入主流舆论场的范围,更多时候被纳入网络舆论场的阵营。经过过去十几年的发展,都市报在我国舆论生态中已经有了非常大的话语权,如果它们被纳入网络舆论场,无疑会大大强化网络舆论场的力量。大多数都市报最近几年都调整了采编方针,在导向上更趋近主流舆论场,此消彼长之下,两个舆论场的距离也就拉近了。

总之,两个舆论场的分离至今仍然客观存在,在今后相当长的时期内,还会共生共存、相互影响。在当前建设新型主流媒体的诉求下,必须打通两个舆论场,同奏时代主旋律,聚合发展正能量。打通意味着融合,两个舆论场的重合度越高,表明社会舆论越统一,舆论环境越和谐,舆论引导的针对性和实效性也就越强。

## 五、热点新闻的采写:高度重视"平衡性"

热点新闻之所以是热点新闻,就是新闻的关注度高,影响面广。记者在操作热点新闻的过程中需要格外注重自己的采写,尽量让自己的稿件客观真实,在官方调查结论没有公布之前,特别要重视稿件的"平衡性",以免给当事人带来伤害,也避免给个别"别有用心"的造谣生事者制造由头。

2015年5月18日,庆安枪击事件的尘埃已经基本落定,但是"余音袅袅",不断地"拔出萝卜带出泥",不仅让庆安继续陷入舆论漩涡,而且把新华社的两名记者也拖上了,新华社忍无可忍,发布了一则辟谣消息。消息说,5月13日凌晨,新浪微博用户"野茉莉走天涯"发布信息:"(快讯)有良知未泯的工作人员愿意实名举报:庆安枪杀访民案有某华社两位黑心记者收受有关部门好处费3.8万元,尔后颠倒黑白进行歪曲报道,美化行凶者李乐斌。"①

有网友随即转发此条微博,并称记者为新华社记者,之后,原微博和转发微博被大量转发。

### 1. 新华社记者被造谣诽谤

新华社黑龙江分社发现上述舆情后,立即展开调查,并发函商请哈尔滨铁路公安局配合,该局调查后给了新华社回函,回函说了三层意思。

第一,5月3日,新华社记者致电哈尔滨铁路公安局哈尔滨公安处宣传部门,提出采访庆安站枪击案的要求,相关部门同意配合新华社记者采访。第二,新华社两名记者的整个采访过程均在哈尔滨铁路公安局、处工作人员的见证下进行,两名记者从未索要好处费,铁路公安处工作人员也未向二人送过任何好处费。第三,微博用户"野茉莉走天涯"及相关微博用户发布信息影射或直接诬称新华社两名记者"收受有关部门好处费3.8万元"纯属造谣。

在此基础上,新华社黑龙江分社做了两件事。一方面,新华社黑龙江分社同时组织分社纪检组、总编室联合进行了查证。经调查,此网络内容纯属造

---

① 《新华社黑龙江分社辟谣记者采访庆安枪案收好处费》,新华网,2015年5月18日,http://www.xinhuanet.com/zgjx/2015-05/18/c_134247014.htm。

谣、诽谤，严重影响了新华社及当事记者的声誉。另一方面，分社向哈尔滨市公安局报案，依法追究造谣、诽谤者的责任。记者收受红包，而且一收就是3.8万元，甚至微博上还有16万的说法，这是严重指控，如果属实，不仅违反新闻采编纪律，而且涉嫌受贿甚至是敲诈等刑事犯罪。

**2. 记者需要把稿件操作得更加规范**

新浪微博用户"野茉莉走天涯"发布两位记者收红包的消息，之后被网友大量转发，网友是带着情绪转发的，网友不问事实，只顾自己的主观感受，而稿件的"不平衡"正是引发此种情绪的原因。况且，新华社具有党和政府喉舌的作用，网友会认为新华社是和政府"同呼吸，共患难"的媒体，是站在政府立场上说话的媒体，"野茉莉走天涯"的这个微博加剧了网友的不信任感。

不过，综合来看，在此次枪击事件的全过程中，新华社的系列报道是值得称道的。比如，5月9日发布的"新媒体专电"就直接提出了"真相，不要总被倒逼"的观点，非常有力。还有5月12日发布的电稿，针对舆论关注的庆安事件，公安部和铁路总公司领导高度重视，立即责成铁路公安机关全面开展调查，回应社会关切，调查结果将尽快对外公布。最后，5月14日发布的真相调查稿，从采编操作来讲，这是一条规范的稿件。

总之，在庆安枪击事件之类的热点新闻上，网络舆论会有一种"集体无意识"，会有意无意地借由一些事件寻找情绪爆发的口子。作为新闻从业人员，一定要把自己的稿子操作得更加规范和专业，避免被个别"别有用心"的造谣者利用。

# 六、热点新闻的辐射：引发连串"蝴蝶效应"

2015年5月13日，光明网刊发了一篇评论员文章，评论庆安枪击案[①]。光明网是《光明日报》的下属网站，《光明日报》是中国老牌的报纸之一，主要服

---

① 《庆安是县域基层治理现状的典型缩影》，转引自新华网，2015年5月13日，http://www.xinhuanet.com/legal/2015-05/13/c_127797527.htm。

务于大学教授、知识分子、文艺文化科学科技界高端人群。光明网的地位也很特殊,2015年4月,该网被国家网信办纳入可以转载新闻的"中央新闻网站"之列。

**1. 一个"萝卜"带出"六块泥"**

文章认为,经过几天的发酵,庆安枪击事件已经不仅仅是枪击这一件事,而是迅速由中心向外扩散,一个"萝卜"带出了至少"六块泥"。

(1)第一块"泥",副县长文凭造假。

5月12日的消息透露,在庆安站派出所民警开枪击毙徐纯合事件后不待调查结果,便高调慰问开枪警察的中共庆安县委常委、常务副县长董国生,因户籍年龄造假、高等教育学历造假以及妻子在政府机构"吃空饷"等问题已被停职。

(2)第二块"泥",检察长超标用车。

枪击发生后,庆安县检察院检察官隋伟忠实名举报该院检察长魏鹏飞使用超标的价值60余万元白色丰田吉普车,并且挂假军牌。2013年庆安因车改而拍卖公务用车,魏鹏飞没有上交该车,将它隐藏在检察院车库后不知去向。此外,魏鹏飞借用企业单位庆安县银泉公司一辆黑色帕萨特轿车,还顶风用公款超标购置了一台价值20多万元、挂假车牌号的新大众迈腾。黑龙江省检察院官方微博"龙江检察"迅速发布消息称,黑龙江省检察院已经成立调查组,对该举报进行调查。

(3)第三块"泥",官员倒卖教师编制。

几乎与庆安县常务副县长董国生被公开举报同时,庆安县民办教师孙广旭、陈船明等实名举报该县一些官员涉嫌联手倒卖300个教师编制,每个编制"售价"3到5万元人民币。举报人将其举报的涉嫌买卖300个教师编制的人员制成图表,姓名、联系方式完整,只待一一调查核实。据称,此实名举报已进行多年,始终处在无人理睬的状态。

(4)第四块"泥",热电厂被低价贱卖。

庆安县常务副县长董国生被停职调查后,对他的举报并没有平息。后来又有举报称,董国生涉嫌与庆安县主要官员联手,低价贱买县热电厂以及县粮库,与当地开发商上下其手,大肆腐败。

(5) 第五块"泥",违反八项规定旅游。

有举报称,击毙徐纯合的警察所在的庆安站铁路公安派出所的上级机关哈尔滨铁路公安处的一个负责人,在接到事发电话的当时,正在上海奉贤海滨国家森林公园游玩,在涉嫌违反"八项规定"的场所吃喝,并隔空指示下属立即封锁网上消息。

(6) 第六块"泥",违规处理交通事故。

不仅如此,在上述举报纷纷出现之际,又有实名举报称庆安县公安局交警大队主要官员涉嫌在重大交通事故中严重违规办案,导致2013年发生的事故至今未能结案。

光明网的文章认为,庆安站派出所警察击毙徐纯合的一枪,击断了庆安县官员一直奋力拉扯着的遮挡庆安官场乱象幕布的幕绳。上述举报,除了哈尔滨铁路公安处某负责人的相关事实有待调查外,其他举报均已存在多年,但都被挡在了幕后。此刻幕绳一断,大幕在不期然间轰然落下。文章最后认为,这个场景的定格,也是庆安县为什么视上访者徐纯合为敌、为什么副县长董国生不管事实究竟便迫不及待地出面慰问开枪警察的幕后原因。这种事情发生在反腐败已经持续两年有余的时候,说明中国当前县域基层治理面临的现状不容乐观。

**2. 庆安枪击事件中的"蝴蝶效应"**

事情到这里还没有完,辐射效应之后继续外延。5月12日开始,"战火"烧到了湖南台主持人何炅身上,何老师被爆在北京外国语大学"吃空饷"多年。经过几天的拉锯战,最后以何炅辞去北外老师职务而了结。这个过程大致如下。

(1) 副县长被查处,"吃空饷"问题被提出。

5月2日,庆安火车站发生了枪击事件,随后第一时间去慰问开枪民警的副县长董国生"中枪"。5月12日,新华社刊发消息说,经纪检部门调查,董国生因户籍年龄、学历造假以及妻子"吃空饷"等问题被停职。董国生妻子姜某自2011年8月至2015年5月,长期请病假在家休养,期间一直领取工资,存在"吃空饷"问题。此事相当于亚马逊雨林一只蝴蝶翅膀的震动,在互联网条件下,这个消息迅速传遍了大江南北,当时身在北京外国语大学的乔木老师也获悉了这个消息。

(2) 老师微博举报,何炅进入舆论漩涡。

一天之后,5月13日晚上21点48分,北外老师乔木在新浪微博上发文,"举报"何炅在北外长期"吃空饷"。乔木的主要依据是2015年1月26日北外发布的《北京外国语大学工资在发编制内人员名单》,这份名单是北外根据教育部办公厅要求开展"吃空饷"问题集中治理工作后公布的。何炅位列名单869号,类别为"在职"。微博称,何炅的编制虽在学校,但好多年没来上过班,相关的工作、邮件、联系等都由其他老师代为处理。乔木认为,公办大学教师的基本工资来自财政拨款,即税款。何炅不管做什么工作,都要上班才能占有编制、领取工资。这条微博很快就被大量转发。

(3) 报纸报道,事件被公开讨论。

如果乔木的言论只出现在微博上,那就只是台风的雏形,不会形成台风。但是在新媒体环境下,这种言论不可能只停留在网络上,很快蔓延到传统媒体。5月15日,《新京报》和《京华时报》同时报道了此事,虽然篇幅不大,但已经很有"杀伤力"了。《京华时报》记者采访了北外新闻中心主任张老师。张老师说,乔木反映的情况不属实。1997年,何炅从北外阿拉伯语系毕业后留校担任辅导员。2007年起,何炅不再担任教学工作,而是利用个人影响力从事形象宣传、影响力推广等工作。2015年年初,学校又将何炅调任学校校友会、基金会,鼓励校友和社会力量支持学校发展。校方强调,自1997年以来,何炅从未停止为学校工作,因此不属于"吃空饷"。校方每年也会按照规定支付何炅工资。报纸一报道,事件的性质就转化了,从一个私人讨论转化成一个公共事件。

(4) 何炅发声,舆论未被平息。

5月15日,报纸对此事的报道见报后,新浪等各大门户网站立即在突出位置转载,民意汹涌的氛围已经形成。5月15日下午,何炅发微博回应此事。他写道:"从18岁入学成为北外人,这么多年的感情和责任,初心不曾改变,只要我的存在能为北外增添一点光彩,为学生奉献一点力量,我都愿意,从来都是!"何炅同时更新了其新浪微博上的介绍信息,删除了此前个人介绍中的"北京外国语大学阿拉伯语系教师",目前其个人介绍仅为"湖南卫视知名主持人"。无论是学校还是何炅,都希望此事能够尽快过去。但是到了这个时候,舆论风暴已经再次升级。

（5）新华网发稿，提出自己的看法。

5月15日，新华网发稿。"中国网事"是新华社的一个栏目，专门关注网上的热点事件，此事由该栏目记者操作，在正常的业务范围之内。这个该采访很扎实，采访了湖南卫视、北外校友会、国家行政学院教授汪玉凯、北外党委宣传部等部门和专家，总的基调是不认可学校和何炅此前的说法。

（6）何炅辞职，舆论渐渐平息。

到了这个程度，只解释已经不行了，必须要有实质性动作。经过两天的商讨，5月17日下午事件有了最终结果。5月17日17点23分，北京外国语大学发声明，同意了何炅提出的辞职。声明说，何炅经过慎重考虑，主动提出辞职，学校决定尊重何炅的选择。随后，17点33分，何炅转发了北外的微博并且表示："2007年调整了工作后已不再领取学校的工资。如果我留下让学校受争议，我可以离开。不在编也会为母校继续尽心尽责，我永远是北外人！"之后，最初提出此事的乔木也在自己的微博上说："北外宣布何炅辞职，何炅真情告白。和我想象的一样。散场。"

以上是何炅这次事件发生、发展和消退的过程，六个步骤环环相扣，缺一不可，共同组成一个热点新闻事件的传播链条。

### 3. 热点新闻同时有"聚焦"和"辐射"两种功能

在如今的新媒体舆论环境下，无论做任何事情，都不能存有侥幸心理，有知名度的人更要严格依法依规办事。

从黑龙江庆安那一声枪响，到何炅辞去北外教师，两事件好像毫无关联，但是在网络环境下，它们偏偏就跨越时空的阻隔，不远万里地被绑在了一起，正所谓"大风起于青萍之末"。

庆安枪击事件在网友、律师、新闻记者、利益相关方等各方力量的介入下，不断从"中心"向"四面八方"扩散。热点事件的演变不仅有强烈的聚焦功能，在短时间内把一个小事件聚焦成一个热点大事件。同时，热点事件的演变还有一个强烈的"辐射效应"，看似毫无关系的事件短时间内发生了新的联系。

## 七、热点新闻传播的新路径、新特点与新应对

2016年发生的和颐酒店女生遇袭、魏则西死亡、王宝强离婚、罗一笑捐款以及中关村二小凌霸五起事件(表6-1),在当时引起了广泛的社会反响,是具有代表性的热点事件。五起事件的首发平台全是微博、微信、知乎、贴吧这类新媒体平台,新媒体平台作为热点事件首发场域的地位体现得非常明显,热点事件的传播也形成了全新的路径,微信、微博、今日头条等科技公司迅速改变着新闻业,成为新闻生产及舆论场中的一个关键自变量。伴随着这种改变,政府、企业以及个人等相关主体需要跟上变化,在新闻和信息发布方面有新的应对方式。同时,传统媒体机构也需要相时而动,在新闻生产活动中采取恰当的应对策略,以便形塑自己所期望的舆论场。

表6-1　2016年五起热点事件的主要传播节点

| 事　件 | 由潜伏到爆发 | 由爆发到高峰 | 由高峰到衰退 |
| --- | --- | --- | --- |
| 和颐酒店女生遇袭事件 | 2016年4月5日,当事人把遭遇视频、事件经过发布到微博上 | 4月5日,"大V"转发 | 4月6日,《新京报》报道;当天达到传播高峰<br>4月7日,《南方周末》、央视报道;之后衰退 |
| 魏则西事件 | 2016年4月12日魏则西离世,网友在知乎上翻出魏则西写的求医经历并引发讨论 | 4月27日,前《新京报》记者"孔狐狸"在新浪微博发布了相关微博,点燃了事件 | 4月28日,百度微博作出回应。各大媒体报道该事件<br>5月3日,媒体报道网信办等着手调查"魏则西事件",当天达到事件关注度的高峰,之后衰退 |
| 王宝强离婚事件 | 名人效应加上话题本身的吸引力,没有经历潜伏期 | 2016年8月14日凌晨王宝强在新浪微博发布离婚声明,引爆话题。新浪微博随及设置了"#王宝强离婚#"的话题,达到一个阶段性传播高峰;<br>8月15日,王宝强到法院起诉。16日,马蓉起诉王宝强侵犯名誉权,再一次迎来一个传播高峰 | |

续 表

| 事　　件 | 由潜伏到爆发 | 由爆发到高峰 | 由高峰到衰退 |
| --- | --- | --- | --- |
| 罗一笑捐款事件 | 2016年9月7日,罗一笑送医,罗尔在其公众号陆续发布相关文章并收到打赏 | 11月25日,罗尔的《罗一笑,你给我站住!》刷爆微信 | 罗尔与小铜人公司合作"罗尔卖文,公司捐款",11月30日打赏近200万。同一天,罗一笑事件被指营销炒作,事件达到传播高峰,之后衰退 |
| 中关村二小凌霸事件 | 一名中关二小学生2016年11月被同学欺凌;12月4日,家长在贴吧发表相关文章 | 12月8日,自称受到欺凌孩子的母亲在公众号"童享部落"发布长文,刷爆朋友圈 | 12月12日,北京海淀教委回应霸凌事件,事件出现反转,真相不明。12月13日,中关村二小回应称,不构成校园欺凌,事件达到传播的高峰,之后衰退 |

## 1. 热点新闻事件传播形成新路径

2016年发生的这5起事件具有热点事件的一般特征,那就是话题社会关注度高、事件冲突性强,这些特点和往常无异,不同的是形成了全新的传播路径。

(1) 发布:信息发布者媒介素养高,动员能力强。

在和颐女生遇袭事件中,当事人弯弯的媒介素养大大超出普通人,她深谙传播之道,选择了公共事件讨论的最佳舆论场域——微博,她设置的两个传播话题——"♯和颐酒店女生遇袭♯""♯卖淫窝点案底酒店♯",其字眼极具吸引力,以图文并茂、改变字体颜色的方式突出视觉效果,文字措辞也具有一定煽情性,迎合了大众传播的心理。弯弯随后选中三家传统媒体接受采访,也体现了她的媒介素养。央视新闻与《南方周末》,一个是当今中国最具竞争力的权威媒体,一个是一份享誉海内外的综合类周报,而《都市快报》则是杭州知名度很高的一份都市报。

罗一笑的父亲罗尔本身就是一名文字工作者、新闻从业者。另据家长透露,中关村二小凌霸事件中发文的家长是一名编剧、文案工作者,他们都具有高于普通网友的媒介素养,知道如何用文字吸引人关注,在平台传播、大量讨论转发下引爆舆论场,显示出了比较强大的网络动员能力。

(2) 助推：新媒体平台展现议程设置能力。

微博博主发表了微博以后，新浪微博作为一个新媒体平台接下来施展了很强的议程设置能力，成为热点事件迅速形成的助推器。通过对弯弯长微博进行社会网络分析发现，微博的发布者设置了议程，其后媒体的报道基本围绕它展开。在此过程中，新浪微博也在议程设置中发挥了突出作用。首先，新浪微博给刚刚注册微博的弯弯实名认证"和颐酒店女生遇袭"事件当事人，极大地增强了弯弯发布信息的可信度。此外，新浪微博将"和颐酒店女生遇袭"作为热门话题在首页推荐，阅读量达到27亿多，讨论量270多万。

魏则西事件中呈现出类似的传播特点。2016年4月12日，魏则西去世，当时关注此事件的多是其亲朋好友，事件并没有进入公共舆论场。4月27日，前《新京报》记者"孔狐狸"在新浪微博发布了一条微博开始点燃整个事件。此时，魏则西身前在知乎发表的求医过程的帖子热了起来，知乎在魏则西引发讨论的问答"魏则西怎么样了?"标题上设置了两个标签——"肿瘤"和"魏则西事件"，并专门设置了"魏则西事件"话题，包含"监管、百度竞价、虚假广告、魏则西(知乎用户)"等关键词，以设置和引导议程。同样，2016年8月14日，王宝强发表离婚声明后，新浪微博随及将它推上了热门话题，一个月的时间里，阅读量突破100亿。首发在微信平台的罗一笑白血病事件和中关村二小凌霸事件，因为在微信这个相对封闭的平台上无法设置议程，但通过微信朋友圈的疯狂转发，这两件事情也迅速成为了热点事件。

(3) 扩散：意见领袖持续接力，扩大传播范围。

微博意见领袖一般被定义为：在微博中就某些或多个领域掌握一定的话语权，具有重大影响力、吸聚力和活跃性的微博主。此处的微博主既包括独立的个体也包括大众媒体。这些微博主拥有大量的粉丝，其中活跃粉丝占据了一定的重要比例，微博主的话语有很强的影响性和传染性，对于其他微博主的认知、态度甚至行为都有一定的影响。

5起事件的传播中，微博意见领袖的作用显而易见。例如，弯弯在第二条微博(20时10分)发出之前，4月5日0时06分发出的微博并无其他有影响力的转发产生。而20时10分这条微博经过"大V"转发，让事件开始发酵、爆发。最早转发"弯弯_2016"20时10分发布的微博有40人，最关键的人物是"所长别开枪是我"，他不仅有556万粉丝，而且在首批转发者中，有6人都是通过"所长别开枪是我"而转发弯弯微博的,第二个大号是"休闲璐",40人中有4人是看到"休闲璐"的转发而转发的。引发第一波舆论的40人中,粉丝数超过10万以上的博主有15人,占比为38%,其中有100万粉丝以上的"大V"有8人,而粉丝数不超过1000人的用户仅占18%。在罗一笑事件中,发布、转发相关微博的有"当时我就震惊了"(粉丝1800多万)、"猪猪爱讲冷笑话"(粉丝1600多万)、"邓飞"(粉丝500多万)。在中关村二小凌霸事件中,"陈里"(粉丝2500多万)、"水皮"(粉丝600多万)、"胡舒立"(粉丝100多万)等"大V"都参与了讨论。而在王宝强离婚事件中,王宝强本人就是一个"大V",拥有粉丝2921万,吸引了极大关注。

(4) 共振:微博和微信形成转发和分享机制。

伴随着移动互联网过去几年的飞速发展,手机事实上已经成为读者获取信息的第一入口,在此过程中,微博和微信不仅各自独立发展,而且形成了相互转发和分享的同步机制,微博上热点可以迅速在微信上传播开来,微信上的热点也可以很快转移到微博上,"两微"之间很容易形成热点新闻的共振效应。如果说微信是一个"私人客厅",那么微博就是一个"社会广场",负责情绪的表达、互动、共振。微博与微信在传播、社交、沟通方面是相辅相成的互补关系[①]。

2016年发生的这几起热点事件同样产生了类似的共振效应。在和颐酒店女生遇袭事件中,弯弯将事件的经过发布于微博平台,微信公众号加以转发,传统媒体采访弯弯的新闻报告发布于微信公众号,微信的用户在评论区、朋友圈表达情感,同时也参与微博该话题的讨论。同样,罗一笑事件、中关村二小凌霸事件首发于微信平台,微信公号转发、用户评论,同时在朋友圈、微信群转发、私人圈子讨论,同时事件也成为新浪微博热门话题,微信、微博之间相互渗透。

在微信、微博共振的基础上,今日头条、腾讯新闻、网易新闻等商业公司再进行二次加工和整理,形成更大范围的传播,一时之间形成舆论场上的热点事件。

(5) 收尾:事件首发1到3天后,传统媒体跟进。

在移动互联网时代,新媒体平台具有及时性、传播面广等传统媒体不具备

---

① 毛湛文:《新媒体事件研究的理论想象与路径方法——"微博微信公共事件与社会情绪共振机制研究"》开题研讨会综述,《新闻记者》2014年第11期,第87—91页。

的优势,往往成为热点事件的首发地,传统媒体已经无法抢占新闻第一落脚点,往往是在后面跟跑。然而涉及从权威部门获取第一手信息等特定情形时,传统媒体仍然具有天然优势,这也成为传统媒体影响舆论场的一把利器。通过百度指数搜索,可以发现在这5起热点事件中,首发平台都是新媒体,传统媒体几乎都在事件首发1到3天后才发布相关详细报道。

以弯弯事件为例,2016年4月5日,弯弯在微博中发布了遇袭事件的经过与事态发展,当天在网络上已经形成了一个舆论热点,4月6日《新京报》才推出相关报道,成为首家专访弯弯的传统媒体。而《南方周末》、央视、《都市快报》4月7日才推出相关报道,传统媒体整体来说慢了将近2天,而此时,事件的传播高峰期(4月6日)已过,新闻热度在衰退。此前在新媒体平台上,该事件已经经历了几番转发,使传统媒体的新闻时效大大落后于新媒体。虽然时间滞后,但传统媒体的跟进报道也是必要的,一方面进一步扩大事件的传播范围,另一方面也对这些事件进行了权威性和公信力赋权。

### 2. 热点事件传播呈现出新特点

进一步分析2016年发生的5起热点事件的传播,可以发现以下三个特点。

(1) 传播爆发力强、速度快、周期短。

爆发力强是这5起热点事件的共同特征。例如,弯弯发布遇袭视频链接,截至4月7日下午14时30分,该视频点击量已达到647.2万,微博转发量达8.5万。而在新浪微博发起的"#和颐酒店女生遇袭#"话题,阅读总量超过27亿,讨论量270多万。王宝强发表离婚声明后,新浪微博随即将它推上了热门话题,该事件阅读量突破100亿。罗一笑白血病事件和中关村二小凌霸在新浪微博上成为热门话题,阅读量分别达到9 000多万和1 000多万。此外,以往热点事件的传播经历潜伏—爆发—升级—反复四个阶段,新闻传播周期维持在10至15天左右,而在当下的新媒体时代,新闻传播速度大大加快,新闻传播周期大大缩短。2016年发生的热点事件,从首发报道到传播高峰往往只需要2至3天,整个传播周期一般维持在3至5天。综观这5起热点事件,由爆发到传播高峰期前后时间平均不过三五天,事件达到高潮后,热度逐步衰减。

(2) 新媒体踢开传统媒体"闹革命"。

新媒体已经不安于做一个信息中介平台，它们更加积极地参与热点事件的传播，在热点事件的传播中展现了自己的议程设置能力和动员能力。在和颐酒店女生遇袭事件中，新浪微博给刚刚注册一两天的事件当事人加了认证，极大地增强了事件的可信度。此外，新浪微博还通过"主持人推荐"置顶相关报道、推荐热门讨论、微博首页推荐、挑选精华贴、图片墙等方式引导、设置议程。而知乎则通过设置相关子话题、标签、推荐精华回答、活跃回答者等方式彰显其在事件中的作用。在5起热点新闻事件的传播中，传统媒体介入和参与的时间都比较晚，甚至可以说，就算没有传统媒体的介入和参与，热点事件也已经形成了，新媒体已经具备了踢开传统媒"体闹革命"的能力。也因为如此，最近几年传统媒体的记者在这些热点新闻面前常常疲于应对，丧失了以前对新闻报道的主动权和掌控力。

(3) 新闻生产社会化特色鲜明。

在和颐酒店女生遇袭事件中，当事人弯弯不是一个专业记者，只是一个"公民记者"，她很好地印证了移动互联网条件下新闻生产从专业化向社会化转变的趋势。弯弯既是事件当事人，也是事件"报道者"，她通过视频、长微博的形式图文并茂地将事件完整而立体的信息传递出来，她在文中以红色字体标明的字句突出她个人的情感表达。她采取的文字、视频、图片的传播方式，以及她叙述事件的措辞都具有极强的个人色彩。弯弯基本完成了一个记者的工作，也基本设置了此次事件的议程。之后，她指定3家媒体专访，也都如她预期，三家媒体一一专访了她。通过对比，几家媒体的报道几乎没有超出她设置的范畴。罗尔、王宝强以及遇到凌霸的学生家长同样扮演了类似的社会化新闻生产者的角色。

### 3. 热点事件需要新应对

热点事件的传播一直以来在新闻业界备受重视，因为此类报道社会关注度高，容易给刊播媒体带来影响力并且强化刊播媒体的话语权，进而带来发行量和广告量。同样的道理，对热点新闻事件中的政府、企业或个体来说，则要时刻关注媒体对热点事件的报道，以便及时作出回应并在此基础上形塑对自己有利的舆论场。针对不同的主体，至少需要下面两个方面的新应对。

一方面，对传统媒体而言，需要加快建设新媒体渠道，以便抢占舆论阵地。在这个急剧变化的传播路径面前，传统媒体并非无可作为，上文所说传统媒体在热点新闻事件的传播中重要性下降，指传统媒体的报纸、杂志、电视屏幕等"固有平台"，但是很多传统媒体已然意识到新媒体的杀伤力，积极拥抱新媒体。例如，《新京报》《南方周末》采访弯弯的报道都率先发布于微信公众号，《南方周末》甚至直接在文中写明"文章首发于南方周末微信号"。在这样的传播模式面前，传统媒体如果还固守于原来以一天甚至一周为周期的刊发频率，显然难以跟上热点新闻的发展节奏，传统媒体融合发展需要开拓更多的新媒体平台。这也从侧面印证了中央深改组提出的"传统媒体与新兴媒体融合发展"的必要性。

不过，在这几年的融合发展实践中，有些传统媒体的积极性还没有调动起来，认为搭建新媒体平台基本上属于纯投入，看不到明确的盈利模式，因此融合发展的积极性和主动性不高。如果说前几年这种紧迫感还不强的话，那么2016年发生的多起热点新闻说明意识形态的主阵地已经转移到新媒体平台上，传统媒体没有理由再固步自封。

另一方面，面对这种传播的新景观，政府、企业以及个人等涉及热点事件的当事各方也需要拿出更加及时、有针对性的应对措施，以便在热点事件的传播过程中注入自己的影响力，而不是任由网络舆论场形成，这也是做好当前新闻舆论工作的应有之举。比如在罗一笑捐款事件中，深圳市社保局2016年11月28日收到舆情监测，微信公众号的一篇文章称参保人罗一笑患白血病在深圳市儿童医院住院，每天医疗费用少则一万出头，多则三万有余，一大半少儿医保无法报销。收到消息后，深圳市社保局立即展开调查并主动联系当事人，然后向社会公布了罗一笑的医药费报销情况，很大程度上澄清了有关事实，同时也形塑了对自己比较有利的舆论场。在此起彼伏、快速生成的热点事件面前，需要更多新闻当事人采取这样的应对措施。

第七讲

# 全媒体新闻生产中的舆情应对

上一讲讲的是热点新闻的生成与传播机制，与热点新闻紧密相关的就是舆情应对，与热点新闻相伴的是各类舆情的产生和处理。或者说，热点新闻与舆情应对是一枚硬币的两面，热点新闻是从媒体新闻生产的角度去讲的，舆情应对是从新闻报道对象的角度去讲的。当然，伴随着新闻生产社会化的进程，各类新闻报道对象也都具备了相对自主的新闻生产能力，在舆情事件发生后，通过政府、企业和个体的微博、微信账号发出自己的声音，这也是一种新闻生产的形式。

在如今高度媒介化的社会里，舆情事件随时有可能降临在政府、企业以及公民个体身上。政府公信力很大程度上和舆情应对有关，企业信誉一般和媒体对产品质量或者生产事故的报道紧密相关，公民个体也随时有陷入热点新闻中的可能。负面新闻的传播会让政府的公信力受到质疑，会抵消企业花费巨资所做的广告和宣传效果，也会让公民个体声誉受到巨大影响。对于政府、企业和个人来说，如今的媒体已成为一种巨大的、必须去认真面对的力量，需要提高舆情应对能力。

舆情出现以后，如果掌握了媒体运行规律，及时应对，善于应对，就比较容易化险为夷。相反，如果忽视它或只是跟着感觉走，那可能就会雪上加霜甚至焦头烂额。遗憾的是，现在许多政府、企业、个体在舆情出现以后采取的应对措施不当：或者认为身正不怕影子斜，对负面舆情不屑一顾；或者封堵、遮掩，通过各种手段，阻止媒体报道；或者采取鸵鸟政策，心存侥幸，不闻不问。这些不恰当的应对都使本来可能化解的危机不断升级。

同时，作为热点新闻的报道主体，无论是专业媒体还是社会化媒体都要秉持严谨细致的采写作风。这些事件牵涉面广、社会关注度高，做这样的报道需要记者的采写更加谨慎、规范，后续各个编辑和审核环节也要尽量平衡地处理各方的立场及公众知情权与社会和谐稳定之间的关系。

# 一、政府在突发新闻中的舆情应对

舆情事件通常由重大突发新闻引发,各级各地党委政府所面临的舆情事件更是如此。重大突发新闻因为对人民生命财产造成的重大创伤,很容易在短时间内引起舆论的强烈关注,事件当事方以及所在地政府需要直接面对各路媒体,处理得当,可以为政府加分,处理不得当,就会带来舆情的"次生灾害"。在这一部分,我们通过具体案例来讲述政府在舆情应对中的基本原则和对策。

**1. "刺死辱母者"案引发的舆情及其处理**

2017年3月25日,一个普通的周六,这一天,中国的舆论场被《南方周末》微信公众号上的一篇新闻推送引爆,这篇推送名为《刺死辱母者》。其实,这篇文章早在3天前就刊发在《南方周末》的纸质版上,但是没有引起太大的反响,直到3月23日、24日文章被网络媒体改了标题转载之后才引起一定的反响,而这篇微信公众号上的文章真正引爆了舆论场。同样的一篇文章,在报纸上没有太大反响,但到了微信公众号上就截然不同,这也反映出全媒体新闻生产环境下新闻平台的显著转移。《南方周末》已经不再只是一张报纸,而是包括"两微一端一网"在内的全媒体新闻生产平台。

《刺死辱母者》讲述的是一个"以暴制暴"的故事,高利贷贷款方于欢及其母亲因为未能及时归还贷款而受到借贷方的百般侮辱,于欢情急之下杀了辱母者,随后被逮捕进入司法程序。报道出来之后,山东以及国家司法系统立即陷入了巨大的舆论漩涡之中。面对这样的突发舆情,各个相关机构及时发布权威信息,平抚激愤的民意,收到了比较好的舆情处理效果①。

(1)司法机关的舆情应对。

【3月26日10:43】山东省高级人民法院:第一时间通报于欢故意伤害案进展,山东省高级人民法院于2017年3月24日受理此案,已依法组成由资深

---

① 《还原一场舆论风暴的始末〈刺死辱母者〉如何爆屏?》,网易新闻,2017年4月1日,http://news.163.com/17/0401/19/CGV83GQT0001899O.html。

法官吴靖为审判长,审判员王文兴、助理审判员刘振会为成员的合议庭。现合议庭正在全面审查案卷,将于近日通知上诉人于欢的辩护律师及附带民事诉讼上诉人杜洪章、许喜灵、李新新等的代理律师阅卷,听取意见。

【3月26日11:16】最高人民检察院:派员赴山东阅卷并听取山东省检察机关汇报,正在对案件事实、证据进行全面审查。并强调上级人民检察院对下级人民检察院的决定,有权予以撤销或变更;发现下级人民检察院办理的案件有错误的,有权指令下级人民检察院予以纠正。

【3月26日11:37】最高人民法院:及时转发山东省高级人民法院关于案件进程的通报。

【3月26日12:50】山东省公安厅:26日上午已派出工作组,赴当地对民警处警和案件办理情况进行核查。

【3月26日16:27】山东省人民检察院:对"于欢故意伤害案"依法启动审查调查,第一时间抽调公诉精干力量全面审查案件,对社会公众关注的于欢的行为是属于正当防卫、防卫过当还是故意伤害等,将依法予以审查认定;成立由反渎、公诉等相关部门人员组成的调查组,对媒体反映的警察在此案执法过程中存在的失职渎职行为等问题,依法调查处理。

【3月26日17:27】山东省聊城市:立即成立了由市纪委、市委政法委牵头的工作小组,针对案件涉及的警察不作为、高利贷、涉黑犯罪等问题,已经全面开展调查。下一步,聊城市将全力配合上级司法机关的工作,并依法依纪进行查处,及时回应社会关切。

【3月29日15:02】山东省高级人民法院:就于欢故意伤害一案的再次通报情况,合议庭已于3月28日通知于欢的辩护人、被害人杜志浩的近亲属、被害人郭彦刚的诉讼代理人到我院查阅案卷。

【3月29日15:14】最高人民法院:再次跟进转发了山东省高级人民法院关于案件的情况通报。

(2)政法自媒体的及时发声。

舆情发声之后,知名权威政法"大V""长安剑"及最高人民法院的微信公众号连续发表评论文章,尽量向社会各界和广大网民释放善意、诚意,努力修补裂痕,于情、理、法中努力寻求法治共识,也对引导公共舆论发挥了重要作用。

【3月25日】"长安剑":《"辱母杀人"案,司法如何面对汹涌的舆论?》

【3月26日】"长安剑":《中国司法:不负江山不负卿》

【3月27日】"长安剑":《于欢案:珍惜司法和舆论的良性互动》

【3月28日】"长安剑":《于欢案:为何是最高检介入,而最高法"按兵不动"?》

【3月26日】"最高人民法院":《又一堂全民共享的法治"公开课"》

【3月28日】"最高人民法院":《辩论中凝聚着法治共识》

【3月29日】"最高人民法院":《"于欢案"热评:静待花开是相信它一定会开》

(3)"刺死辱母者"舆情应对的特点及启示。

第一,有关机构和所属自媒体主动出击,及时出击。3月25日星期六,休息日,针对当天的舆情,"长安剑"第一时间就发出了自己的声音。第二天,周日,依旧是休息日,主要的司法机关接连发声,主流声音占据了舆论场。

第二,有关机构直面危机,没有压制舆论。舆情发生之后,各家媒体基本上进行了公开讨论,媒体没有受到"围追堵截",各家媒体畅所欲言,多种声音出来,反而稀释了某些极端情绪。

第三,抢占价值观高地。事件发生之后,一定要积极抢占话语权和价值观高地,微信公众号"长安剑"上刊发的几篇文章很有代表性,比如《政法人应该感谢舆论监督》《事实和法律应该是司法工作者的定海神针》《让于欢有一个兼顾"法理情"的结局》等。

第四,适度地诉诸情感,与网友产生情感共鸣。舆情事件发生后,讲道理固然重要,但是也要和老百姓形成情感共鸣,这样才能有舆论引导的效果。比如,"长安剑"发布的文章《中国司法:不负江山不负卿》,文学语言的运用符合网友的心声,更加容易被网友接受。

第五,官方机构与主流舆论相互配合,共同形塑舆论场。一个机构的力量是单薄的,要有配合力量,最高院、最高检、山东省等有关机构的及时发声,形成了有效的舆论共振。

第六,开办并且尽量建设好自己的舆论阵地。新闻生产社会化阶段,人人都有麦克风,但是麦克风的好坏、分贝是不一样的。"长安剑""最高人民法院"等政法自媒体都有很好的基础,一旦舆情发声,就可以为我所用。

## 2. 政府应对危机事件的基本原则

在重大突发新闻发生之后,政府如何作出恰当的舆情应对呢?这里有以下三个基本原则。

(1) 政府需要主动出击,把议程设置权掌握在自己手里。

在传统媒体时代,封锁消息、限制媒体采访有其合理性,也有一定的实际效果,因为当时传统媒体在整个媒体生态中处于垄断地位,管住了传统媒体也就管住了舆情的发展,但是到了如今的移动互联网时代,人人都有麦克风,这样的舆情应对方式就不再有效了。这种媒体生态的变化对原有的舆情应对理念和机制提出了非常大的挑战,原有的一种方式已经不足以应对目前的舆情管理,需要创新新闻管理体制。

(2) 敢于承认过失甚至错误,敢于"道歉"而不只是"遗憾"。

事故既然已经发生,那么就不应该再遮遮掩掩地回避,而应该正视存在的问题,如果事故的发生确实是因为工作失误甚至是决策错误造成的,那就坦坦荡荡地承认失误和错误。事实证明,天津港的这次爆炸事故并没有因为当地政府初期的遮掩而影响对事故责任人的处理,该承担的责任始终是要承担的。

事故发生后,各级官员比较容易说出口的一个词是"遗憾",却很难说出"道歉"这个词。一般来说,"遗憾"在道义上并不意味着有责任,说"道歉"就意味着要承担责任,因此说"遗憾"容易,说"道歉"难。但是,正如上文所说,错了就是错了,最后的责任认定不会因为你说了"遗憾"或者"道歉"而有什么不同。

(3) 如果要开新闻发布会,一定要做好充分准备,否则宁可不开。

政府遇到舆情危机事件和个人不同,个人可以不予理会,不接受记者的采访,但是政府不同,政府是公权力单位,在突发事件发生后一定要对媒体和公众发言,这也是国务院和各个地方政府命令规定的。但是对媒体和公众发言有不同的形式,新闻发布会是一种形式,但不是唯一形式,其他替代形式包括在自己的官方网站、微博或者微信公众号等自媒体账号上发布。在这些平台上发布消息,更有利于自己对内容的把控,防止意外事件发生。

如果要开新闻发布会,那就要做好充分的准备,不能像2015年8月发生的天津港爆炸事故中的前几次发布会那样,出席官员的层级不高,很多情况不掌握,这些尴尬都直接暴露在电视直播镜头中,严重地影响了发布会的效果。

因此,在目前的媒体生态之下,各级政府部门都要经营好自己的自媒体平台,平时就要投入人力、物力、财力去做好,拥有一定量的粉丝和品牌知名度,一旦发生突发事件,可以在自己的平台上及时发布相关信息,其结果相对来说比较可控。

## 二、政府官员如何避免引发舆情事件

天津港大爆炸是一种类型的重大突发事件,也是传统意义上最具有代表性的突发事件,这种突发事件往往是群体性的,给人民群众带来巨大生命和财产损害。在过去若干年里发生的汶川大地震、甘肃舟曲泥石流、四川成都公交车纵火等都属于这一类突发事件。

不过,在新媒体环境下,一种新型的突发事件频频出现,这类事件往往是"大风起于青萍之末",初看起来没有带来特别严重的后果,一旦舆情生成,对个人、机构和社会带来的震荡同样巨大。比如2008年发生的南京周久耕天价烟事件、2011年发生的时任广州市长万庆良的"六百帝"事件、2012年发生的陕西杨达才"微笑门"事件等。此类网络舆情事件发生的概率近年来极大提高,各级、各部门官员需要高度警惕,尽量避免陷入此类舆情旋涡。

### 1. 政府官员在敏感问题上发言要谨慎

2011年1月,时任广州市长万庆良在谈到高房价和幸福话题时说,"我认为,我们的观念要转变,从有住房变成有房住,我工作了20多年,还没买房,现在住的是市政府的宿舍,在珠江帝景130多平方米,每月交租600元,当然,政府会补贴一部分房租"①(图7-1)。这个说法一经媒体报道,舆论哗然。珠江帝景是位于广州市中心的一处"豪宅",2011年,该楼盘的单价已经在每平米四万元以上,130平方米的房子,当时每月的租金至少在5 000元以上。万庆良由此在网络媒体上得到了"六百帝"的称号。

2008年发生的周久耕事件与万庆良事件非常类似。周久耕,1960年6月

---

① 《广州市长爆料:工作20多年没买房!》,《南方日报》2011年1月7日,A06版。

图7-1 《南方日报》2011年1月7日关于万庆良"没买房"的报道(版面右下角)

出生,原南京市江宁区房产局局长。2008年12月,周久耕对媒体发表了"将查处低于成本价卖房的开发商"的言论。之后他被网友"人肉搜索",曝出他抽1 500元一条的天价香烟,而且戴名表、开名车,引起社会舆论极大关注,被称作"最牛房产局长""天价烟局长"。2009年10月,周久耕因犯受贿罪被南京中院判处有期徒刑11年,没收财产人民币120万元。

这些事件给官员等公众人物带来的教训是,有媒体记者在场的时候,政府官员行使的是公权力,一言一行代表的不只是自己,还是一级党委和政府。

## 2. 关于政府官员的正面报道不能做得太过分

2011年7月,2 000人参加广州市的横渡珠江活动,时任广州市长万庆良首次参加该活动,一举夺得第二名,冠军则是当时的广州市委书记张广宁。万庆良此前不会游泳,只是"为了兑现之前曾许下的要和市民一起渡江的承诺"。《信息时报》报道说,"万市长去年练了3次,(2011年)7月份以来连续练习了12天,总共用了15天便成功渡江。从一点也不懂,到5米、10米、50米、100米、200米,一直到800米,那么快地掌握技术,这得益于运动天赋,也归因于坚强意志"。报道还称,"万市长每天工作非常繁忙,为了这次横渡珠江,他克服困难,腾出时间,从晚上8点到凌晨1点,连续12天不间断地练习,让人非常感动"。没想到,这么一条正面新闻在网络上引发了网民的调侃。这件事告诉新闻当事人,"正面新闻"在今天不能做得过火,要保持一个合适的度。

媒体屡次应对不利给万庆良带来负面影响,让他不断成为广东官场上有名的"话题人物"。2014年6月,万庆良被纪委调查;2016年9月,万庆良因为受贿罪被判处无期徒刑。当然,万庆良落马主要是因为受贿,数额超过1亿人民币。

**3. 在特殊场合,政府官员要控制好自己的表情**

2012年8月,陕西杨达才事件发生。杨达才当时任陕西省安全生产监督管理局局长、党组书记。2012年8月26日,杨达才在一起交通事故现场,因面含微笑被拍照上网,引发争议继而被网友搜出他佩戴的多块名表。2012年9月21日,杨达才的陕西省安监局党组书记、局长职务被撤销。2013年8月30日,西安中院以巨额财产来源不明判处杨达才14年有期徒刑。杨达才"悲剧"的最早来源就是一张在车祸现场不合时宜的微笑照片。

与杨达才"微笑门"事件相似,2011年,在温州动车事故的处理中,铁道部时任新闻发言人王勇平在一次新闻发布会上也露出了笑容,被网友认为和惨烈的动车事故不相容。这个笑容连同王勇平在同一个新闻发布会上的几句"不合时宜"的话,使他失去了铁道部新闻人的职务。

近年来,此类新型舆情事件频频发生,而传统的重大突发事故类舆情事件则明显下降。新型舆情事件往往由"小事"引发,看似不起眼的"小事"最后演变为巨大的公共事件,这些事件可能发生在机构身上,也可能发生在公民个体身上。这些事情不能彻底杜绝,只能尽量减少。

## 三、政府在舆论监督报道中的舆情应对

随着我国社会治理的完善,在当今时代,一个行政辖区内一年不会发生太多起重大突发新闻,甚至几年都不会发生一起,也就是说,因为重大突发新闻带来的舆情应对不是常态。面对媒体的舆论监督报道,政府或者在政府工作的公职人员应该作出何种反应和应对,是现在的舆情常态之一,发生的概率比突发新闻高得多。《南方都市报》记者暗访深圳公安吃娃娃鱼被打是近年来有代表性的一个案例(图7-2、7-3、7-4)。

图 7-2 《南方都市报》头版版面图　　图 7-3 《南方都市报》内页版面图

图 7-4 《南方都市报》内页版面图

## 1. 《南方都市报》的舆论监督报道引发反弹

2015年1月26日,《南方都市报》刊发长篇报道披露:南都记者1月21日因暗访深圳公安官员在酒楼吃娃娃鱼一事,当事官员与记者发生冲突,记者被殴打,手机、相机被抢走。并且,东深派出所民警在接警后协助打人者离开①。

文章引起舆论,有人为报道叫好,认为报道切中了目前公务人员大吃大喝的时弊,违反了八项规定;也有人认为,报道在操作上存在瑕疵,比如一篇标题为《深圳退休警察打南都记者舆情分析》的文章就列举了记者存在的四个问题②。

第一,记者反映事情与问题是记者的责任与权力,但要遵守法律程序。记者不是纪委官员,没有公权力赋予的调查权,如果对象拒绝采访,记者再纠缠就是失当。第二,记者的调查权、监督权应该得到保障,但前提是不影响调查对象的正常人身权利。第三,如果调查对象有不法、不当行为,应出示证据而不能正面冲撞。这次被调查的是公职人员,如果被调查者是恐怖分子、黑社会,记者还会这样采访吗?此外,如果在冲突中,被调查一方中某人心脏病突发,媒体即使有理也会变成没理。第四,从记者采访发生冲突再到后来《南方都市报》将采访过程公之于众,整件事情已然违背初衷,造成社会撕裂。

以上四个问题客观存在。翻看这篇报道,发现三件截然不同的事情被记者混为一谈。这三件事性质上截然不同,逻辑上也没有必然关系。但是在报道中,警察是否公款吃喝、是否吃了野生娃娃鱼和记者被警察殴打这三件事被搅在了一起,也给上述网文留下被批评的理由。

两件有疑问的事情和一件没有疑问的事情被放在一起报道,不管前面两件事情的真相如何,仅依据警察殴打记者这一事实,《南方都市报》就展开了对吃饭警察的舆论监督报道。

---

① 《多名官员酒楼吃娃娃鱼被指违反"八项规定"》,《南方都市报》2015年1月26日,封面版;《深圳读本》2015年1月26日,A03、04、05版。
② 《深圳退休警察打南都记者舆情分析》,新浪微博,2015年1月26日,https://weibo.com/p/1001603803295415159799。

## 2. 政府部门要理性面对媒体的舆论监督报道

不过，虽然存在瑕疵，但这篇报道依然是一篇值得肯定的报道，深圳警方应该合理面对，理由如下。

（1）政府官员理应比一般群众受到更加严格的舆论监督。

吃饭的两桌人都是警察，是政府公务人员，不是普通老百姓，理应受到更加严格的舆论监督。在国外特别是在美国，通过"沙利文案"早已形成司法先例，在对政府公务人员的监督上，只要被监督者不能证明媒体有确实的"恶意"，即使报道有偏颇，法律也会倾向于对媒体进行"倾斜保护"。我国虽然没有这样的司法案例参考，但是各级党员干部要走在群众前面，做好榜样。从党纪的角度出发，严格监督的原则是高度被认可的。

（2）在政府部门和媒体之间需要保持应有的权利平衡。

任何环境下，任何权力之间，都需要维持权利和义务的平衡。在目前的权力格局中，公安部门具有比较强的话语权。深圳公安这次表现得非常克制，这并不意味着它没有话语权，只是当时没有公开行使而已。反观媒体在现有权力体系中的位置就要弱很多。

（3）舆论有自我净化功能，充分竞争之下，事实会慢慢显露。

看起来，《南方都市报》在这次报道中既是一个运动员又是一个裁判员，自己对自己牵涉其中的事件进行报道，客观上丧失了公信力。在一个充分竞争的舆论环境中，《南方都市报》的这些说法能否靠得住，很快就可以通过其他媒体的报道展现出来。在此次事件中，当天晚上，《新京报》就采访了深圳警方的发言人，让警方阐述警方的看法，只是由于各方面的原因，警方当时不愿意全面地讲述这件事。

总之，在深圳公安人员聚餐事件中，涉事公安采取暴力方式对抗媒体的采访是不恰当的，即使媒体在采访中确实存在一些问题。也是因为这样的原因，深圳市公安局很快就停止14名涉嫌违反相关规定的公安民警职务，接受组织调查，对涉嫌违纪的东深公安分局局长王某予以立案调查。

## 四、企业在突发新闻中的舆情应对

从原则上来说,遇到舆情事件时采取恰当的媒体应对,对政府和企业来说没有什么不同。企业和政府一样,其所生产的产品和提供的服务面向大多数人,特别是上市企业因为股权分散,需要监管机构和媒体对它们进行更加严格的监督。中国企业在这方面有深刻教训,2008年牛奶行业三聚氰胺事件是典型一例,对相关企业的品牌和经营造成了重大影响。

分析企业的危机公关和舆情处理,每年央视的"3·15晚会"是一个热点时刻,每当此时,就会有一批企业受到点名批评报道。面对此类新闻,不同企业会采取不同的舆情应对措施,效果也会有明显差异。

### 1. 无印良品遭遇的危机与应对

2017年央视"3·15晚会"报道称,在无印良品超市,一些食品的外包装上被贴上了产地为日本的中文标签,但是揭开中文标签后,露出了这些产品的真实产地——东京都,而因为核辐射的问题,中国不允许进口东京都出产的产品。央视主持人就此点评说:"为了一点点利润,他们无视消费者的健康,企图用一张中文标签蒙住消费者的双眼,将危险食品送到同胞们的手上。核电站的泄漏缺口需要用层层钢筋水泥来封堵,诚信的漏洞也应该用最严格的追责和惩戒来封堵。"面对这样措辞严厉的报道,如果应对不力,无印良品无疑会受到很大的负面影响。

3月26日11点45分,距离央视"3·15晚会"结束近14个小时后,无印良品在其官方微博和微信公众号同步发出声明。声明的逻辑十分清晰,并且分别附上证据:被曝光的食品包装上写的地址是该公司在日本的注册地,而不是生产地,并拿出了原产地证明和检疫证明。这个声明瞬间刷屏,微信公号上的声明更是在短时间内获得了超过10万的阅读量,同时,声明也开始被各大媒体转载。

此外,上海出入境检验检疫局回应澎湃新闻采访时称,经排查确认,证明无印良品被报道的两款食品分别出自日本福井县与大阪府。"经核查无印良品(上海)商业有限公司的进口记录,未发现有来自日本核辐射地区的产品。"①

从效果来看,无印良品的这次舆情应对非常成功,公司发出的声明给消费者和读者提供了更多事实,而且有权威政府机构的背书,使得声明更加具有可信度。同时,在态度上,无印良品的声明认为央视的报道是一个"误解"。实际上,央视的报道是出现了差错,但是既然事情已经发生,报道也已经公开,这时再一味追究央视报道中存在的错误没有太大意义,这个"适可而止"的态度更容易为消费者和读者所接受。同时,读完这个声明,明眼人一眼也能看出央视新闻的问题所在,相信央视也会吸取其中的教训,在以后类似的报道中更加严谨。

**2. 企业应对舆情事件的基本原则**

企业在舆论危机面前要做好媒体应对,大致有如下三个基本原则。

(1) 查明事实,明确是确有问题还是偶发事件。

在这期间,有专家给出了若干媒体应对的"攻略"。专家认为,当企业被"3·15晚会"报道之后,首先要搞清楚被媒体报道的原因才能采取合适的行动。一般来说,被媒体报道的原因有两个。一是产品质量太差,比如奶粉里掺了三聚氰胺,手机频频爆炸等。如果真是这种情况,那就没有应对的必要,公司应该被有关机构查封。二是小瑕疵或者偶发事件,比如苹果公司的客服态度不好,肯德基某些店操作流程不规范,"饿了吗"对个别商户管理不规范等。这种问题非本质问题,后果也不是特别严重②。

(2) 保持平常心,防止两种错误心态。

面对危机事件,心态极其重要,一旦被央视曝光,很多人的心态容易失衡:一是觉得央视小题大做,二是会说别人也这样做,为什么不曝光别人。这两种心态都容易让企业采取错误的舆情应对措施。不管央视是不是小题大做,只要被曝光,先要看问题是否真的存在。央视"3·15晚会"是个新闻节目,要追求收视率,被曝光的品牌知名度越高,曝光后的收视率也越高。而且,因为节

---

① 《上海国检局:证明无印良品被曝光食品不是来自核辐射地区》,澎湃新闻,2017年3月16日,https://www.thepaper.cn/newsDetail_forward_1640603。
② 小马宋:《被央视315曝光后的企业,如何公关才行?》,转引自i黑马网,2017年3月16日,http://www.iheima.com/zixun/2017/0316/161891.shtml。

目的时长所限,也不能曝光所有的问题品牌。对媒体来说,选择性曝光是必然的,这属于新闻操作的一般规律,一定要认识清楚,不要因此而失去平常心。

(3)从容应对,防止两种错误做法。

换一种角色思考这个问题:如果甲冒犯了乙,当甲向乙道歉时,乙对什么样的道歉最满意?又或者说,当乙犯了错,需要向甲道歉时,乙会怎么说?一个人接受别人的道歉,希望看到的是彻底的真诚和悔过,最令人不能接受的就是对方明明错了,却非要遮遮掩掩,认错不彻底,还要说出一堆原因。一个人犯了错,可能确实有很多原因,所以非常不情愿说完全是自己的错。但是,舆情应对本质上是管理公众的情绪。要消除公众的愤怒情绪,讲道理、反驳、遮掩错误都不行。

概括来说,在企业的媒体应对实践中,有两种做法非常不可取。一是试图淡化事件,想让大家觉得这事件没那么严重。二是试图推卸责任,哪怕这件事真的是由于意外或者别的原因造成的,推卸责任的做法也不妥①。

不要解释,真诚道歉、认错,并且提出整改措施,这才是最恰当的处理方式。在此类事件上,公众喜欢弱者,道歉不要藏着、掖着,不要故作姿态,任何自以为是的小聪明都会被公众无情地拒绝。

## 五、公众人物如何做好舆情应对

前面几节说的是政府(官员)和企业的媒体应对,下面讲公民个体的媒体应对。公民个体和政府、企业有所不同,因为政府和企业都天然地与外界有联系,政府和企业所做的事不是私事,一般都带有公共属性,因此,它们需要在较大范围内接受媒体监督。公民个体的情况比较复杂,首先要区分两类不同的个体,一类是有公职身份或者在某个特定社会领域有知名度的人物,这部分人因为是公众人物,在接受媒体监督方面尺度比较大,另外一类人物则是普通老百姓,他们的隐私权相对比较重要。一方面,普通百姓接触媒体的机会有限,万一媒体对他们的报道有误,他们缺乏有效的手段去改变媒体对自己的不利

---

① 小马宋:《被央视315曝光后的企业,如何公关才行?》,转引自i黑马网,2017年3月16日,http://www.iheima.com/zixun/2017/0316/161891.shtml。

报道;另一方面,也是更为重要的一方面,他们的所作所为和公共利益相对比较远,大部分都属于私事,从权利和义务平衡的角度出发,他们接受舆论监督的范围比较有限。

不过,如果一个公民的所作所为牵涉公共利益,此人就从普通公民变成公众人物。这里又要细分为两种情况,一种是"自愿"成为公众人物,本来不是公众人物,但自己主动参与公共事件,一旦参与其中,就会被媒体报道而成为公众人物;另外一种情况是,当事人没有主动参与新闻事件,出于完全偶然的原因而"被动"成为公众人物。

### 1. 公众人物的舆情应对

2015年情人节前后,新华社连续发表了两篇文章批评王思聪。起因是2月14日情人节当晚,号称"国民老公"的王思聪邀请100位网友共同看电影。活动结束后,王思聪在后台接受记者访谈,透露自己择女友的标准是"胸大就好了"。

2月15日,新华社"新华视点"发表评论认为,王思聪的择偶观是"把三俗当个性"。2月16日,新华社再发评论:"说一句'胸大'不用负法律责任,但这句话的背后流露出一种西门大官人式的轻佻、轻浮、轻薄,骨子里还有一种贝卢斯科尼式的傲慢。"新华社的这两条稿被网络媒体冠以"官媒高调批判富二代"之类的标题转载。结合当时的语境,这是王思聪的一句调侃的话,不是严肃认真的"讲话"或"演说"。一些网友觉得这两条评论是小题大做,甚至是上纲上线,新浪网该条新闻下面有网友为王思聪打抱不平。有网友说:"阔少不过是一句玩笑话,你们就说人家'三俗',是不是有点过分?";也有网友说,"王公子不过是说了句心里的真话,比那些口是心非的伪君子好多了"。

不过,王思聪看似不经意的一句话,也恰恰反映出他"媒体素养"的欠缺,被"新华微评"两次批判可以说是"咎由自取"。因为王思聪不是一个普通人,他早已经成为一个公众人物。从理论上说,公众人物因为拥有比"一般网友"更大的话语权,应该受到更大的舆论监督。身为公众人物,王思聪本应谨言慎行,哪怕是开玩笑也要注意恰当的分寸。

王思聪的这番言论不是来自他的卧室,也不是朋友之间的私人聊天,而是来自一个公开的慈善拍卖活动。情人节前五天,王思聪发了一条微博称将拍卖自己的情人节时间"挣点外快",这条微博迅速得到网友关注,也促成他与某网站的合作。由该网站发起的"情人节跟国民老公约一票"公益活动,用拍卖电影院座位的形式筹集善款,最后筹到 506 318 元善款。据悉,这笔善款将全部捐献给中国下一代教育金机会微有爱基金,帮助留守儿童解决实际问题。

观影结束后,王思聪在影院旁边的酒店举办了一场酒会。现场美女云集,女粉丝们不畏严寒,纷纷盛装前往。还有粉丝公开向王思聪表白,称自己随身带着简历,希望能入职万达集团。面对狂热的粉丝,王思聪从容淡定,笑言万达集团不归自己管。王思聪关于"胸大"的言论就是在这样的一个慈善活动上发出的。

新媒体时代,一句不恰当的话足以引发一次媒体危机事件。对那些有"公职"或者已经是公众人物的名人而言,更是这样。新华微评的这段话说得好,"有些话,哪怕是真话,也是不能说的。有些事,哪怕大家都明白,也需要有所遮掩——譬如上厕所,没人不上厕所,但大家上厕所还是需要一个私密空间,不能当街大小便"。

可能有些网友会认为,如果这样的话,岂不是人人都不能说真话了?这个担心纯属多余。第一,绝大部分人都不是公众人物,也不是有公职的人,一个普通人的言论其他人都不会给予特别关注。第二,一旦成了公众人物,或者有重要的公职在身,那就不能想到什么就说什么,要格外注意自己的言行。

## 2. 普通公民"主动"成为公众人物

2015 年 12 月,中国政法大学聘任乒乓球世界冠军邓亚萍为该校兼职教授一事引发社会广泛关注。法大在自己的官网上刊发聘请邓亚萍做兼职教授是 12 月 2 日,当时是作为一件"正面新闻"来报道的。2 日到 5 日之间,相安无事,6 日之后瞬间演变成一起全国性公共事件,这个转变和一条微博密切相关。12 月 6 日凌晨 2 点 25 分,法大教授杨玉圣发出一条题为"不与邓亚萍教授共处"的新浪微博。微博说,杨玉圣在法大任教十三年,对该大学感恩戴德,但是因学校未经正常程序聘任邓亚萍为兼职教授,为洁身自好、拒绝污染计,杨玉圣决定逃离这所大学。

杨教授发声后,不仅仅使邓亚萍陷入了舆论漩涡,他本人同样也遭受了猛烈的"口诛笔伐",隐私也被网友"挖出"不少,比如,有人说他 50 岁才博士毕业,比邓亚萍的成就差多了。杨教授咽不下这口气,开始愤然反击,12月6日之后的5天,他原创或者转发了300多条反驳网友的微博,每天平均60多条,与网友之间展开了一轮又一轮的"攻防战"①。

比如,网友"秋实和春华"在他微博下留言直问:"你计划什么时候辞职?"网友"向前进的喆"留言:"杨教授就在美国大学作访问学者一下,就不知道自己姓什么了,邓亚萍在清华大学获得学士学位,在诺丁汉大学获得硕士学位。2006年她开始在剑桥大学(剑桥大学耶稣学院)攻读博士学位,于2008年11月29日获得剑桥大学土地经济学(Land Economics)博士学位。不知甩你几条街。"网友"hujhq"私信给杨老师:"你最好离开中国,因为到处都是这种你看不惯的人和事。到了国外,你也许会发狠离开地球,离开太空,离开宇宙。"

杨教授本来不是公众人物,但是当他掀起和卷进了邓亚萍事件之后,他就"自愿"地变成一个公众人物,就要像邓亚萍那样接受网友的评说、揭底甚至是挖苦嘲讽。新媒体时代,任何一个常人随时都可能陷入这样的舆论漩涡。当然,这也是一个"成名"的机会,但如果操作不当,就会给自己的声誉带来损害,新媒体就是这么一把"双刃剑"。

### 3. 普通公民"被动"成为公众人物

2015年5月3日,成都女司机卢某被男司机张某在成都三环路边暴打,媒体报道之后,事件持续发酵,迅速成了一个全国性热门话题。这件事情,从卢某被打后收获同情,到行车记录仪曝光另一种"真相",再到男司机被刑拘后道歉认错,女司机被人肉出多次违章驾驶后"死扛",而且声称要"追究造谣者的法律责任",其父为女撑腰说"网友是水军",其母称其当时要去参加"慈善活动"。经过不到48个小时,事件和舆论出现了数次"反转"。截至5月5日18时,新浪网调查显示,68.8%的网友认为此事是女司机的责任②。

"反转"产生的最主要原因是与事件相关的细节暴露得越来越多,特别是男司机张某的行车记录仪曝光了女司机连续变道、有错在先,甚至是违法在先

---

① 参见窦锋昌:《媒变——中国报纸全媒体新闻生产"零距离"观察》,中山大学出版社2016年版,第284至287页。
② 《惊天逆转 成都被打女司机如何从舆论天堂掉入地狱?》,新浪网,2015年5月5日,http://news.sina.com.cn/c/zg/jpm/2015-05-05/18211000.html。

的行为以后，被打女司机从一开始收获绝对支持和同情的局面随之改观，网友了解了男女司机发生冲突的更多原因。随后，广大网友开始对女司机"人肉搜索"，短时间内就获知她名下一辆现代车和一辆宝马车之前各有20几次违章记录，还搜出其他一些不文明交通行为，甚至连两年内住宿86次的信息都搜了出来。到了这个阶段，网友就知道卢某的这次急速变道不是偶然的，而是一直有不良驾驶习惯，对她被打的同情随之减少了几分。

或许是欠缺和媒体打交道的经验，或许是自我保护本能的驱使，事件发生后，卢家对此次舆情事件的一系列应对很不力，表现如下。

第一，辩称自己是"正常变道"，就是"让男司机点了一下刹车"而已。成都三环是快速路，连续变道不仅不文明，更加违法，这样解释自己的行为不妥。第二，被搜索出多次违章驾驶后"死扛"，表示要"追究造谣者法律责任"。这个表态一般来说没有问题，但是网友搜出来的都是违章记录，是明摆的事实，非要说网友"造谣"，给人的感觉就是否认事实。第三，其父爱女心切，为女儿撑腰，称搜索的网友是"水军"，这种只表达主观立场，没有证据支撑的表态也没有收到好效果。第四，其母称女司机当时要去参加"慈善活动"。这个更加惹人反感，不要说慈善活动的真假，就算是真的，也不能这么蛮横地变道，难怪网友对这种说法只能表示"呵呵"。第五，中新社转引家属的说法"卢某病情加重"，但其他媒体的记者看到卢某的体温基本正常，护士也说看不出明显的异常，这种明显与事实不符的说法只能是雪上加霜。

与此同时，打人的男司机张某在媒体应对方面要得体得多。他在接受媒体采访时表示了诚挚的"歉意"和"悔意"，两相对照之下，更显被打者卢某及其家人应对媒体的失误，卢家的诚信一时面临着极大的挑战。在这种时刻，与其这样频频应对失误，还不如先行养伤，不再接受媒体采访。后来，卢某发了一纸声明，从此没有再接受任何媒体采访，舆情事件才就此结束。

在这起事件中，卢某本来不是一个公众人物，但是经过一个偶发事件之后，在这个时间段内她成了一个公众人物，虽然是"被动"的，但她的隐私范围已经被压缩。既然成了公众人物，在应对舆情事件时就要遵守一定的规则，而不能任性乱来，否则可能会给自己带来"二次伤害"。

第八讲

全媒体新闻生产中的新闻伦理

近年来,新闻伦理事件出现的频率非常之高,一个新闻报道出来,往往伴随着许多对新闻媒体和记者的质疑甚至是讨伐之声。以《南方周末》2016年3月刊发的《刺死辱母者》这篇报道而言,报道直面社会的阴暗面,是一篇很有影响力的稿件,新闻业界人士和学术界都给予了高度评价。即便如此,这篇报道依然受到了多方面的指责,认为记者故意掩盖于欢妈妈进行社会集资并发放高利贷的事实,报道带有明显的偏向性。

新闻伦理事件的公共化对媒体及其从业者来说是一个"包袱",每一次事件都会给传媒的公信力带来冲击,也加剧了媒体人和非媒体人之间的不信任感,甚至割裂了社会。媒体人面临的压力和困难本来就很大,在社会中的公信力也不是很高,加上近年来新闻界出现的一些敲诈勒索案件,更拉低了这个行业的公信力,频繁发生的新闻伦理事件无疑又让这个行业面临新的压力。

新闻伦理事件的公共化来源于新闻生产的透明化。在传统媒体时代,新闻生产的整个链条是封闭的,读者只能看到新闻生产的结果,也就是新闻作品,新闻采写和编辑中的问题比较难进入公众视野。但是在新媒体环境下,整个新闻生产过程从"暗箱"走向"透明",再加上各种新媒体平台的崛起,发表意见更加地便利,新闻伦理事件很容易超越媒体内部圈子而被社会化和公共化。

媒体的操作确实可能违背新闻伦理甚至违反法律。问题是,面对这样的专业性问题是否应该在大众范围内讨论。就像医疗问题要在专业医疗范围内讨论一样,媒体伦理问题也应该在专业范围内讨论解决。但在这一点上,中国的新闻共同体还没有形成,此类问题很容易就诉诸大众舆论。专业新闻共同体的培育是解决新闻伦理问题公共化的一个主要方向。

## 一、新闻伦理事件频频演变为社会公共事件

2015年1月,《深圳晚报》关于姚贝娜去世的报道惊扰了传媒圈,也惊动了社会大众。攻击者说,《深圳晚报》记者冒充家属去太平间采访,"记者在焦急地等待姚贝娜死去的消息",打扰了死者的清静,侵犯了死者的尊严,严重违背

了新闻伦理①。

**1. 新闻伦理事件频频上演**

无独有偶,类似新闻伦理事件在2014年年末和2015年年初频频上演,半个多月的时间内接连发生了四次。

(1) 关于复旦女生踩踏报道的争议。

2014年12月31日晚上,上海外滩发生严重的踩踏事件,造成36人死亡。此间,有媒体报道了复旦大学一名云南籍大二学生重伤送医后不治身亡的消息。在报道中,媒体披露"这名刚过完20岁生日的大学生是复旦大学燕曦汉服协会会长,非常钟爱传统文化"②。之后,有复旦大学学生对媒体的这一报道手法提出质疑,认为侵犯了学生的隐私,并进而引发了新闻业界和学界关于新闻伦理的一次讨论。

(2) 关于柴会群医疗报道的争议。

《南方周末》记者柴会群所写的一篇名为《记者不可欺》的博文在微信朋友圈中广为传播。这位记者长期报道医疗卫生新闻,曾写过《钢的肾》《"心因性"南京护士被打事件调查》《"最严重医患血案"？——上海新华医院"暴力伤医"调查》等一系列揭露医疗问题的报道。此后,该记者和中国医师协会以及央视的一名记者发生纠纷。博文发表后,引来相关方一片反弹声音。

(3) 关于庞麦郎报道的争议。

2015年1月14日,《人物》杂志一篇名为《惊惶庞麦郎》的文章被热转。这是一篇全面揭秘网络歌手庞麦郎的文章,里面的主人公庞麦郎让人震惊诧异,可随后庞麦郎本人通过新浪娱乐独家回应称这篇报道是胡编乱造的。这一事件因双方说法不一,快速发酵,引起众多网友和微博"大V"讨论。

(4) 关于姚贝娜死亡报道的争议。

《深圳晚报》关于姚贝娜死亡的报道,刊发后很快在微信朋友圈里全面发酵,谁是谁非,一时争得不可开交。

---

① 《姚贝娜逝世引发媒体伦理争议　新闻莫以伤害为代价》,转引自人民网,2015年1月19日,http://media.people.com.cn/n/2015/0119/c120837-26406385.html。

② 《复旦20岁"才女"外滩踩踏事故中遇难》,新京报网,2015年1月1日,http://www.bjnews.com.cn/news/2015/01/01/348365.html。

## 2. 新闻伦理事件源于媒体环境变化

一般来说,每一次新闻伦理事件的发生都是对媒体公信力的打击。引发公众关注和讨论的这些新闻伦理事件加剧了媒体人和非媒体人之间的不信任感。关于复旦学生被踩踏身亡的报道会让人觉得记者采访的时候把新闻置于隐私保护之上;柴会群事件会让人觉得记者的医疗专业素质很低;姚贝娜事件会让人觉得记者为了拿到一手新闻素材而无所不用其极。

但其实这些只是受众的感觉,和事实真相可能距离很远。大部分记者也并不总是这样去报道新闻。比如,对复旦学生被踩踏的事件报道中,记者在揭露事实真相和保护大学生隐私之间已经进行了一定的权衡。不过,这些专业上的操作在喧哗的舆论面前已经不再重要,媒体及其记者在关于新闻讨论中已经受到了伤害。

新闻伦理问题频频演变成公众事件,主因是媒体环境的变化。新闻伦理事件一直都有发生,只不过在没有微信和微博等平台的时候,社会公众的声音没有表达和传播出来,有了新媒体平台之后,再小的个体也有了发声的地方。发声太容易了,一些主观甚至片面的观点就出来了,很容易歪曲和掩盖事实真相。

比如,已有证据表明,《深圳晚报》采访姚贝娜一事主要不是伦理问题,而是新闻同行之间的恶性竞争。在同一件事情的采访上,有的记者采访到核心当事人,获得很多信息,有的记者采访不到什么内容,为了给自己所在媒体的领导一个解释,同时也给自己一个解释,就会攻击获取丰富材料的记者,这种攻击往往抓住一点,这一点就是新闻伦理问题。单从稿件而论,当天晚上,《深圳晚报》新媒体平台上关于确认姚贝娜去世的几条稿并无问题,但其采访过程随后被攻击得一塌糊涂。

## 3. 如何看待和处理新闻伦理事件

这么短的时间内连续发生了这么多起新闻伦理事件,而且全部演变成社会公共事件。媒体及其从业者应该吸取教训。

(1) 记者的职责是报道新闻,要尽量避免成为新闻人物。

说是这么说,但有时也难以完全避免,比如说,记者去采访一些突发事件,就可能因为与事件当事人或责任人发生冲突而成为新闻人物。冲突一旦发生，记者要维权，记协一般也会发表声明或者去看望被打记者，此时的记者就会成为新闻人物。再比如，2013 年发生的《新快报》记者陈永洲事件，2014 年发生的 21 世纪报系涉嫌敲诈事件，也让媒体人成为被报道对象。

有些是发生在记者身上的不光彩的事情，也有记者做好事被报道的，比如近年来国家有关方面组织了"好记者讲好故事"，一批好记者把自己的采访经历讲述出来，这些好事通过媒体的传播感动了不少读者。

（2）新闻伦理事件的解决，最好诉诸新闻行业共同体。

柴会群事件中，中国记协本来可以担当一个调解的角色，但是由于众所周知的原因，中国记协依然拥有浓厚的官方背景，在记者的心目中，它还不是一个新闻行业内的专业争端解决机构。也因此，柴会群和中国医师协会之间的争端甚至包括柴会群和央视记者的纠纷都不能在行业内解决，而要通过法院去解决。

如今，新闻业内和学界的一些有识之士已经意识到这个问题的严重性，在尝试建立一些民间专业新闻评议机构，希望新闻业内的伦理问题或者纠纷能够通过此类机构解决，而不是诉诸网络平台。

（3）专业新闻机构的新闻生产具有公共性，需要更加谨慎。

新闻圈内的伦理问题演变成大众话题也有一定正面意义，这说明在"人人都是记者"的网络时代，专业新闻生产机构的专业人士依然在主导新闻生产，是新闻生产的一支主力军。

本节讨论的四起新闻伦理事件都是社会公众在评点专业记者的采编行为，这说明这些作品值得讨论和议论，能够进入公众视野，而普通网友在微博、微信上发表的作品就未能进入公众视野。相比之下，专业机构里的专业记者的作品更具有公共性。因此，专业记者在操作这些作品的时候也需要更加谨慎，更加讲求新闻伦理，而不是像普通网友那样率性而为。

（4）记者在网络上发言要格外小心，很容易引发伦理事件。

移动互联网条件下，记者一般不要在网络上发牢骚，很容易被截屏拿去炒作。《深圳晚报》关于姚贝娜的报道引发了许多讨论，从事后透露的信息来看，作为《深圳晚报》竞争对手的《南方都市报》的一位女记者在朋友圈所发的牢骚起到了催化剂作用。这位记者很可能是无心的，也就是跟自己的同事或朋友诉诉苦，但不曾想被截屏，继而被外传了，又或者被姚贝娜的经纪公司看到了，给经纪公司提供了批判媒体的依据，并进而引发了舆论的混战。记者的那一段话就成了制造太平洋飓风的那一对蝴蝶翅膀。

朋友圈是一个私密空间，本来可以无话不说，但是在移动互联网条件下，一旦形成文字在网络上，就收不回了，也就不受自己控制，这一点需要引起记者的高度注意。

(5) 讨论伦理问题，要注意记者拍摄和报纸刊发之间的区别。

关乎姚贝娜去世的讨论中，有一个很关键的问题有意或无意地被忽视了，就是记者采访和报纸刊发之间的区别。无论站在何种立场上，所有的网上言论在一点上是一致的，即《深圳晚报》的三位记者去手术室拍摄是不对的，这是为了发稿而不顾死者的尊严。但是，我们要知道记者采访和报纸发稿之间有一道鸿沟，记者拍回来的照片，报社未必会刊发，真正在报纸上刊发的文字或者照片只占所有记者作品的一部分，很多内容被后续的把关关口给"截"住了。

具体到《深圳晚报》这件事，记者没有经过家属同意拍摄是不对的，但是拍了之后不一定会采用。新闻伦理分为两个层次，一是记者层面的伦理，一是报社层面的伦理。记者层面的伦理万一失手，还有报社层面的伦理把关。我们在讨论问题的时候，需要明确其中的区别。

## 二、新闻伦理问题不宜轻易"上纲上线"

每天那么多的报纸版面需要去填充，那么多的广播电视栏目需要去填充，新闻采写量非常之大，俗话说"常在河边走，哪能不湿鞋"，在日复一日的新闻采写活动中，出现一些问题是正常的。需要辨析的是，这些问题当中，哪些是正常的新闻采写问题，哪些是新闻伦理出了问题，哪些是违反了法律法规，如果不作区分，一棍子打死，反而不利于问题的解决。

**1. 一条新闻引发热烈讨论**

2015年12月初，《郑州晚报》刊发的一条社会新闻"大学生家门口掏鸟窝，被判了10年半有期徒刑"，引发了网上的热烈讨论，其中有些讨论充满了批判色彩,其中一篇批判的文章叫《郑州晚报,你的底裤让人给扒下来了!》,来自"猫眼看天下"的微信公众号。此文短时间内就有了3万阅读量,说明受到了一定规模的网友的追捧。

根据"底裤"一文的指控,《郑州晚报》这篇"掏鸟窝"新闻"恶意玩弄文字游戏,编造舆情误导网民,引发广大网友极大的愤怒"。文章说:"作为河南省委宣传部下属的党媒,《郑州晚报》实在没东西好炒,炒点旧闻本可以理解。但该报却故意偷梁换柱、偷换概念,玩起了文字游戏,煽动网民对法院判决的怨恨,着实让人觉得不可思议。难道,这家河南省的党媒,真的和我们的政法机关有什么深仇大恨么?"

文章还调查了稿件的作者,一个叫"鲁燕"记者,是该报政法新闻部记者,已经至少跑了4年的法院新闻。文章说:"我们需要做的,是认真思考一下,像《郑州晚报》这样的党媒,中国还有多少,像《郑州晚报》这样赤裸裸地煽动和诱导舆情,其真正的动机到底是什么?河南省委宣传部你们到底知不知情?"

在这样严重的指控面前,不妨先看新闻报道本身。此文不长,据网友统计,连标题在内总计只有667个字。全文转发如下:

**(主标题)掏鸟16只,获刑10年半**

**(副标题)啥鸟这么宝贵?燕隼,国家二级保护动物**

《郑州晚报》记者　鲁燕

大学生小闫发现自家大门外有个鸟窝,和朋友架了个梯子将鸟窝里的12只鸟掏了出来,养了一段时间后售卖,后又掏出4只。昨天,记者获悉,小闫和他的朋友小王分别犯非法收购、猎捕珍贵、濒危野生动物罪等,被判刑10年半和10年,并处罚款。

**在家没事掏鸟窝,卖鸟挣了钱**

90后小闫,原本是郑州一所职业学院的在校大学生。2014年7月,小闫在家乡辉县市高庄乡土楼村的小山村过暑假。7月14日,小闫和朋友小王发现自家大门外有一个鸟窝。于是二人拿梯子攀爬上去掏了一窝小鸟共12只。饲养过程中逃跑一只,死亡一只。

后来,小闫将鸟的照片上传到朋友圈和QQ群,就有网友与他取得联系,说愿意购买小鸟。小闫以800元7只的价格卖给郑州一个买鸟人,280元2只的价格卖给洛阳一个买鸟人,还有一只卖给了辉县的一个小伙子。

**再次掏鸟引来森林警察**

7月27日二人又发现一个鸟窝,又掏了4只鸟。不过这4只鸟刚到小闫家就引来了辉县市森林公安局。第二天二人被刑事拘留,同年9月3日二人被逮捕。去年11月28日,新乡市辉县市检察院向辉县市法院提起公诉。新乡市辉县市法院三次公开开庭审理了此案。他们掏的鸟是燕隼,是国家二级保护动物。

今年5月28日,新乡市辉县市法院一审判决,以非法收购、猎捕珍贵、濒危野生动物罪判处小闫有期徒刑10年半,以非法猎捕珍贵、濒危野生动物罪判处小王有期徒刑10年,并分别处罚金1万元和5000元。贠某因犯非法收购珍贵、濒危野生动物罪获刑1年,并处罚金5000元。新乡市中院二审维持原判。

昨天,小闫的家人透露,他们已替孩子请了律师,希望能启动再审程序。

这篇稿件不仅篇幅不大,版位也不好,刊发在12月1日《郑州晚报》A10版左下方,五分之一个版左右。从这样的处理方法来看,《郑州晚报》当时并没有认为这是一个"大新闻",而且从"昨天,记者获悉"这样的表述看,这篇报道很可能是通讯员发来的稿子,记者稍加补充采访和改造后的"急就章"。此外,《郑州晚报》用的标题是"掏鸟16只,获刑10年半",副标题是"啥鸟这么宝贵?燕隼,国家二级保护动物",已经点出当事人受重刑的原因与国家保护动物相关,仅就字面而言,编辑并没有故意误导读者的意思。这样的内容和处理,一定要说是"赤裸裸地煽动和诱导舆情",是很难成立的。

不过,这条稿子也有显而易见的瑕疵,比如,报道里的一些来自当事人的说法,淡化了当事人的主观恶性以及客观危害性,同时,记者也没有采访林业管理、鸟类研究或者警方等第三方的观点。从涉案稿件的写法来说,稿子不完善,有瑕疵。但是瑕疵归瑕疵,这和"赤裸裸地煽动和诱导舆情"之间还是泾渭分明的两件事。

**2. 报道在网络传播中被"上纲上线"**

原发报道很简单,但是这条消息在网络转载的过程中,却发生了明显的"扭曲"和"升华"。很多网站在传播这一新闻时,几乎都没有引用原副标题所指出的国家保护动物问题,有的网站还在标题中刻意强调了"家门口掏鸟窝"。

更加挑动网友神经的是,随后的网络评论中出现了"'掏鸟窝'为何与受贿千万同罚"的质问。一个22岁的青年掏鸟窝伤害保护动物,竟然与一个贪腐千万元的党的高级干部刑期相同。这就出现了一个问题——立法量刑的正当性是否经得起朴素正义观的考验。

在此情境之下,网络舆论的矛头指向了法院的判决甚至是法律本身的公正性,还有网友仔细比对了法院判决和《郑州晚报》报道之间的差别,认为《郑州晚报》的报道有模糊甚至歪曲之处,"底裤"一文更是变本加厉,认为"媒体和政法机关有什么深仇大恨"。

从宽泛的意义上来看,"底裤"一文对"掏鸟窝"这篇新闻的指控也是一起新闻伦理事件,但是这个指控比较严厉,上升到了政治高度,从政治的角度来看待和分析新闻伦理事件是不合适的,应该就事论事,尽量在专业范围内讨论和处理这类伦理问题。新闻报道中出现的绝大多数问题都能在行业共同体范围内解决,不宜"上纲上线"。在这样的问题上,如果像"底裤"一文那样"喊打喊杀",让宣传部来出面管教媒体,或者动用各类法律手段,如起诉媒体侵权等,都是不合适的。

拿"掏鸟窝"一稿来说,在专业上至少有两个不规范的问题。其一,"掏鸟16只,获刑10年半"这个大标题中的"掏鸟"两个字没有把违法性体现出来,如果用"捕鸟"或者"猎鸟",就显得更加规范和专业,这样拟标题,新闻性也不一定比现在逊色。其二,在讲述案犯作案的过程中,没有体现出案犯的"明知故犯"。但是,这样的问题依旧是新闻行业范围内的问题,作为新闻圈子里的一员,经过一周的网上讨论,相信这位叫鲁燕的记者肯定吸取了此中的教训,以后再写稿的时候一定会更加慎重和规范。

### 3. 连续报道可以弥补报道中的差错

不过,从正常的新闻操作来讲,《郑州晚报》在首发这条新闻且引发网络热论之后,没有进一步就此事做跟踪报道,丧失了弥补第一条新闻中的瑕疵的机会,这是一个遗憾。本来,按照一般的新闻操作规律,引发热议的新闻完全可以做连续报道,在连续报道的过程中进一步答疑解惑,在动态中进一步展示事情的真相,平息舆论的质疑。

此外,关于新闻伦理事件的讨论也不完全是坏事,比如"掏鸟窝"一事引发如此大的争议,媒体都做了大量报道,这本身就是一个很好的普法过程。就算是学习过法律的人也未必对"掏鸟窝"这类涉及动物保护的法律规定很熟,它属于刑法中不常用的一个罪名和条款,是非常专业的知识,往往超出普通人的常识范畴。经过对本案的讨论和分析,网友对"掏鸟窝"的看法就会发生极大的改观,大家会从科普、普法,甚至追问刑法量刑合理性的角度去看待这个问题。新闻报道以及由新闻报道引发的伦理事件在普法和科普方面可以发挥很大作用。

## 三、虚假新闻及其引发的新闻伦理问题

在传统媒体的新闻生产中,因为有一套严格缜密的生产规范,又是在相对闭合的环境下运作,"用事实说话"的价值追求相对有保障,新闻的客观性在比较大的范围内还是成立的。但是进入网络时代以后,在"开放式新闻生产"模式下,情况发生了变化,带来了很多隐忧和挑战,具体来说,就是虚假新闻产生的可能性大为增加。网络上的东西真真假假,虚虚实实,通过网络爆料的网民怀有不同的动机,有求助的,有做好事的,也有故意贬损甚至造谣诽谤别人的。总之,网络线索林林总总,失去了通讯员所具备的权威性与可靠性,增加了记者的识别难度,加大了虚假新闻出现的概率。

换句话说,虚假新闻的产生是新媒体时代必须要付出的代价。作为读者来说,获取新闻的数量加大、速度加快,大大为他们提供了便利,满足了他们的需求。而虚假新闻的频出也是读者必须要面对的负面现象之一。伴随着虚假新闻的出现,相关新闻伦理事件也层出不穷。

### 1. "李光耀去世"的乌龙事件

2015年3月18日,多家媒体闹出"李光耀去世"的乌龙事件,引发了新闻圈内外的一片讨论。这件事的基本过程是3月18日晚上10点左右,网上开始流传一个冒充新加坡总理公署网站文告的截图,称李光耀已经逝世,后来多家媒体据此做了报道,说是"新加坡建国总理李光耀去世",大约二十分钟后,此事被证明是误报。来源是,新加坡《联合早报》向新加坡总理公署查证,证实

新加坡总理公署并未发布上述信息,此次伪造的截图是黑客入侵导致的。

在误报这件事上,中国的媒体特别是新媒体是主力军,几大门户包括数家主流媒体的客户端都推送了此条消息,如新浪新闻、网易新闻、凤凰网、搜狐网、人民网等,主流网站中唯一没有转载此消息的是腾讯。微信公众号"刺猬公社"2015年3月19日的推送对此事进行了一个全面梳理,都有截图为证。当然,《联合早报》澄清以后,各大媒体都更正了自己的错误报道,并表达了歉意。

之后,新闻圈内外的人士开始了气氛热烈的讨论,主流的观点是批判媒体这种不负责任的做法,比如《京华时报》当时就发表了一篇文章,认为"在假新闻传播链条中,始作俑者诚然可恶,但那些转发假新闻的媒体更该扪心自问:有没有坚守专业流程?有没有进行事实的还原?有没有意识去传播真相?不假思索、不辨真伪、人云亦云的拿来主义不该是新闻传播的风气"。

这篇文章用词比较严厉,但还算是比较客气的,因为它依然是在新闻业务的范围内讨论此事,没有上纲上线。据《中国青年报》的文章说,在这件事情上,有些非常义正辞严的声音已经出来了:这件事情给了中国媒体一记响亮的耳光!真实性永远要高于时效性!

2015年3月18日,诸多媒体关于李光耀去世的新闻是一次乌龙事件,不过,5天之后的3月23日,新加坡政府就正式宣布了李光耀去世的消息。这说明,死亡新闻或者说讣闻这一类新闻有自身的特殊性,死亡的认定需要一个权威的过程,既有医学方面的认定,也有当事人所在机构的认定。在此期间,媒体不宜抢发新闻。同时,这一次新闻误报事件也再次说明,在新媒体时代,新闻圈内的业务和伦理问题超越了新闻行业,很容易演变成社会公众事件。

**2. 新媒体环境下,遏制虚假新闻的方法**

新媒体环境下,为了最大限度地剔除虚假新闻,需要从以下三个方面入手。

(1) 官方要及时发布权威消息,避免"流言"和"谣言"。

新加坡官方对这件事的处理很值得我们学习。李光耀病重住院,新加坡总理公署自2015年2月21日以后公布了8份文告,详细发布李光耀的病情信息。这些文告的发布说明新加坡政府在这个问题上持公开透明的态度。而3月18日晚上发生误报事件后,新加坡官方也及时召集新闻媒体进行澄清,同时针对黑客假造总理公署网页一事向警方报案。

《中国青年报》3月19日的一篇文章说,这件事令人欣慰之处,就是它再一次地向世人展示,只要公开、透明、自由地发布消息,谣言终归是没有市场的①。

(2) 在重大新闻选题上,媒体要派出记者去新闻一线采访。

媒体要做好各方面的准备,在重大选题来临之际,不能打无把握之仗。这次发布错误消息的媒体,几乎都没有派记者去新加坡采访,都是转载的二手消息。相比于一手的原创信息,二手的转载消息更加不可控,易造成虚假报道。当然,就算到了现场,也不一定能写出准确的消息,特别是在第一时间内。但是,有记者在现场和没有记者在现场,还是有根本差异的。

这也是新媒体时代新闻生产的一个特点,"海量的廉价信息如此轻易就能得到,何必费时、费力、费钱地去现场采访呢",持这种想法的媒体机构不在少数。在传统媒体时代,大新闻发生之后,很多记者会赶往一线采访,但是如今这种传统已经式微,许多媒体在重大新闻发生后选择放弃前往一线。这次李光耀病危,到现场的也只有几家全国性媒体,还有财新等少数市场化媒体,地方性媒体都是在"遥远地"报道这件事情。

(3) 作为读者来说,要"货比三家",增强对信息的鉴别力。

如今,读者获取网络信息更加便捷、及时,同时也接受着鱼龙混杂的虚假不实信息,在这个过程中,要"货比三家",增强自己对信息的鉴别力。要知道网络信息其实有非常强大的"自洁"功能,网络就是一个巨大的信息市场,在这里,各种信息互相竞争,最后虚假信息绝大部分都会被淘汰掉。这和传统的报纸时代相比,差异很大,以前读者看报纸,倾向于相信所看到的内容,但是如今,阅读网络新闻一定要仔细甄选。

总之,类似的乌龙事件值得业界深刻反省和总结,以期尽量减少此类事件甚至是事故的发生概率。不过,这样的事情绝不会杜绝,假新闻和真新闻从来都是相伴相生的,特别是在新媒体环境下。也因此,"恳请政府从严从实监督网络舆论"的呼吁是多此一举,至少是开错了药方。

---

① 《中青报评论:误报李光耀死讯中的是与非》,转引自网易新闻,2015年3月20日,http://news.163.com/15/0320/04/AL4FO5CO00014AED.html。

## 四、新闻伦理对记者的要求高于法律的要求

一般来说,新闻伦理问题可以从新闻行业、新闻媒介和新闻工作者三个层次展开研究,新闻伦理是新闻事业整体、新闻媒介实体(包括报社、电台、电视台、网站等新闻组织)和新闻工作者(编辑、记者、播音、主持等)在新闻传播活动中的价值取向、道德表现与日常行为品德规范等的总和。根据这个定义,新闻伦理是一个专业性和行业性的规范体系,这个规范体系有其特殊性,总体来说,它对新闻生产者的要求要高于法律法规的要求。

### 1. 客户经理被央视"3·15晚会"曝光

2015年3月16日,央视"3·15晚会"的第二天,有微信公众号推送了一篇题目为《移动当事客户经理叫板央视:315暗访记者,我要和你当面对质》的文章。文章的缘起是当年的央视"3·15晚会"曝光了网络骚扰及诈骗电话的情况,其中透露有运营商提供透传语音线路支持,涉及中国移动广州公司西区分公司一位叫邱新培的客户经理,该经理被央视"暗访"。

2015年1月中旬,上海五季天集团副总经理何楸主动打电话到广州10086,表示需要建立呼叫中心,因该集团表示他们公司在龙津路附近,属于荔湾区,故10086把商机发送到西区分公司。客户经理邱新培初次电话联系何楸时,对方回复没有时间未与之见面。但1月20号,何楸急匆匆约邱新培见面,说否则将与其他运营商联系。邱新培紧急从促销现场返回,见面后何楸表示需在广州建立一个50席位和100多个自动外呼的系统呼叫中心,低消5万元/月。

期间,客户多次主动提及"透传"信息,因邱新培对"透传"技术没有了解,故未进行专门讨论。随后,何楸改变说法,提示外呼需要改号码,并追问技术上是否可以,邱新培明确表示广州移动肯定改不了号码,技术上虽可以,但属违法行为。随即,何楸表示自己也知道,而且知道同行也这样做,自己会到外面找公司去做(央视晚会播出时仅留下"这样改号可不可以?"和回答"可以",传递了中国移动可以修改号码的错误信息)。

这位客户经理认为很冤枉，发表了三点"内心独白"。第一，我们从集团公司到省、市，都要明确要求，不能做透传和虚假号码；第二，广州移动西区分公司从来没人跟央视节目中的改号公司合作过；第三，央视钓鱼执法、断章取义、混淆视听，完全丧失了一个国家级媒体所应有的公正、客观。基于此，这位客户经理发出这样的呐喊："315暗访记者，我要和你当面对质！"

文章的阅读量很快超过了10万。之所以阅读量大、流传广，有几个原因。第一，叫板央视，气魄够大；第二，叫板"3·15晚会"，足够新鲜；第三，当面对质，底气够足。如果此文所述属实，央视记者这样的采访方式肯定是有瑕疵的，不符合新闻采访的一般规范。

央视在"3·15晚会"上的这段报道时长9分57秒，讲了用户在日常生活中常受到垃圾电话的骚扰，有卖房子的，有推销贷款的，有推荐幼儿教育的，等等。报道还分析了这些电话的来源，以及这些电话如何突破拦截软件。简单说，要想不被拦截，就要做中国移动、中国铁通的工作，以便随时改变在用户手机上显示的电话号码，这就叫"透传"。中国移动这位叫邱新培的经理就是在讲"透传"时出现在视频中，时间很短，总共只有大约15秒的时间。记者问："这样改号可不可以？"邱经理回答说："可以。"

央视这个近乎10分钟的报道总体上是属实的，反映的骚扰电话情况和我们日常生活中接触的现实相吻合，日常的生活经历可以证实报道的真实性。但是，这位邱经理在帖子中所说的也是实情，他被记者"引诱"了，而且他与记者的对话很可能被处理过，被嫁接过。只不过，邱经理在报道中只露面15秒，对这个报道而言不是主体部分，甚至可以说，即使没有他这句话，也不会影响整个报道的成立。

### 2. 新闻侵权与否要看"是否基本真实"

不知道这位经理在文章中说的"叫板"和"对质"是什么意思，如果是宣泄自己被冤枉的情绪，那没有问题，但如果要走法律途径维权，难度还是相当大的。目前中国这类新闻诉讼主要依靠最高人民法院的两个司法解释来判案，一个1993年的"解答"，一个1998年的"解释"。

1993年制定的《审理名誉权案件的若干问题的解答》第八条规定："因撰

写、发表批评文章引起的名誉权纠纷,人民法院应根据不同情况处理:文章反映的问题基本真实,没有侮辱他人人格的内容的,不应认定为侵害他人名誉权。文章反映的问题虽基本属实,但有侮辱他人人格的内容,使他人名誉受到侵害的,应认定为侵害他人名誉权。文章的基本内容失实,使他人名誉受到损害的,应认定为侵害他人名誉权。"根据这一条,认定新闻侵权与否主要看内容"是否基本真实"①。

既然说的是"基本真实"而不是"完全真实",就容许报道"局部失实"。央视这篇报道中关于邱经理的这 15 秒就是"局部失实"的一个例子,这个局部对整个报道不构成实质性影响。法律之所以要求报道"基本真实"而不是"完全真实"是基于一个判断,那就是新闻媒体不像司法机构那样有强制性的调查权。而社会整体上需要媒体行使监督功能,所以法律对新闻媒体在一定范围内实行"倾斜保护",降低了对媒体掌握事实的要求。

### 3. 新闻伦理是新闻业的职业底线

法律是法律,规范是规范。这么说并不意味着媒体自身可以降低对自己所做报道的要求,以央视这个报道为例,虽然一旦诉诸法律不一定要承担法律责任,但是在自己的采编规范之下,这篇报道就是一篇有瑕疵的报道,如果对邱经理的采访片段进行了不合理的处理和嫁接的话,这就是一个违反新闻伦理的事情,在行业内要受到批评和谴责。

央视"3·15 晚会"这篇报道还提醒新闻同行,现在是新媒体时代,如今的从业环境和以往完全不一样,至少,被采访对象也有自己的发声渠道。在以前报道有瑕疵的情况下,采访对象最多就是写封投诉信或者提起诉讼,到了现在,他们完全可以"自己发声",形成公共事件,对媒体的公信力造成严重伤害。如央视这样的权威媒体,"3·15 晚会"的报道也连年受到挑战。

这起事件告诉我们,在新媒体时代,作为专业的采编人员,要更加慎重地对待自己的采访,尽最大可能去完善自己的报道,不要给采访对象留下攻击的把柄。这既是对采访对象的尊重,也是对自己的保护。

---

① 窦锋昌:《新媒体环境下评论侵权抗辩事由的演进——以汪峰系列名誉权纠纷案为例》,《新闻大学》2017 年第 4 期,第 33—40 页。

第九讲

# 全媒体新闻生产中的新闻侵权

新闻侵权一般是指行为人通过新闻媒体向社会公众传播不真实情况，或情况虽然真实但属于法律禁止传播的事项，从而侵害了他人的合法民事权利，依法应当承担法律后果的行为和事实。一般而言，新闻侵权法致力于调节言论自由与名誉权之间的紧张关系，通过对双方利益的全面考量与兼筹并顾，以期达到适当的平衡。具体的调节机制在不同的国家各有独特之处，但是在新媒体环境下如何平衡二者的关系却是一个全世界共同面临的问题，都需要考虑现实中的法律规范如何应互联网的变化而进行适当的调适①。

在全媒体新闻生产的环境下，新闻侵权发生了三方面的显著变化。第一，刊发平台的变化。在传统媒体时代，刊发平台主要包括通讯社、报纸、杂志、广播、电视，有了互联网以后，又增加了新闻网站，到了当下全媒体新闻时代，刊发平台的名单上又多了新闻客户端、微博、微信公众号、网易头条号、今日头条号、知乎、果壳等。第二，侵权主体的变化。传统媒体时代，新闻侵权的主体是专业化新闻机构以及在新闻机构任职的采编人员，但是现在更多的主体加入新闻生产行列，"人人都是记者"，因而人人都可能引发新闻侵权。第三，侵权文章形态的变化。侵权的文章不一定是新闻作品，所有刊发在新旧媒体平台上的内容都存在侵权的可能性，比如在微博上刊发一段简短的评语，在微信公众号上推送一篇关于新闻事件的评论等。

除名誉权外，在传统媒体时代并不突出的版权问题，现在也变得越来越严重。版权也叫著作权，属于知识产权的一种，传统媒体的版权是很清晰的，到了全媒体时代，平台增多，转载问题变得异常突出，转载有合法的也有非法的，因此引发的纠纷不断。有的版权纠纷通过法院解决，也有媒体采取刊登"反侵权公告"的自救方式。

---

① 窦锋昌：《新媒体环境下评论侵权抗辩事由的演进——以汪峰系列名誉权纠纷案为例》，《新闻大学》2017年第4期，第33—40页。

## 一、评论侵权的边界

由于互联网的发展,和新闻侵权有关的行为发生了很大变化,各国都在推出新的法律以适应形势发展。美国国会早在1996年就制定了《通讯端正法》(Communications Decency Act),体现出适应互联网发展与偏重言论自由的倾向,德国则在1997年制定了全世界第一部专门规范互联网行为的《多媒体法》,最为引人注目的当属英国2013年的《诽谤法》改革[①]。

我国从1989年公安部颁布《计算机病毒控制规定(草案)》以来,全国人大、国务院及各部门、最高人民法院共计发布了200多部全国性互联网专门法,在这些法律法规中,涉及名誉权与表达自由的内容绝大多数都是行政性规范,相关的民事规范近乎阙如[②]。

伴随着互联网特别是移动互联网的飞速发展,因为网络言论引发的名誉权侵权纠纷时有发生,但是现实世界中用来解决此类纠纷的法律法规大都还是二三十年之前制定的。目前此类法律规范主要包括《民法通则》第101条、120条,《侵权责任法》第2条、第15条,以及1993年《最高人民法院关于审理名誉权案件若干问题的解答》、1998年《最高人民法院关于审理名誉权案件若干问题的解释》等规定。

由于我国现有的法律规定没有明确发展出一套关于新闻侵权及抗辩的规则,更缺乏针对互联网条件下名誉侵权案件及其抗辩事由的专门规定。近年来发生的数起因为评论引发的名誉权纠纷案非常典型地体现了上述"不适应",法官在判案过程中虽然试图有所突破,但又只能在既有法律框架内寻求解决方法。此类案件的频频出现,呼唤实体法律法规或司法解释能够及时给出回应。

---

[①] 蔡浩明:《英国诽谤法改革对我国的启示》,《当代传播》2014年第3期,第66—68页。
[②] 胡颖:《现状、困境与出路:中国互联网话语规制的立法研究》,《国际新闻界》2015年第3期,第21—37页。

## 1. 从奇虎 360 公司诉阮子文看评论侵权的特殊性

澎湃新闻 2015 年 4 月 25 日发表了一则社论,探讨一个与评论有关的案件。这个案件和每家媒体机构几乎都有关系,因为牵涉评论应该怎么写才是安全的,特别是有批评和监督味道的评论,写到什么程度才不会侵权。

2014 年 11 月,一种叫"Wire Lurker"的新型恶意软件在互联网上暴发,黑客可以利用它对苹果电脑和手机用户实施恶意推广、安装恶意软件等。据报道,有将近 500 款应用被感染,总下载量超过 50 万次。之后,奇虎 360 向北京警方报案,称他们通过技术分析追查到了"Wire Lurker"的相关线索,并且协助警方关闭了制造这款恶意软件的论坛。

之后,财经网对此事的报道说,奇虎 360 正是这个论坛"麦芽地"和相关公司背后的投资者。之后,广西律师阮子文根据公开报道发表了一篇评论,指奇虎 360"左右互搏、贼喊捉贼",让马甲公司"造毒、传毒",然后自己"解毒",获取商业利益。阮子文同时是《南方都市报》的专栏作者,每个月会发一篇评论,所谈都是一些具有公共性质的话题,就是社会关注度比较高、跟老百姓切身利益比较密切的话题,当时刚好财经网报道了关于 360"制毒、传毒、解毒"的新闻,他就根据这个报道撰写了一篇评论文章。

这篇评论刊登在 2014 年 11 月 22 日《南方都市报》评论版上,标题是"揭开 360 公司的'左右互搏术'面纱"。文章说,循着媒体报道的有限事实可知,让自己控制的各种马甲公司"造毒、传毒",然后自己再"解毒",从而获取商业利益,是 360 公司"左右互搏,贼喊捉贼"的发财之道。

6 天之后的 2014 年 11 月 28 日,奇虎 360 向北京市西城区人民法院提起民事诉讼,认为阮子文的评论文章"严重歪曲事实、混淆视听,大肆污蔑诋毁,严重损害了奇虎 360 公司的名誉权",要求阮子文赔礼道歉,消除影响,并且赔偿 100 万元人民币。从法理上来说,奇虎 360 要起诉的话,应该把财经网和《南方都市报》一起列为被告。但是 360 没有这么做,因为财经网和《南方都市报》接到 360 的投诉后删除了有关文章,但是阮子文不仅不认错,而且还把这篇评论发在了自己的微博上,扩大了负面影响。

阮子文认为,自己的文章是正常评论,而奇虎 360 公司的索赔是"诉讼恐吓",理由有四。首先,这个话题涉及上亿网络用户的电脑安全,具有公共性。其次,奇虎360是一个上市公司,上市公司对社会批评应该有更高的容忍义务。再次,财经网报道的事实清楚,评论只是一个法律推理。最后,起诉侵犯名誉权但又不提供任何举证,要求赔偿100万,这个100万是怎么计算得来的并不清楚,这是赤裸裸的诉讼恐吓,目的不是为了索赔100万,而是打压舆论监督,警告大众以后不要在上市公司的问题上说三道四。

各执一词的情况下,此事诉讼到了法院。2015年3月25日,案件在北京市西城区法院开庭。4月23日,该院作出一审判决,判决原告胜诉,被告须赔偿经济损失10万元,并在有关媒体和个人微博上向原告道歉。澎湃社论就此指出,如果这个判决就是最终判决的话,以后谁还敢写批评性的评论文章?以后有人涉嫌侵犯公共利益,最好是一言不发。法律为批评性评论文章提供了多大的表达空间,侵权与不侵权的最终边界在哪里?鉴于此案带来明显的"寒蝉效应",会影响其他媒体的评论尺度,澎湃社论认为此案值得关注。

澎湃社论认为,现代新闻媒体强调新闻报道与新闻评论分开,涉及报道即事实陈述部分适用"真实"抗辩原则,涉及评论即观点表达部分适用"公正评论"抗辩原则。在此基础上,社论从三个角度质疑了一审判决。

第一,在事实部分,判决书称,被告作为职业律师和专栏作者,在没有了解事实的情况下,"仅凭其他媒体的报道"就对360进行负面评论,对原告的"名誉造成影响,主观上存在过错"。这是难以服众的,因为被告作为专栏作家,看到新闻媒体的报道并且依据该报道发表见解,实属正常之举。社论认为,对于权威媒体做的调查报道,在没有被司法裁定该文因失实而侵权的前提下,评论的作者默认其事实部分可信,没有再去核实事实真伪的义务。

第二,在观点部分,被告文中四次使用的"贼喊捉贼"一语是否如判决书所说"带有明显的贬损他人名誉的性质"也大有争议。"贼喊捉贼"是比喻性的说法还是事实判断,恐怕多数人认为是前者,如此,它的贬损性从何而来?公正评论原则经常保护的是维护公共利益的热烈甚至是夸张的表达,但只要出于公心而无恶意就可被接受。"贼喊捉贼"一说没有超出这个限度。

第三,赔偿金额的认定恐怕有争议。根据1998年最高院有关司法解释的规定:因名誉权受到侵害使生产、经营、销售遭受损失予以赔偿的范围和数额,可以按照确因侵权而造成客户退货、解除合同等损失程度来适当确定。因此,无论是原告要求的100万还是法院认定的10万,都需要第三方评估。

虽然舆论上有这样的呼吁,阮子文本人也不能接受一审判决,之后他向北京市二中院提起上诉,2015年9月,二中院作出终审判决,维持一审的判决结果,阮子文的这篇文章被法院认定侵犯了奇虎360公司的名誉权。正如澎湃评论所显示的,这是一个让新闻界不太能够接受的判决。所幸,近年来出现的此类官司中,评论者和新闻媒体并不总是败诉的一方。

**2. 从汪峰系列名誉权纠纷案看评论侵权的抗辩事由**

2015年12月,汪峰诉韩炳江(自称"内地第一狗仔"卓伟)、汪峰诉上海新闻报社和新浪网名誉侵权案两个案件有了一审判决,汪峰败诉。由于此次判决在我国新闻侵权法历史上的"局部突破"以及汪峰本人的名人效应,媒体当时给予了广泛报道。汪峰不服一审判决提起上诉,2016年5月,北京市第三中级人民法院作出了汪峰诉韩炳江一案的二审判决,维持原判。由于两案原告相同,一审法院相同,案由近乎相同,这里将汪峰诉韩炳江案的一审、二审以及汪峰诉上海新闻报社和新浪网的一审并称为汪峰系列名誉权纠纷案。

虽然我国不实行判例法制度,但是因为"公正评论"这个抗辩事由在此案中的运用,相信会对以后类似案件的判决产生一定的借鉴意义。在如今"人人都是记者"的互联网时代,此案也会为每一个公民个体带来参考价值,仔细研读这个系列案的判决书,有助于我们把握在各类媒体上的"言论边界"。另一方面,由于目前我国的名誉侵权抗辩事由体系没有建立起来,法官在面对此类案件时常常捉襟见肘,在这个系列案中,虽然一审、二审法院的判决结果一致,但是判决理据和说理过程却存在显著差异,凸显出对相关立法的紧迫性。

汪峰系列名誉权纠纷案始自2015年4月17日,当天一篇关于"汪峰所参与的中国江苏扑克锦标赛涉赌被叫停"的消息在网上传播。次日,汪峰工作室辟谣称他所参加赛事并不涉赌。4月20日,微博账号"全民星探"发布标题为《章子怡汪峰领证 蜜月会友妇唱夫随》的文章,透露了汪峰和影星章子怡的相处细节,并附有"作为外人来讲,体会不到那种爱情究竟是甜蜜还是苦涩"的评论。当日,韩炳江在其个人微博账号"中国第一狗仔卓伟"上转发此文,标题为"赌坛先锋我无罪,影坛后妈君有情"。汪峰认为韩炳江未经调查核实,随意在微博上以"赌坛先锋"对他进行侮辱,公然损害他的人格和形象,严重侵犯了他的名誉权,遂将韩炳江起诉至北京市朝阳区法院,索赔200万人民币。

2015年12月,北京市朝阳区法院对该案作出一审判决,法院认为此案的关键点在于"赌坛先锋"一词的使用是否违法,"赌坛"中的"赌"字应被理解为对特定社会行为的客观描述,而非对该行为法律性质的判断,韩炳江使用"赌坛"并不意味着给予汪峰法律意义上的否定评价。此外,"先锋"一词更近似一种修辞上的表达,虽有一定夸大成分,但本身并无侮辱或诽谤内容。法院认为,原告此前曾经多次在境内外参与赌博活动并被媒体报道,"评论者"使用"赌坛先锋"一词有一定的事实基础,这个表述难以被认定构成对原告的侮辱或诽谤。判决还指出,汪峰是具有一定社会知名度的音乐人,属公众人物范畴,此种身份容易成为大众关注的焦点,使得社会对其评论具有全方位、多角度、纵深性、持久性的特点,而原告也有更多机会通过媒体加以澄清,理应对社会评论具有更大的容忍义务。

汪峰不服一审判决,向北京市第三中院提起上诉。2016年5月,北京三中院对此案作出二审判决。二审法院认为,"赌"字在《新华字典》中的词义是用财物作注来争输赢,"赌"字的运用没有损害汪峰的名誉权。《民法通则》第101条规定"公民、法人享有名誉权,公民的人格尊严受法律保护,禁止用侮辱、诽谤等方式损害公民、法人的名誉"。"诽谤"是指捏造并散布某些虚假事实来破坏他人的名誉。韩炳江依据公共媒体报道获取的信息,将其对汪峰行为的认知通过微博的形式发布,应认定该行为不是没有事实依据的诽谤,而是个人根据其所知的事实发表的"主观评论"。"侮辱"一般是指用语言或行为损害、丑化、贬低他人人格。"赌坛先锋"不是一个正面评价,但在认定某行为是否构成侮辱问题上不能简单地将"侮辱"等同于贬低性词汇,而应区分公众可接受范围内的评论与恶意侮辱的合理界限,"赌坛先锋"虽然尖锐,但仍在个人主观感受范围内,而非带有明显恶意的侮辱。"赌坛先锋"的表述既非诽谤又非侮辱,因此二审判决驳回了汪峰的上诉。

2015年4月21日,上海报业集团旗下的《新闻晨报》发表了记者郁潇亮所写的《用慈善为赌博张目是丧尽天良》的评论性文章。同日,新浪公司在其新浪微博及新浪网上转载了该文章。汪峰随之将上海报业集团、郁潇亮和新浪公司诉至北京市朝阳区法院,同样索赔200万人民币。最后,法院两审都驳回了汪峰的诉讼请求。

（1）事实与评论。

对照汪峰诉韩炳江一案的两审判决书，论证虽然不尽一致，但在以下三点上却是一致的：第一，都是原告败诉；第二，判决都引入了"评论"的概念；第三，在论证"评论"是否构成侵权的时候，援用的是"基本真实"的审查标准，判决既看到了"事实"和"评论"的不同又忽视了二者的不同。"评论"（comment）也叫意见（opinion）或观点（view），是和"事实"（fact）相对而言的。从理论上来说，在名誉权纠纷案件中，由"事实"引发的案件适用"基本真实"的抗辩事由，而由"评论"引发的名誉权案件适用"公正评论"的抗辩事由。

以上这种二分法在我国目前主要还是学理上的分法，因为我国目前的法律法规以及司法解释中还没有明确区分事实和评论的规定。不过，多数学者都认为目前的规则暗含了"基本真实"的抗辩事由，依据是 1993 年名誉权《解答》的第 8 条规定："因撰写、发表批评文章引起的名誉权纠纷，人民法院应根据不同情况处理：文章反映的问题基本真实，没有侮辱他人人格的内容的，不应认定为侵害他人名誉权。文章反映的问题虽基本属实，但有侮辱他人人格的内容，使他人名誉受到侵害的，应认定为侵害他人名誉权。文章的基本内容失实，使他人名誉受到损害的，应认定为侵害他人名誉权。"一般认为，这一条的第一款和第三款从正反两个角度给出了"基本真实"抗辩①。

同理，根据这一条的第二款则可以反推出"公正评论"抗辩，因为既然"问题基本属实，但有侮辱他人人格内容"的构成侵权，那么"问题基本属实，没有侮辱他人人格内容"的文章（这样的文章通常是评论性的）即使有尖锐的内容也不构成侵害名誉权。不过，对这样的解释，有学者持不同的看法。除此之外，1998 年名誉权《解释》第 9 条规定："新闻单位对生产者、经营者、销售者的产品质量或者服务质量进行批评、评论，内容基本属实，没有侮辱内容的，不应当认定为侵害名誉权。"虽然这一条款的适用范围仅限于"新闻单位对生产者、经营者、销售者的产品质量或者服务质量进行批评、评论"，但这一条通常也被认为是规定了"公正评论"抗辩。

因此，"事实"与"评论"的两分法在我国目前的法律体系里虽然有所体现，但都隐含在司法解释的字里行间，没有明确给予规定。法律规则的模糊导致

---

① 姜战军：《中、英名誉权侵权特殊抗辩事由评价、比较与中国法的完善》，《比较法研究》2015 年第 3 期，第 93—110 页。

在司法实践中,原告一方一般不会从这样的角度去论证侵权的构成,被告一方倒是经常会采取这个抗辩策略,而法官会不会采纳这样的二分法则存在很大变数,可预期性很低。

汪峰诉韩炳江一案就是这样,无论是在一审中还是二审中,原告都没有去区分"事实"与"评论",原告的起诉理由是"韩炳江未经调查、核实,随意在其个人微博上以'赌坛先锋'对汪峰进行侮辱诽谤",原告没有区分"侮辱"与"诽谤",也就没有区分"事实"与"评论"。而被告一方的答辩也没有区分"事实"与"评论",被告称:"第一,本案不存在名誉被侵犯的事实;第二,韩炳江的行为没有违反法律规定;第三,韩炳江行为与损害结果没有因果关系;第四,韩炳江主观上没有过错,韩炳江的行为是依法行使作为公民的言论自由权和舆论监督权",这是从1993年名誉权《解答》第7条里找到的依据,这一条按一般侵权的构成要件给出了名誉侵权的构成要件,被告认为自己的行为全都不符合这些要件,而没有从区分"事实"与"评论"的角度为自己辩护。

一审法院的判决存在前后矛盾之处,判决书先是从"名誉侵权的构成要件"上判定是否构成侵权,即"被告是否公开作了关于原告的具有名誉毁损性质的陈述并存在过错",以此思路,判决书考察了"赌坛"以及"先锋"两个词汇的具体含义,认为这两个词不构成"侮辱"或者"诽谤"。此处,判决书没有区分"侮辱"和"诽谤"的法律含义。实际上,依照大部分学者的研究,"侮辱"在新闻侵权中一般"限于那些一无事实、二不讲理,以贬损他人人格为目的的情绪化表达",也可以叫"非理性评论","诽谤"一般是由"不实的事实"引发的。一审判决书在这一部分没有区分"事实"和"评论",但到了后面,判决书又把被告认定为"评论者",并在结尾部分直接说"赌坛先锋"这个"评论"虽然有些尖锐,但并非无中生有而且没有超出必要的限度。

二审判决书存在和一审判决书同样的问题,二审判决书仔细区分了"诽谤"和"侮辱"的区别,并认为"赌坛先锋"一词不构成"诽谤"也不构成"侮辱",论证该词不构成"诽谤"是说这是一个事实性问题,但是就在论证"诽谤"的这一段判词中,判决又认为"赌坛先锋"是原告个人根据其所知事实发表的"主观评论",既然是"主观评论",那当然就与诽谤无关,因为诽谤的前提是有虚假事实的存在。换句话说,判决先是把"赌坛先锋"看成一个事实问题,而后又认定它是一个"评论"问题,把"事实"和"评论"看成了两个独立的问题。但是如果引入"公正评论"的抗辩事由,这两个问题其实就是一个问题,因为"评论"之所以"公正"的前提之一就是"评论"要有"事实"基础。

总之,在汪峰诉韩炳江一案中,两审法院都认识到涉诉言论是一个"评论"不是一个"事实",本可以采用"事实"和"评论"的二分法并进而适用"公正评论"规则,但是因为我国目前还没有这方面的明确规定,法官不得不在既有法律框架内完成论证和判决,使得两审判决书虽然显现出了区分"事实"与"评论"的努力,但是未能更进一步,表现在判决书上则是出现了若干的不协调甚至是抵牾之处。

(2) 评论与公正评论。

区分"事实"与"评论"目的是引入一个全新的"抗辩事由",由"事实"引发的诉讼采用"基本真实"抗辩,由"评论"引发的诉讼采用"公正评论"抗辩,这是两种完全不同的抗辩事由,适用完全不同的抗辩规则。关于这一点,我们不妨比较一下汪峰诉韩炳江一案的判决与汪峰诉上海新闻报社、新浪网一案的判决的不同之处。

和汪峰诉韩炳江一案的判决书不同,在汪峰诉上海新闻报社和新浪网一案中,北京朝阳区法院的一审判决书认为,这是一篇评论文章,所基于的事实是汪峰所参加比赛的后续赛事被公安部门叫停,理由是涉嫌赌博。关于此事,当时的新闻报道非常多,汪峰没有拿出证据否定这些报道的真实性。文章虽然措辞激烈尖锐,但其所基于的事实大体真实,其中评论基本属于个人观点表达,且该文章和配图所评论的行为具有社会公共利益的性质,文章亦有弘扬社会正气的愿望。判决书最后明确指出,涉诉文章并未超出"公正评论"的范畴,而是媒体正当行使舆论监督权的一种行为。

在这个判决书中,法院不仅明确区分了"事实"与"评论",而且在论证过程中,没有再把"诽谤""侮辱"和"事实""评论"混在一起,直接论证涉诉"评论"是"公正评论"。具体来说,判决书主要说了四点内容:第一,《新闻晨报》刊发的文章是一个"评论";第二,做出这个评论有一定的事实依据,因为汪峰对此前多家媒体关于他涉赌的报道没有提出异议;第三,《新闻晨报》的评论具有一定的社会公益性;第四,"丧尽天良"这样的表达虽然措辞激烈尖锐,但并未达到侮辱的程度。这基本援引了学界关于"公正评论"的研究成果,"公正评论"要成立需要满足下列条件:第一,评论的基础事实须为公开传播的事实;第二,评论的内容不能有侮辱、诽谤等有损人格尊严的言辞;第三,评论必须出于社会和公共利益目的。

"公正评论"进入判决书来之不易。有人曾经做过一项基于北京朝阳区法院所受理新闻侵权案件的研究。该院自1991年至2010年的20年间,共审结媒体侵权案件393件,在这些案件中,如果涉诉文章是评论性的,作为被告的新闻媒体通常都会以"公正评论"作为抗辩理由,但是因此得到免责的却只是其中的一部分[①]。司法实践中,"公正评论"因为没有明确的法律依据,之前这种认可往往是"潜在"的,隐含在判决的字里行间,而要形成书面文字的判词,法官依然要在1987年的《民法通则》或者最高人民法院1993年名誉权《解答》和1998年名誉权《解释》中寻找依据,一般会把"评论"抗辩转化成"基本真实"抗辩,以至于个别判决书中出现"评论客观真实""评论基本真实""评论失实"等经不住推敲的说法。

由此,汪峰诉新闻报社和新浪网一案成为目前能够查实的"公正评论"作为一个完整法律概念进入司法判决的第一案。这并不是说"公正评论"的理念在既往的判决书中没有出现过,只不过未曾以一个"完整"概念直接进入司法判决(可以用来比对的是,"公众人物"在2002年范志毅诉文汇新民报业集团一案中被写进判决书)。在这个意义上,汪峰的这个案件可以被视为"公正评论"作为抗辩事由进入中国司法判决书的第一例,即使不是绝对时间意义上的第一例,至少也是进入社会公众和研究者视野的第一例(标志性案件通常和知名人物有关,这也符合一般新闻传播学的规律),是具有里程碑意义的一个案例。

用此案和前述汪峰诉韩炳江案作对比,可以发现,相同的原告、相同的起诉理由、相同的索赔数额、相同的法院、基本相同的事由,不同的在于一个是微博上的标题式评论,一个是正式报刊上的评论文章。虽然判决结果都是原告败诉,但是汪峰诉韩炳江一案只是在"事实"和"评论"间进行了初步的区分,论证上还是沿用"基本真实"抗辩,而汪峰诉《新闻晨报》一案则明确提出了"公正评论"的概念,论证方式上也是要证明这个"评论"为何"公正"。虽然字面上差别不大,但在名誉侵权法理上却泾渭分明。

---

[①] 俞里江:《司法实践中媒体侵权基本抗辩事由分析》,《法学杂志》2011年第8期,第103—107页。

(3) 公正评论与诚实意见。

由单一的"事实"判定到区分出"事实"与"评论",是评论侵权抗辩的一个明显进步,判决书中不至于再有"评论基本真实"这样不规范的说法,在"事实"与"评论"的区分基础上继而引进"公正评论"抗辩事由则是另外一个巨大进步,但是外在环境变化同样是巨大的,特别是在互联网快速发展的今天,"公正评论"这个抗辩事由也面临着新的挑战,实体法律有必要对此作出回应。例如,在前述英国《诽谤法》2013年的改革中,"公正评论"已经被更加贴合互联网话语实践的"诚实意见"所代替。在我国目前的法律体系中,"公正评论"甚至还不是一个明确的抗辩事由,这种情况下,笔者认为有必要建立起关于名誉侵权特别是评论侵权的一整套抗辩事由,以回应互联网发展带来的言论表达方式的巨大变化。

在汪峰诉韩炳江一案的二审判决书末段,法官发表了一段简短但非常重要的论述:韩炳江一案因微博引发,作为具有"自媒体"特性的微博,其特点在于用只言片语即时表达对人、对事的所感所想,是分享自我的平台,与传统媒体相比,微博上的言论随意性更强,主观色彩更加浓厚,而微博的评论功能中所发表的内容同样具有以上特点。这段表述明显看到了微博这个新媒体平台和传统新闻平台的区别,也看到了在不同平台上所发表的言论在内容和表现形式上有明显不同。具体到本案,韩炳江是否具有职业记者身份其实是有疑问的,在自己的微博平台上转发一条微博,并以一个新标题的形式表达对汪峰涉赌一事的看法,这和《新闻晨报》记者郁潇亮在自己所供职的报纸上刊发一篇正式的新闻评论,无论是在撰写主体上还是在内容、形式上,都有根本差别。在当前新闻生产社会化的情境下,韩炳江这样的评论方式更加普遍,几乎每个网友每天都在做类似的事情,这和以往只能由专职记者在专业报刊上发表评论形成了极大的反差。

此种社会变迁构成了2013年英国修订《诽谤法》的时代背景,修订之前,英国的《诽谤法》由普通法构成,普通法中规定了针对事实问题的"正当理由"抗辩(justification),也规定了针对意见的"公正评论"抗辩(fair comment on matter of public interest)。在"公正评论"抗辩的构成要件中,一为评论有关事件的公共利益性,二为评论的"公正性",三为评论基于一定的事实基础。但是,由于普通法的复杂性,以普通法为基础的"公正评论"抗辩在新媒体环境下显示出了明显的不适应。此次立法最后以新的"诚实意见"抗辩（honest opinion）代替了原来的"公正评论"抗辩,同时废弃了"公共利益"要件,"评论"与其所依据的"事实"联系标准也更为简化和明确,要求评论基于其发布时已经存在的任何事实或受特权保护陈述（privileged statement）中指称的任何事实,发布"一个诚实的人"可能持有的观点①。

用"诚实意见"代替"公正评论"蕴含显著的内容变化。"公正评论"抗辩的指向虽然是"评论",但其核心要求是"公正",如果发表的评论不"公正",就不能主张此抗辩。与此不同,"诚实意见"的核心则在"诚实",即只要评论人发表的观点是他自己在面对有关事实时出于诚意的看法,则无论该观点是否是夸大、固执或有偏见,均不影响抗辩的成立。公众如今在网络上表达意见时,偏激、情绪化的可能性更大,把"公正评论"改为"诚实意见",扩大了这项抗辩涵盖的范围,相较于"公正评论","诚实意见"对言论自由的保护更为充分。

回到中国的名誉侵权抗辩,正如上文所分析的那样,首先要做的是把"事实"和"评论"分开,其次是判断什么样的评论为"公正评论",最后是考虑是否应该用"诚实意见"代替"公正评论"。

不过,引进"诚实意见"抗辩也要结合我国的国情,在2013年修订的英国《诽谤法》中,"诚实意见"不再要求以"公共利益"为要件,理由有两个,一是随着各类自媒体的发展,"公共"和"私人"的界限愈发模糊,一定要让评论事关"公共利益"会制约公众发表评论的积极性,二是英国已经有保护隐私的专门立法,"诚实意见"对隐私的可能伤害可以通过隐私法去制止。

需要补充说明的是,如此规定的"诚实意见"和"公正评论"比较起来,主要的不同在于对"评论"或"意见"的宽容度不同。正如前文所说,"诚实意见"中的评论只要发表时是出于诚意的看法,或者说只要是基于公开事实基础之上的评论,无论该评论是否是夸大、固执或有偏见的,均不影响抗辩的成立。相比之下,"公正评论"要求的"公正"比"诚实意见"中的"诚实"更加严格,需要发表的评论公允、平衡,不能有明显的偏颇。

（4）新媒体环境下的评论侵权。

要理解汪峰系列名誉侵权纠纷案在当下的意义,需要明确两个重要的社

---

① 蔡浩明:《英国诽谤法改革对我国的启示》,《当代传播》2014年第3期,第66—68页。

会变迁框架,一个是新闻评论或意见在互联网条件下的快速增长,另外一个是言论(表达)自由与名誉权的平衡保护。

就第一个问题来说,我们平常所看到的新闻无论题材和写法怎样变化,仅从内容上看,主要就是两种,一类是纯粹的事实性消息,报道有误就会形成"假新闻",另外一类是对一件事情发表观点和看法,这就是评论或者意见,从哲学意义上来说,事实有真假之分,但评论或意见没有对错之分,判断评论的高下,主要看逻辑上是否成立以及在观点市场上的竞争结果。

2012年的一项研究发现,在620件新闻侵权案件中,有72件是因为评论引发的,占所有侵权案件的11.6%,72件案件中,最终法院认定构成侵权的有38件,占总案例数的53%[①]。由此可见,1985年至2011年间,评论引发的案件似乎比例不大。今非昔比,近年来随着移动互联网的飞速发展,新闻生产已经进入全新状态,名誉侵权案件也随之出现了新变化。2011年之后,手机成为人们获取新闻信息的第一入口,微博和微信公众号等新媒体平台迅猛发展,人人皆可随时随地发声,针对热点新闻发表自己的评论变得非常容易,比如汪峰系列名誉权纠纷案判决出来的当天就出现了很多点评文章,多是在微信公众号上推送。相比之下,如果让网友们写一篇关于汪峰涉赌的事实性报道,难度就要大很多,要多方面寻找消息源,找到后还要反复核对,然后才能写出一篇严肃的"事实性报道"。总之,在"人人都是记者"的新媒体环境下,由"评论"和"意见"引发的名誉权纠纷在迅猛增长,汪峰一案不过是其中典型的一例。

另外一个变化是对言论自由与名誉权的平等保护越来越成为主流的司法理念。言论自由与名誉权向来是一对相互矛盾的权利,在很长的历史时期内,多数国家对名誉权的保护都甚于对言论自由的保护,比如在英国历史上,《诽谤法》就曾经是言论自由的主要障碍。20世纪下半叶,由于欧洲人权公约和世界人权潮流的推动,英国才认识到言论(出版)自由的重大意义,因而对诽谤法进行了渐进式改革。中国的情况与英国类似,根据有关统计分析,在改革开放以来我国的新闻侵权诉讼中,媒体败诉率高达70%,而同时期美国媒体败诉率只有约8%。导致我国媒体总是败诉的一个主要原因是法律对言论自由权与名誉权的保护不平衡,无论是立法还是司法,都重视名誉权而轻视言论自由。

---

① 方书生:《新闻评论侵权案件审理的现状、问题及对策研究——以72起典型案例为样本》,华东政法大学硕士学位论文,2012年。

但是随着世界范围内新媒体环境的日趋发展成熟,"人人都是记者",随时随地可以发表评论和意见的状况已经成为现实,自由的言论表达有了更多实现的物质基础,此种情况下,旧有的法律法规已经不能有效地处理言论自由和名誉权之间的矛盾了,引进更加具有时代特色的法律理念并重新制定法律法规就成为一个急迫的任务,从事实中区分出评论,继而界定什么是"公正评论",到最后再用"诚实意见"取代"公正评论",这是一个可期的名誉侵权及其抗辩事由的演进路线图。

## 二、事实性报道侵权与否的边界

上面讨论的是评论性报道,在全媒体环境下,各类媒体平台上刊发的评论性报道数量直线上升,因之引发的新闻侵权案件也不断出现。与此同时,新闻媒体上刊发的文章还有另外一大类,就是事实性报道,即记者通过多方了解情况,挖掘素材写出的事实性报道。这一类报道本应是新闻报道的主力军,但是在全媒体环境下,操作这类报道需要投入较大的人力、物力、财力,而且招致新闻侵权诉讼的风险大。总体来看,近年来这类报道特别是调查性报道的数量在减少,质量也在下降,这是很令人堪忧的一个现象。

### 1. 上市公司与媒体报道之间的冲突

2015 年 4 月 30 日,国家新闻出版广电总局向社会通报了对 21 世纪网、《理财周报》和《21 世纪经济报道》新闻敲诈案件的行政处理情况,其中 21 世纪网被责令停办,《理财周报》被吊销出版许可证,《21 世纪经济报道》被责令整顿。作为纸质报纸的《21 世纪经济报道》虽然"被责令整顿",但是失去了网站这个新媒体端口,报纸的未来也不见光明。

根据上海警方的说法,2009 年以来,21 世纪传媒旗下 3 家媒体、7 家运营公司,与润言、鑫麒麟等多家公关公司成为利益共同体,利用上市公司、IPO 公司对股价下跌、上市受阻以及相关产业公司商誉受损的恐惧心理,以发布负面报道为威胁,迫使数百家被侵害公司与其签订合作协议,收取"保护费",进行"有偿不闻"。案发之前,《21 世纪经济报道》是中国为数不多的优秀财经报纸之一。案件发生之后,网站被关闭,报纸被整顿,后果很严重。

那个时间点上,惹上麻烦的不仅是21世纪经济报系,同为专业财经媒体的《第一财经日报》和汉能集团也在打一场"口水仗"。汉能集团此前知名度不高,但是在其创始人李河君成为中国首富之后,该集团开始暴露在聚光灯下,接受各方的检视与质疑。2015年4月24日,《第一财经日报》用罕见的4个整版刊发了针对汉能集团的5篇报道,包括:《李河君的举世蓝图谁能懂,汉能到底在下什么棋?》《争议李河君》《揭开汉能资金链谜团》《自营账户重仓汉能,权益却不属中信证券,"收益互换"替谁锁仓?》《汉能九大光伏基地全景图》。

4月25日,汉能集团就这组报道发表声明,认为这种有计划、有组织、精心策划的密集报道,严重违反新闻采访工作的基本原则和相关规定,内容严重失实,采用影射、猜测、臆造等方式恶意误导公众,对证券市场和广大投资者产生了重大影响,导致汉能集团控股的香港上市公司汉能薄膜发电集团有限公司当天市值损失约280亿港元,严重损害了广大投资者和汉能集团的利益。

4月26日,《第一财经日报》给出了自己的回应。回应说,2015年初以来,国内外专业媒体对于汉能集团及其旗下上市公司汉能薄膜产生了诸多质疑,如母公司是上市公司的最大客户,存在巨量关联交易,上市公司向母公司的销售存在不合常规的利润率等。所有与汉能有关的投资者、债权人、地方政府等都相当关切汉能到底是一家怎样的公司。第一财经认为,对于这些问题,汉能本应正视并给出负责任的答复。

### 2. 上市公司应对媒体报道的原则

在同一件事情上,双方的说法完全不同,第一财经认为自己的报道是对上市公司的"正常报道",而汉能则认为这些报道"严重失实"。

(1) 上市公司是公众公司,事关广大投资者和债权人的切身利益,理应受到媒体更加广泛的监督报道。

汉能薄膜发电是一家在香港上市的公司,如果真的存在"母公司是上市公司的最大客户,存在巨量关联交易"的行为,就会影响投资者对这家公司的投资策略。实事求是地说,中国上市公司中存在此类不规范交易的公司比较普遍,媒体理应对此类现象进行监督报道。

事实上,第一财经并不是最早对汉能做报道的,最早对汉能有所怀疑的是英国媒体《金融时报》。2015年3月25日,《金融时报》刊发了一篇名为《汉能尾盘10分钟的暴发》的文章。这篇文章说,过去两年里,香港股市几乎每个交易日的下午3点50分成了汉能薄膜发电财富暴涨的黄金时刻,这家市值355亿美元的太阳能公司已经令其所有者成为中国首富。这篇报道指出汉能公司的股票交易长时间存在异常现象。

(2) 既然是上市公司,一旦发起诽谤诉讼,汉能要证明媒体存在"主观过错"甚至是"实际恶意"。

此事发生后,双方都在自己的平台上发表声明,但是并没有要打官司的意思,汉能的声明最后说:"针对以上严重失实的报道以及对汉能造成的损害,我集团已向国家相关主管部门反映,并保留追究《第一财经日报》法律责任的权利。"由此可见,汉能的反击手段是"向国家相关主管部门反映",主管部门主要就是宣传部和新闻出版局。在我国目前的国情之下,行政监管往往比法律诉讼更加有效,第一财经网站上关于汉能的报道很快就没有了。

反之,如果要进行法律诉讼的话,不仅时间漫长,而且因为汉能是一个上市公司,要承担大量的举证责任,证明媒体在报道的时候存在诽谤的"主观故意"甚至是"实际恶意"是非常困难的。"实际恶意"指的是"明知是错的,还要报道",是美国《诽谤法》在事关"公众人物"和"公共利益"的一项基本原则,中国目前没有明确引入这个原则,但是根据最高人民法院的两份司法解释,在判定名誉侵权的时候要考虑"主观过错",在考虑"过错"的时候,报道的是上市公司和非上市公司应该有明确的不同。

(3) 近年来中国的媒体生态不是很景气,媒体做上市公司的监督报道时不应该畏首畏尾。

说回21世纪报系这个案件,这起由上海警方破获的案件被定性为"以舆论监督为幌子、通过有偿新闻非法获取巨额利益的特大新闻敲诈案件"。新闻敲诈应该被查处。在中国的媒体中,采编与经营不分的问题很普遍,虽然采编与经营不分和新闻敲诈之间不能画等号,但是这种情况往往为敲诈行为发生提供了"土壤"。国家新闻出版广电总局有关负责人在通报21世纪报系问题时指出,"打击新闻敲诈和假新闻专项工作,加大案件查办力度,限期挂牌督办一批重点案件,关停一批违规报刊单位,撤销一批违规记者站,吊销一批违规人员新闻记者证"。这说明,21世纪报系的被处理只是一个开始。

那么,媒体会不会因此在报道上市公司负面新闻的时候畏首畏尾呢?单单一个证监会的行政监管能否到位呢?果真如此的话,上市公司的乱象谁来监管,广大股民的投资安全谁来保证呢?因此,第一财经和汉能公司之间的这个争议最好还是走正常的协商和诉讼途径。

2015年年初,彼时的汉能是一只人见人爱的"明星股",股价由2块多涨至最高的9.07港元,其掌门人李河君也被推向了中国首富的位置。然而好景不长,同年5月20日,其股价从开盘时的7.35港元最低跌至3.88港元,跌幅高达46.95%,几乎被"腰斩",李河君的个人财富也损失了140亿美元,因为他的主要财富来源于汉能薄膜。从那以后,汉能薄膜股票一直处在停牌状态,截至2017年5月,这只股票尚未恢复交易,而《第一财经日报》与汉能薄膜的争执最后也不了了之。

## 三、媒体做监督报道的压力不仅来自法律

法律上的压力仅仅是媒体在做监督报道时所遇到的压力之一,甚至还不是最主要的压力,在全媒体环境下,被报道对象如果"不服"媒体的报道,可以采取的反击手段非常多元,有些手段是公之于众的,有些手段则是"桌底下"的,是外人看不到的。

### 1. 郭文贵对胡舒立的猛烈攻击

2015年3月30日,知名政商郭文贵掌控的"盘古"官微发出了一则极为火爆的声明,"矛头"直指财新传媒掌门人胡舒立,从道德上、法律上和职业操守上揭露胡舒立不光彩的另一面。财新一位记者针对此微博留言:"对于一个年过六十仍然活跃在新闻一线的人,女人,极尽低下地造谣,躲在境外反正也不怕担责,把正当的报道引向个人矛盾,目的不过是想羞辱这个女人,一个视名誉如生命的女人。这是魔鬼的末日疯狂报复。"

事情源自此前一周《财新》杂志所做的《郭文贵夺富记》报道,这是一篇质量很高的深度调查报道。郭文贵这份名为《针对胡舒立无理采访郭文贵家祖坟的回应——强烈要求与胡舒立进行公开媒体对话》的声明,目的是要让"(胡

舒立)为无底线的变态行为付出最终的代价"。在这之前,郭文贵已经通过类似方式让刘志华、李友等政商名流付出了惨重的代价。声明共有七部分内容,分别是:一,关于你我二人共同的关联人——李友;二,关于你和李友非法从上市公司获取利益,非法利用国有资产为自己谋私利;三,关于胡女士政治背景和后台的质疑;四,关于报道中涉及被我"陷害"入狱的多位人士;五,贫苦孩子获得成功不是错误,也没有罪;六,关于我家人、朋友情况信息的错误报道;七,关于你我对话的事实依据标准。

显然,这份声明所表达的更多是一种立场、一些判断和一些期望,没有提供基本的证明财新报道"失实"的依据。按照郭文贵的说法,事实依据和证据部分会在"媒体对话"的时候予以展示。声明中最强的武器是道德上的,大题目就说到了"采访郭家祖坟",第七部分说的是"家人、朋友的错误信息"。这是在指责财新记者的新闻伦理,采访不应该对死人不敬,不应该无辜波及他人。

这些指责不能说没有道理,但明显是在避重就轻,没有直接针对财新的报道给予有针对性的反驳,这样的指控也因为缺乏一手证据导致其力量没有那么大。

事实上,这份声明不是一份法律意义上的声明,最能说明这一点的是声明提出的最终诉求,既不是消除名誉损失,也不是索取赔偿,而是"进行公开的媒体对话"。这是一个有些怪异又很有想象力的诉求。"媒体对话"大概指的是"公开辩论",在媒体面前展开辩论,如果"媒体对话"也能成为解决新闻侵权纠纷的一个途径,倒不失为一个"中国式"的制度创新。

虽然如此,当时碰到郭文贵这样强悍的对手,胡舒立和她领导的财新传媒算是遇到了一个挑战。以往财新的贪腐报道大都是"被关进笼子的老虎",基本上没有反弹能力,这一次,这位郭老板不愿意束手就擒,立即展开了反扑。优秀如财新这样的媒体,依然会遇到郭文贵这样的猛烈还击,财新的报道无疑要经历一番严格的法律上的、伦理上的、事实上的审查。

时隔两年之后,在2017年4月19日外交部举行的一次记者招待会上,有记者问:"据香港媒体报道,中国政府要求国际刑警组织对郭文贵发布'红色通报'。中方能否证实?郭文贵涉嫌犯了什么罪?"外交部新闻发言人当时回答:"你说的没错。据我们了解,国际刑警组织已经向犯罪嫌疑人郭文贵发出了红色通缉令,也就是'红色通报'。有关具体情况,你可以向有关部门了解。"

之后,几乎所有的媒体都报道了郭文贵被"红色通报"的消息,《新京报》等媒体还做了关于郭文贵涉嫌犯罪的深度报道。到了这个时候,虽然郭文贵还没有归案,更没有判决和定罪,但是既然已经启动了刑事程序,郭文贵当初被《财新》杂志率先报道的贪腐行为基本上也就被证实了,郭文贵当时所做的声明也不过是对胡舒立的一次无中生有的攻击。现在来看,胡舒立和财新集团在此次事件中不仅没有什么损失,反而收获了公信力。但是,报道刚出炉之时,面对郭文贵的疯狂反扑,胡舒立和财新需要承受巨大的压力。

**2. 安邦对财新发出严正声明**

历史不断在重演。两年之后的 2017 年 4 月 28 日,财新传媒刊发了关于安邦保险集团的深度报道《穿透安邦魔术》。报道称,2014 年安邦为满足监管要求,一举增资 499 亿元,通过 101 家公司可查到的 86 名个人股东,均为安邦保险集团实际控制人吴晓晖"在浙江老家的亲属团"。凭借循环出资放大资本,涉嫌利用自己控制的保险资金"虚假注资"。财新特别说明,该文"分析素材全部来自公开资料,如工商注册资料、年报资料等"。

这篇报道引发了财新与安邦之间的一场对峙。4 月 29 日,安邦保险集团官网发布声明说,财新传媒多次对公司董事长吴小晖进行人身攻击,捏造其"有过三次婚姻"的不实报道,炮制其"夫妻关系已确认中止"等谣言,安邦保险决定对财新传媒及胡舒立提起诉讼。安邦保险在声明中称,财新传媒曾多次要求安邦保险给予广告和赞助,给安邦保险盖有财新传媒单方公章的合同,由于未能满足其要求,此后,财新传媒开始刊发不实报道。

2017 年 5 月 1 日,财新传媒在官网发表声明称,安邦集团以"决定起诉"为由发表声明,污指财新出于自身经济诉求对其攻击抹黑,这是罔顾事实的构陷之举,完全缺乏法律依据。财新传媒自创立始,始终坚守媒体公信力原则,设立严格的防火墙机制,经营与采编完全分离,确保新闻独立性不受商业利益的干扰。对安邦声明之诬蔑行为,财新予以强烈谴责,并保留法律追诉的权利。

再之后,2018 年 2 月 23 日,中国农历新年刚过,保监会发布一则重磅消息:安邦保险集团股份有限公司原董事长、总经理吴小晖因涉嫌经济犯罪,被依法提起公诉。鉴于安邦集团存在违反法律法规的经营行为,可能严重危及公司偿付能力,中国保监会决定于 2018 年 2 月 23 日起,对安邦集团实施接管,接管期限一年。直到这时,财新当初的报道才算被证实。

这样的事件不断上演,说明中国媒体做调查性报道的不易,这期间不仅有法律诉讼的压力,也有来自新闻监管的压力,还有来自利益集团的压力。只有能够抗住所有这些压力,媒体才能持续不断地做出好的新闻报道作品,而这样的新闻作品无论是在传统媒体时代还是在全媒体时代,都自有其独特价值。

## 四、媒体发布"反侵权公告"保护版权

移动互联网的发展催生了数量众多的媒体平台,但是平台多了,优质的内容却少了,内容明显不够用了。内容出现短板,国内也出现"内容创业"的高潮,但因为种种条件的制约,优质内容的供应依然十分紧缺。相比之下,专业媒体因为本来就靠内容起家,有一支专业化的训练有素的队伍,也有一套成熟的内容生产机制,它们的内容产出数量和质量相对来说都有保证。平台泛滥、内容稀缺的情况下,内容的需求与供给之间严重不匹配,专业媒体的版权保护就成了一个十分突出的问题。

2015年3月,财新传媒做了一篇关于郭文贵的报道,题目是"郭文贵夺富记",报道透露,这个叫郭文贵的商人倚仗马建等安全、公安部门实权官员的支持,包括暗中的监视窃听以及明面上的出面协调。这则新闻生猛无比,用大量事实揭露了商人与部分政客之间的隐秘关系,而且直指国家安全部等上层建筑的不规范运作。报道的主角郭文贵,一个本来很陌生的名字,其知名度也从此以后大大提升。

这样的调查能力和监督尺度令新闻同行感到欣慰,中国的媒体仍然可以生产一些优秀新闻作品。

### 1. 优质新闻是稀缺品,一旦刊发就面临被侵权的风险

财新传媒这种扎扎实实做新闻的态度值得肯定,以郭文贵这篇稿子为例,采访量非常大,记者要去北京、天津、河南、山东、河北等多个地方进行实地采访,还要清楚其中复杂的公司股权变更关系、交叉持股关系。就算所有媒体都可以放开做这个选题,也很难有哪家媒体能把这件事调查得这么清楚。在这

个快速转变的时代,新闻加速成为易碎品,能够花几个月时间去认真地调查一件复杂的事情,在新闻行当里已经是很难得了。

优质的新闻作品是稀缺品,刊发之后,其他媒体肯定想要转载,转载行为五花八门,有的是合法的,有的是非法的。在这个过程中,版权的保护就成为一个突出问题。实践中,有通过协商解决的,有通过诉讼解决的,但这两种常规的办法并不是经常奏效,或者周期比较漫长。在近年来的实践中,有些媒体还发展出了刊发"反侵权公告"这种手段。

### 2. 提起法律诉讼是解决版权被侵犯的一种手段

在法律诉讼方面,与郭文贵这篇报道同时,财新网发布了一个信息——近日,财新传媒就著作权保护向搜狐、新浪、凤凰、和讯四家网站提起诉讼,现已立案。事件的起因是,自 2014 年 1 月,财新记者采写的多篇稿件刊发后即遭到一些媒体非法转载侵权,其中包括"解放军南京政治学院政治部主任马向东被查""谷俊山之弟谷三的王国""中石油的哈法亚风波"等独家重大报道。对于此种侵权行为,财新传媒于 2014 年 1 月 15 日发布了反侵权公告第 22 号,予以强烈谴责,并委托法律顾问向包括搜狐、新浪、凤凰在内的十家网站发送了律师函,要求停止侵权行为,但对方未予理睬。为保障自身权利不受侵害,财新传媒向北京市海淀区人民法院提起诉讼,海淀法院已立案受理案件。

在法律诉讼方面,2013 年,财新传媒曾就中金在线侵权一事正式向福建省福州市鼓楼区法院提起诉讼,要求中金在线承担侵权责任,一审判决认定侵权成立承担侵权责任后,上诉至福建省福州市中级人民法院,该案于 2014 年 9 月 29 日经由福州中院作出确定侵权成立,要求侵权方承担相应侵权责任的终审判决。财新传媒创办以来,因知识产权等权利屡遭侵害,采取了多种形式积极倡导健全法制,维护权益,上诉至法院,是财新维护版权的做法之一。

### 3. 刊发"反侵权公告"是另一种解决版权问题的手段

诉讼之外,还有一种重要形式是发布"反侵权公告"。2011 年 5 月 11 日,财新传媒开始发起反侵权行动,财新网通过开辟专栏不定期发布公告的方式,公布一些严重侵权行为,对侵权媒体以谴责和警示,宣传维护知识产权的法律意识。至 2015 年 3 月已发布 28 份反侵权公告,引起一定的社会关注和支持。

"反侵权公告"所反映的正是目前中国普遍存在的新闻著作权保护不力的现状,财新负责人胡舒立在多个不同场合指出媒体机构的著作权得不到保护,如今就是"天下新闻一大抄"。

版权保护不力不仅是几篇稿件的问题,在很大程度上,也正是这种保护不力,阻碍了中国传统媒体向新媒体的转型,比如美国的《纽约时报》可以建起"付费墙",读者看《纽约时报》的网上稿件要付费,如今已经有了超过 200 万的付费读者,但在中国"付费墙"就很难建立起来,一是因为我们这些媒体提供的内容不具有"要价能力",二是有了好的内容却没有版权保护,很轻易就被别的媒体转去免费阅读,读者不必掏钱就能阅读付费内容。

从 2011 年财新传媒创办开始,到 2015 年 3 月 14 日,财新传媒一共刊发了 28 份"反侵权公告"。从时间上看,2011 年发了 11 份,是最多的一年;2012 年发了 4 份;2013 年发了 6 份;2014 年发了 4 份;2015 年第一季度就发了 3 份。这 5 年多的时间里,财新平均每年发 5 到 6 份"反侵权公告"。

### 4. 侵犯版权者,既有传统媒体也有网络媒体

从侵权者的角度来说,其中多数都是媒体同行,既有传统媒体,也有网络媒体。传统媒体数量较少,大约 10 家,包括山东卫视、《东方早报》、《每周文摘》、《江南商报》、《钱江晚报》、《成都晚报》、《南方都市报》、《京华时报》、《郑州晚报》、《东南快报》等。网络媒体居多,大约 50 家,其中有专业的财经网站如投资界网、金融界网、和讯网、中金在新、中国资本证券网,也有综合性网站如搜狐网、新浪网、网易、凤凰网等,同时也不乏中央级网站,如新华网、中国广播网、中国网、中国青年网等。

从公告的内容来看,侵权主要是两种方式,一是"未经协议或者授权转载",转载不是不可以,但是要有协议或者授权,这是比较常见的一种侵权形式;另外一种是"没有署名或者错误地署名",也就是说没有注明是财新的作品。

那么,哪些作品容易被侵权呢? 从这 28 份公告来说,容易被侵权的或者说其他媒体愿意转载的主要是两类作品,一类和贪腐有关,另外一类是大的动态报道。十八大以来,贪腐新闻是财新的一大特色,这样的报道往往让其他媒体冒着侵权的风险也要去转载,郭文贵的报道是一例,之前还有"关于原总后勤部副部长谷俊山已被调查两年的系列特稿"等。大的动态报道也容易被侵

权,比如《故宫又有重要文物被损坏》《中国多地立新规严控"以人查房"》《沈阳铁路局管段发生动车事故致 4 死 1 伤》等。

**5. 越来越多的媒体刊发"反侵权公告"**

历史地看,财新传媒做"反侵权公告"延续了胡舒立之前在《财经》杂志时的做法,在表明一个姿态,但长远来看,效果很难预料。同时,用这种方式维护版权,操作上不难,在网上或者报纸上发公告很容易,难的是要有这个底气,自己先要做得正,没有侵权行为,坚持百分百的原创,才能够有底气打出这个招牌。

目前,财新的这个做法已经不再是孤军奋战。这两年,《新京报》《南方都市报》以及凤凰财经都在不定期地发布"反侵权公告",而且也取得了不错的成效,侵权行为呈下降趋势。2017 年以来,《新京报》、澎湃等原创媒体的版权收入有了明显增长,从原来的几百万人民币增加到两三千万人民币的水平,版权收入成为这些媒体的一项重要收入来源①。

## 五、版权保护的法律手段和行政手段

一旦新闻作品的版权被侵犯,实践中,媒体维权的办法主要有三个。第一,起诉侵权者,这是法律的方式;第二,发布"反侵权公告",宣誓立场,这是自救的方式;第三,向各级版权管理部门反映,由行政部门执法,这是行政的方式。前面一节讲的是自救方式,这一节讨论版权保护的法律方式和行政方式。

2015 年 4 月 24 日,《广州日报》娱乐部一位记者在自己的微博上抱怨一件事。4 月 19 日,她发表了一篇关于伊能静首部电影《我是女王》的报道,标题是"《我是女王》被毒舌,伊能静和网友对撕"。此文随之被网易娱乐频道转载,改了一个标题叫"新片太烂,伊能静不满剪辑",随后多家网媒转载了这篇被网易改编过的稿件。

---

① 笔者对《新京报》、澎湃等媒体的采访。2017 年 10 月,武汉;2018 年 7 月,上海。

之后,写稿的记者收到伊能静助理的电话,认为报道严重歪曲了伊能静的原意。记者就此事向助理进行了一番解释后,助理才了解事情的原委,表示对记者的报道本身没有意见,但是对这个网络标题很有意见。于是,记者通过广州日报社有关部门向网易娱乐进行交涉并提出两点要求:第一,立即把冠以错误标题的文章删掉;第二,以后不能再擅改记者的标题。网易自知理亏,答应了记者的这个请求,随即撤下了上述文章。

**1. 国家版权局发布《通知》加大版权保护**

此事发生之际,国家版权局办公厅 2015 年 4 月 22 日刚好发布了《关于规范网络转载版权秩序的通知》(以下简称"通知"),通知内容比较简短,总共 9 条。发布这个通知主要有两方面的原因。一方面,世界知识产权日即将到来。2001 年起,每年的 4 月 26 日为"世界知识产权日"。一年一度的知识产权日到来之前,国家版权局要有所作为。另一方面,2014 年 6 月起,国家版权局等四部门联合开展了打击网络侵权盗版专项治理行动,名为"剑网 2014"。行动是一时的,要规范管理还是要靠制度,这个通知是对 2014 年打击行动成果的"固化"。

《通知》具有以下四个方面的新内容。

(1) 互联网媒体转载作品,必须经过著作权人许可并支付报酬。

通知的最大突破在于把如今的媒体区别分成"报刊单位"和"互联网媒体"两种类型。"报刊单位之间相互转载已经刊登的作品,适用《著作权法》第 33 条第 2 款的规定,即作品刊登后,除著作权人声明不得转载、摘编的外,其他报刊可以转载或者作为文摘、资料刊登,但应当按照规定向著作权人支付报酬。""报刊单位与互联网媒体、互联网媒体之间相互转载已经发表的作品,不适用前款规定,应当经过著作权人许可并支付报酬。"

前面一条在著作权法里已经有规定,只要没有声明不得转载就视为可以转载。但是后面这一条是新内容,即报刊单位和互联网媒体之间以及互联网媒体之间,如果要转载的话,一定要经过事先的"许可",不管有没有事前的声明。这就从程序上给了传统媒体最大的保护。当然,事情是有两面性的,在此规定下,传统媒体如果要转载网络媒体的作品,也要事先经过原创者同意。

(2) 互联网媒体转载作品,不得修改内容,不得歪曲和篡改标题。

互联网媒体和报刊单位有一个非常大的不同,就是报道尺度不同。同样一条稿,在报刊刊发的时候很稳妥,标题和内文都没有问题,但是一到了网上,马上就"生猛"了很多,这个"生猛"不需要去对内容进行实质性修改,只要把标题或者导语改一改,效果马上就不一样。上面所说的《广州日报》记者的稿子就属于这种情况。据当事记者说,互联网媒体经常这样修改,伊能静的稿子是一例,之前一篇关于甄子丹的稿子也遇到了同样的问题。

事实上,这样的事情每天都在发生。比如,2015 年 4 月 9 日,很多门户网站上出现这样一则评论:《重读〈人民日报〉评论:不告密不揭发是道德底线》。事实上,《人民日报》当时根本就没有发过这样的评论。上述标题出自 2015 年 1 月 23 日《人民日报》上的一篇题为《"神题"侵害大学精神》的评论。某些门户网站将两个多月前的评论翻出来并修改标题,用来呼应那个阶段陷入舆论漩涡的央视主持人毕福剑事件。

(3) 报刊单位最好与采编人员签订合同,约定著作权的归属。

《通知》第 5 条规定,"报刊单位可以与其职工通过合同就职工为完成报刊单位工作任务所创作作品的著作权归属进行约定。合同约定著作权由报刊单位享有的,报刊单位可以通过发布版权声明的方式,明确报刊单位刊登作品的权属关系,互联网媒体转载此类作品,应当经过报刊单位许可并支付报酬"。

根据《著作权法》第 16 条规定,因职务创作完成的作品,其著作权归作者享有。也就是说,报社的记者在报社工作期间所写的新闻作品,著作权归记者而不是报社所有。

要解决这个问题,就需要报刊单位和记者签署合同,约定这些职务作品的归属是单位而不是个人。这样的话,报刊单位就可以以单位名义与互联网媒体签订用稿合同。据悉,新京报、环球时报等报社多年前已经开始这么做了,员工一进报社就会签下著作权归属协议。

(4) 各级版权局强化对互联网媒体版权的监管力度。

在行政执法方面,《通知》中说,"各级版权行政管理部门要加大监管力度,支持行业组织在推动版权保护、版权交易、自律维权等方面发挥积极作用,严厉打击未经许可转载、非法传播他人作品的侵权盗版行为"。

可以说,版权部门近年来的监管力度是比较大的,比如 2014 年的"剑网

2014"行动中,各地版权行政执法部门就查办案件440起,移送司法机关66起,关闭网站750家。版权行政管理部门,在国家层面就是国家版权局,也就是国家新闻出版和广电总局。在地方,版权行政管理部门就是各级新闻出版管理部门。

最近几年,一直有不少业界和学界人士指出,中国的传统媒体和美国、欧洲的同行比起来,大家都面临同样的新媒体竞争的问题,都需要转型,但是中国同行转型的难度要大很多,一个共识是版权保护不力,在美国很少有新浪、网易、腾讯、搜狐这样以新闻为主打产品的社会性网站。这些网站没有记者,主要是转载传统媒体的稿件,传统媒体的稿件以非常低的价格转让给门户网站并养活了这些网站。

这里有一个特殊的国情,就是中国传统媒体在面临新媒体冲击的时候,还没有做到"一城一报",报纸与报纸之间的竞争和报纸与网络之间的竞争同时进行。21世纪第一个十年,2000到2010年之间,也就是网络媒体刚开始发展的时候,很多城市的报纸为了和同城对手竞争,不惜压低版权售价卖给网络,从而扩大报道在网络上的影响力。到2010年以后,移动互联网快速发展,人们更多地选择手机作为获取新闻的主要终端,传统报纸的经营者猛然发现,报纸与报纸之间的竞争已经不是主要矛盾,所有的报纸都有了一个共同的对手,就是移动互联网上的平台型媒体。从此之后,传统媒体的版权维护意识就强了很多。

## 2. 版权保护的三种手段及其利弊

前面说过,一旦遭遇侵权事件,实践中,传统媒体维权的手段主要是三种。第一,起诉侵权者,这是司法的方式;第二招是媒体自救,发布"反侵权公告",宣告立场;第三,行政的方式,也就是各级版权管理部门的行政执法。三种手段各有所长和所短,优劣大致如下。

(1)司法手段,比如关于今日头条的系列诉讼。

2014年6月,搜狐公司宣布对今日头条侵犯著作权和不正当竞争行为提起诉讼,要求对方赔偿经济损失1100万元。在这之前,《新京报》《广州日报》等媒体先后对今日头条提出诉讼,指责其侵犯知识产权。今日头条当时的装机量已经高达1.2亿,日活跃用户超4000万。2014年6月,今日头条宣布获得1亿美元融资,市场估值超过5亿美元。如此火爆的一个应用,靠的就是"新闻聚合",也就是转载各家报纸的新闻并进行一定的归类和算法推荐。

诉讼是一项成本高、见效慢的维权形式。财新传媒曾经打过一个版权,官司历时两年,只要回1 500元的稿费。因为我国对著作权的司法保护标准并不高,即使胜诉,文字作品侵权案一般按稿费的标准赔偿,赔偿抵不过诉讼成本。有专家提出,在著作权领域内应该引入国外侵权赔偿的理念,加大"惩罚性"赔偿。我国现在的赔偿原则是"补偿性"赔偿,而英美等国家采取的是结合侵权者的主观恶意和实际赔偿能力的"惩罚性"赔偿。

(2) 自卫手段,在自己的媒体上发布"反侵权公告"。

新闻实践中,真正诉讼的案例比较少,发布"反侵权公告"的方式这几年比较常见。在这方面,走得最坚定的当属胡舒立领导的财新传媒。有同样做法的还有《新京报》,截至2017年4月,该报一共刊发了37份反侵权公告。此外,第一财经、凤凰网等媒体也会不定期发布一些反侵权公告,《南方都市报》这几年也在发布反侵权公告。

发布这种反侵权公告可以在一定程度上遏制非法转载的泛滥,但更多是表明自己的一种立场,并不能彻底解决版权纠纷。在巨大的经济利益面前,这种公告的力量非常薄弱。

(3) 行政手段,即各级版权局的主动作为。

在传统媒体维权步履艰难的时刻,国家版权局的《通知》来得很及时。虽然《通知》的法律效力很低,但毕竟是国家最高版权部门的规定,对将来的版权执法甚至是司法都会有明显的影响。行政力量在中国非常强大。著作权法早就有了,但是维权效果不明显,如今版权行政主管部门高度重视这个问题,肯定会在维权道路上前进一大步。

在《通知》的精神之下,大的网络媒体可以通过流量置换、金钱补贴或其他利益措施,和传统媒体达成少收费或免费的转载合作。但对于少流量、缺资金的小新闻网站来说,这一举动很可能就是一个"灭顶之灾",它们缺乏和传统媒体谈判的筹码,是首先受到《通知》影响的互联网媒体。

第十讲

# 全媒体新闻生产中的宏观管理

全媒体新闻生产是在特定时空条件下展开的,时空条件是新闻生产的既定环境,在很大程度上影响着新闻生产,因此,需要对全媒体新闻生产所面临的宏观管理环境进行深入分析。在传统媒体时代,对新闻的管理主要分为两个部分,一个是各级党委宣传部门,另一个是各级政府里的新闻出版和广播电视管理局。到了全媒体时代,网站、新闻客户端、微博、微信等各种新型互联网应用迅速发展起来,使得新闻生产由原来的专业化生产转变为社会化生产,各类新型主体不断加入新闻生产阵营,原来的管理体系不足以应对新闻生产实践的巨大变化。

一方面,原来的宏观新闻管理不能弱化,而且在某些存在已久的问题上还要"痛下狠手",比如,近年来对中央媒体驻地方记者站的管理明显在强化,裁撤了一批不规范的记者站,这些记者站在很长时间里采编和经营不分,影响了央媒在地方的公信力。另一方面,还要建立和强化对新媒体的管理制度,主要是对社会化新闻生产主体的规范,比如新闻资质的获取、视频资质的获取等,特别是在2014年8月中央网信办重组以后,国家和地方对网络媒体的管理力度在加大,出台了很多具体措施,比如"约谈"、转载"白名单"制度等。

新的管理理念、方法和手段取得了实效,但因为新媒体平台发展得太过迅速,各种新技术不断发展,各种新应用不断推出,使得新闻监管的难度空前提高。比如,各类直播平台在2015、2016年前后纷纷涌现,这就给新闻监管提出了新问题,需要各级监管机构与时俱进地推出有针对性的举措。这些监管举措要合理合法,既要规范这些生产主体的运作,打击违法犯罪行为,同时也不能过于死板,丧失应有的活力。

## 一、网信办重组,增加监督管理执法功能

近年来,新闻管理的重点领域是互联网新闻信息服务,而要做好这项工作,首先要把管理机构建立起来,管理机构既包括全国的,也包括各个地方的,机构机制理顺了,具体的工作就顺理成章了。

## 1. 国家网信办的重组

2014年8月26日,国办(2014)33号通知发出。通知说,为促进互联网信息服务健康有序发展,保护公民、法人和其他组织的合法权益,维护国家安全和公共利益,国务院授权重新组建的国家互联网信息办公室(简称国家网信办)负责全国互联网信息内容管理工作,并负责监督管理执法。

国家网信办早已于2011年5月成立,其职能包括落实互联网信息传播方针政策和推动互联网信息传播法制建设,指导、协调、督促有关部门加强互联网信息内容管理等。以前的管理偏向宏观政策指导,而这一次重组加进了"监督管理执法"等功能,更加细化和具体化。在此之前,互联网信息内容管理由国务院新闻办公室(国新办)兼管。

改组后,国家网信办主任兼任中宣部副部长、中央网络安全和信息化领导小组办公室主任。由于之前成立的中央网络安全和信息化领导小组的办公室也设在国家网信办,国家网信办同时加挂中央网络安全和信息化领导小组办公室的牌子。

随着中央网络安全和信息化领导小组、国家网信办的成立,各省、市、自治区网信办逐渐成立,地方上的网络信息管理职能之前通常放在各地的外宣办,2014年以后,网信办逐渐从外宣办独立出来,省一级的外宣办升格为正厅级机构。这个新成立的网络监管体系构成了中国网络的管理系统,它们决定着这个国家网络的呈现状态。

## 2. 网信办的监管措施不断

网信办成立后,互联网信息管理立即呈现出不一般的面貌,可以说是措施不断,行动不断,下面仅举三例说明。

第一,2015年1月开始,国家网信办联合工业和信息化部、公安部、国家新闻出版广电总局决定,在全国范围内联合开展"网络敲诈和有偿删帖"专项整治工作。3月25日,国信办公布了被依法关闭的31家违法违规网站,里面包括"中国新闻热线网""曝光网""尚邦网络公关网""政务舆情网""鲁中报网""007公关网""福建在线""海瑞新闻网"等。

第二,2015年2月4日,网信办发布《互联网用户账号名称管理规定》规范账号管理。在网信办看来,中国用户账号数量巨大,账号乱象日益突出。有的假冒党政机关误导公众,如"中纪委巡视组";有的假冒媒体发布虚假新闻,如"人民日报";有的假冒名人包括外国元首,如"普京""奥巴马";有的在简介中传播暴恐、聚赌、涉毒等违法信息,如"枪械军火商""乡村赌场"。而网信办的这个《规定》就账号的名称、头像和简介等,对互联网企业、用户的服务和使用行为进行了规范,涉及在博客、微博客、即时通信工具、论坛、贴吧、跟帖评论等互联网信息服务中注册使用的所有账号。

第三,2015年春节前夕,针对一些婚恋网站屡现违法违规和严重失信行为的问题,国家网信办联合有关部门在全国范围内启动开展"婚恋网站严重违规失信"专项整治工作。春节前夕集中核查处置了一批传播淫秽色情及低俗信息的违法违规婚恋网站,包括情爱天空、情人网、同城情人、陪游玩网、22玫瑰网等共65家。

### 3. 给网络媒体装上"刹车"系统

关于媒体管理问题,2015年3月的全国"两会"上,全国政协委员李东东在大会发言时指出,传统媒体和网络媒体的报道口径要求不一,传统媒体与网络媒体报道权限事实上是不对等的,很多新闻,传统媒体不能报而网络媒体可以报,长此以往,就限制了传统媒体的影响力①。

李东东提出的建议是,管理部门要给传统媒体松绑,鼓励它们对重大事件早发声、发强声,引导舆论。另一方面,要加强对网络媒体的管理力度,尽量采取和传统媒体一样的管理尺度,网信办的成立就是一个统一管理的具体举措。

之所以要改组国家网信办,赋予它新的管理职能,是基于这样的考虑:我们不能因技术发展太快而制止互联网,也不能任由技术的发展对安全视而不见。负责人比喻说,就像一辆汽车一样,如果没有刹车,一旦上了高速路,可想而知会造成怎样的后果,再好的汽车也要有刹车。

网信办的重组以及随后出台的这一系列措施都是在给中国飞速发展的互联网信息发布装上"刹车"系统。只是,这个"刹车"系统的灵敏度、科技含量、刹车效果怎么样,还有待进一步观察。

---

① 《李东东:加快推动传统媒体和新兴媒体融合发展》,新华网,2015年3月10日,http://www.xinhuanet.com/politics/2015lh/2015-03/10/c_1114581723.htm。

## 二、"约谈"成为管理网络媒体的制度和常态

"约谈"是一种新型的严肃行政行为,它指各级网信办在网络单位严重违法违规时,约见相关负责人,进行警示谈话、指出问题、责令整改纠正的行政行为。"约谈"一词虽然此前比较少听说,但网信办近年来使用这个词汇也不完全是自己的创新,此前在安全生产、物价、国土等领域,相关政府部门都采用过约谈方式来纠正问题、规范行业行为。

### 1. "约谈十条"的发布与约谈制度的推出

2015年4月,国家互联网信息办公室发布了"约谈十条"。"约谈十条"的全称是《互联网新闻信息服务单位约谈工作规定》,总共有十个条款。据此规定,实施约谈的情况分为九种:未及时处理关于互联网新闻信息服务的投诉、举报情节严重的;通过采编、发布、转载、删除新闻信息等谋取不正当利益的;违反互联网用户账号名称注册、使用、管理相关规定情节严重的;未及时处置违法信息情节严重的;未及时落实监管措施情节严重的;内容管理和网络安全制度不健全、不落实的;网站日常考核中问题突出的;年检中问题突出的;以及其他违反相关法律法规规定需要约谈的情形。概括来说是8种情况,最后一条是"兜底条款"。

虽然"约谈十条"2015年6月1日起才正式实施,但"约谈"这项工作早就开始做了。2015年2月2日和4月10日,国家网信办及北京市网信办即对违法违规情形严重的网易和新浪进行了"约谈"。据说两次"约谈"都收到了良好效果,也得到了网民的支持。正是在这些实际工作的基础上,网信办进一步研究出台了"约谈十条"。

网信办有关负责人特别强调,实施约谈与依法处罚并不矛盾,不是以约谈替代处罚。同时,也可以避免只是单纯地一罚了之、以罚代管。依据"约谈十条",约谈情况将记入网站日常考核和年检档案。未按要求整改,或经综合评估未达到整改要求的,将给予警告、罚款、责令停业整顿、吊销许可证等处罚;网站被多次约谈仍然存在违法行为的,依法从重处罚。

2014年以来,国家网信办进行了重组,给新媒体管理带来了新气象,之后,国信办对以网站为代表的互联网信息服务单位实施了一系列新管理措施,"约谈十条"是其中主要的一项。这些管理措施都是在"阳光下"进行的,通过新华社等官方机构对外公开报道。这代表了中国互联网管理的一种新常态,这样一种管理方式吸引了《时代》周刊等西方媒体关注,这些媒体专门就此事做过报道。

**2. 约谈制度的具体实施**

以上是关于"约谈"的规定,下面是三个"约谈"的实例。
(1) 新浪被约谈。
2015年4月10日,国家网信办有关业务局及北京市网信办负责人对受到大量网民举报、违法问题突出的新浪公司负责人进行了"联合约谈"。

公开消息显示,2015年前4个多月,互联网违法和不良信息举报中心接到涉及新浪的举报6 038件,其中4月份仅前8天就达1 227件,居主要网站之首。举报集中在传播谣言、暴恐、淫秽色情、诈骗、宣扬邪教等违法信息及歪曲事实、违背社会公德、炒作恶俗低俗信息等行为。此外,新浪存在违法登载新闻信息、账号审核把关不严、抢发散播不实消息等问题。

国家网信办有关业务局负责人表示,此次约谈要求新浪依据有关规定进行整改,加强内部管理和自律。若整改不符合要求,或者整改期间继续出现违法违规行为,将依法严肃查处,直至依法停止其互联网新闻信息服务。新浪公司负责人表示,将针对问题好好整改,强化内部审核管理,严格依法开展服务,积极传播正能量,切实承担起网络媒体的社会责任。

(2) 网易被约谈。
2015年2月2日,国家网信办有关业务局及北京市网信办的负责人,就2014年互联网新闻信息服务单位年检中发现的问题,约谈了网易公司负责人。国信办有关业务负责人指出,在提供互联网新闻信息服务过程中,网易存在严重的导向问题,并存在违法转载新闻信息、传播淫秽色情信息、传播谣言等问题。网信办要求网易依据有关规定进行整改,加强内部管理。若整改不符合要求,或者整改期间继续出现违法行为的,将依法严肃查处;情节严重的,将依法停止其互联网新闻信息服务。

网易公司负责人表示,将高度重视存在的问题,切实采取有效措施进行整改,积极传播正能量,严格依法提供新闻信息服务。

(3) 11家问题较多的网站暂缓通过年检。

针对2014年年检中发现的问题,北京市网信办也先后约谈了新浪、搜狐、百度、和讯、天天在线网站负责人,向其通报了存在的问题,并责令它们强化责任制度,切实采取全面有效的整改措施。

在这之后,2015年3月18日有媒体报道,国家网信办批准网易、海疆在线、新浪、搜狐、百度、腾讯、和讯网、天天在线、上海热线、北方时空、中原网11家网站经整改后,通过了2014年互联网新闻信息服务单位年检。同时,2014年互联网新闻信息服务单位年检中,国家互联网信息办公室对网易等11家存在问题较多的网站暂缓通过年检,依法责令其整改并分别给予警告、罚款等处罚。

报道说,相关网站高度重视,针对违规转载新闻及散布谣言、淫秽、色情、暴力、恐怖、诈骗等违法和不良信息问题进行了全方位整改,并对有关责任人进行了处理。相关网站负责人表示,此次年检工作受到的触动很大,对年检中发现的问题感到非常惭愧,对依法办网、文明办网有了更深刻的认识。

国信办有关业务局负责人表示,将强化对互联网新闻信息服务单位的日常监督检查和信用评估,加强"约谈"工作的制度化建设。

## 三、互联网新闻服务资质和视听资质的监管

在传统媒体时代,政府对新闻媒体的管理有一个非常有效的手段,就是刊号,但是到了全媒体环境下,新媒体平台的出现如雨后春笋一般,仅微信公众号就已经超过了2 000万个,传统的通过刊号管理媒体的手段不再奏效,但是新闻准入资质的管理依然没有放松,只是改变了管理方式。

**1. 梨视频全面整改**

2017年2月,北京网信办通过其微信公众号网信北京发布公告,北京市网信办、市公安局、市文化市场行政执法总队责令梨视频进行全面整改。公告

称,根据群众举报,北京市网信办、市公安局、市文化市场行政执法总队赴梨视频开展联合执法检查。公告指出,经查,由北京微然网络科技有限公司运营的梨视频在未取得互联网新闻信息服务资质、互联网视听节目服务资质情况下,通过开设原创栏目、自行采编视频、收集用户上传内容等方式大量发布所谓"独家"时政类视听新闻信息[1]。

依据《互联网新闻信息服务管理规定》《互联网视听节目服务管理规定》等相关法律法规,网站上述行为属擅自从事互联网新闻信息服务、互联网视听节目服务且情节严重。对此,北京市网信办、市公安局、市文化市场行政执法总队责令梨视频立即停止违法违规行为,并进行全面整改。

### 2. 互联网内容生产需要资质

北京市网信办以及相关机构对梨视频执法检查的主要依据是国家互联网信息办公室 2016 年 11 月 4 日发布的《互联网直播服务管理规定》。规定明确,互联网直播服务提供者和互联网直播发布者在提供互联网新闻信息服务时,都应当依法取得互联网新闻信息服务资质,并在许可范围内开展互联网新闻信息服务。互联网直播服务提供者应对互联网新闻信息直播及其互动内容实施先审后发管理,提供互联网新闻信息直播服务的,应当设立总编辑。

在此之前,2005 年 9 月 25 日起开始施行的《互联网新闻信息服务管理规定》要求,非新闻单位设立的转载新闻信息、提供时政类电子公告服务、向公众发送时政类通信信息的互联网新闻信息服务单位应当经国务院新闻办公室审批,这个规定在 2017 年 5 月修订了一次,各方面内容都得到了进一步的细化。

同时,如果从事的是互联网视听节目服务,则应当依照规定取得广播电影电视主管部门颁发的《信息网络传播视听节目许可证》或履行备案手续。2008 年 1 月 31 日起开始实施的《互联网视听节目服务管理规定》指出,从事互联网视听节目服务应当取得广播电影电视主管部门颁发的《信息网络传播视听节目许可证》或履行备案手续,未按照规定取得广播电影电视主管部门颁发的《许可证》或履行备案手续,任何单位和个人不得从事互联网视听节目服务。

依据上述规定,要提供互联网新闻信息服务和视听节目服务需要取得资

---

[1] 《人民网评:梨视频引发的网络治理思考》,人民网,2017 年 2 月 10 日,http://opinion.people.com.cn/n1/2017/0210/c1003-29071290.html。

质,也就是要通过一个准入门槛,因为在这两个领域有严格的准入制度。初创阶段的梨视频既没有新闻信息服务的资质,也没有视听节目服务的资质,因而被有关方面约谈整改,整改之后,梨视频在内容上进行了较大幅度的调整,从时政及突发新闻转型到关注年轻人生活、思想、感情的内容上来,它的负责人邱冰称"梨视频就相当于八九十年代的《读者》杂志在现阶段的影像版",试图用这样的内容定位避开网信办的行政监管。

## 四、强化对网络直播运营的监管

2016年11月4日,国家互联网信息办公室发布《互联网直播服务管理规定》。国家网信办有关负责人在介绍规定出台的背景时说,互联网直播作为一种新型传播形式迅猛发展,但部分直播平台传播色情、暴力、谣言、诈骗等信息,违背社会主义核心价值观,特别是给青少年身心健康带来不良影响。还有的平台缺乏相关资质,违规开展新闻信息直播,扰乱正常传播秩序,必须予以规范。

### 1. 今日头条等被"约谈"

2017年4月18日,北京市网信办、北京市公安局、北京市文化市场行政执法总队联合约谈今日头条、火山直播、花椒直播,依法查处这些网站涉嫌违规提供涉黄内容,责令限期整改。经查,今日头条、火山直播、花椒直播未能有效履行主体责任,在信息审核、应急处置、技术保障等方面存在制度缺失,在直播内容、用户分类管理、真实身份信息认证、处理公众举报等方面存在重大管理漏洞。个别直播发布者通过火山直播、花椒直播违规提供法律法规禁止的直播内容。

据北京市网信办相关负责人介绍,上述行为已经涉嫌违反《互联网信息服务管理办法》《互联网直播服务管理规定》《互联网文化管理暂行规定》《网络表演经营活动管理办法》等相关法律法规。

对此,北京市网信办、北京市公安局、北京市文化市场行政执法总队责令今日头条、火山直播、花椒直播立即停止违规行为并限期整改。北京市文化市场行政执法总队已对火山直播、花椒直播固定证据,立案调查,并对达到追究刑事责任的直播发布者移交公安机关查处。下一步,三部门还将联合约谈美国苹果公司,要求其对"苹果应用商店"(App store)上的直播应用加强审核。

**2. 网络直播乱象丛生**

2016年4月17日,央视新闻曝光今日头条、火山直播、花椒直播等涉黄。报道称,从2016年下半年开始,今日头条客户端会不定期地推送一些直播秀链接,点开链接,就会进入一个叫火山直播的直播板块。火山直播平台借助今日头条的推送优势,每天吸引大量用户的点击和关注,其中一些低俗的直播内容也被广泛传播。虽然火山直播平台也表明设有监管员,但平台监管员对这些低俗直播和违规行为却并没有进行制止。

报道称,除了像火山直播这种依靠新闻客户端推广的直播平台外,花椒直播、逗趣直播等一些直播平台则是依靠女主播的低俗表演来吸引眼球,甚至一些不太知名的小型直播平台几乎是处于放任不管的状态,大肆传播色情内容,兜售淫秽视频。

要强化对直播平台的监管,是因为近年来随着移动互联网的发展,直播成为各大互联网公司布局的热门领域。有的是互联网企业在原有业务基础上衍生直播平台,比如,微博的"一直播"、陌陌的"哈你",也有专门发力直播的企业如独立App映客、花椒等,都得到了创投的争相追逐。

截至2016年,国内各类网络直播平台数量已超过200家,其中,2016年以来有超过100家网络直播平台创立。同期,超过30家平台宣布完成不同金额的风险投资,累计融资额突破50亿元。斗鱼直播获得了1亿美元的B轮融资,映客获得昆仑万维的领投,乐视体育3亿元收购章鱼TV。多番的资本动作无疑反映了资本市场对网络直播行业的热情。

## 五、转载"白名单"制度的推出与实施

2015年5月5日,国家互联网信息办公室公布了新一批"可供网站转载新闻的新闻单位名单",名单中共有中央新闻网站26家、中央新闻单位63家、部

委网站 10 家和 200 多家省级新闻单位,一共有 380 多家新闻单位。

**1. 新一批"白名单"出炉**

能够入选国家网信办公布的网络转载"白名单"是一件好事。

那么,入选了这个"白名单",对于名单制定者、转载者、被转载者以及不能转载者各方到底意味着什么?

名单的制定者是国家网信办,中国互联网领域的最高行政管理机构,这个机构从 2014 年 8 月重组以来,针对互联网十几年积下的乱象,不断出台新的管理规定,成为一个万众瞩目的"办公室",甚至被《时代》周刊等外媒大篇幅报道。就在 2015 年 5 月 5 日,国家网信办公布了第三批因为涉嫌新闻敲诈、有偿删帖被关闭的 40 家网站。其中包括,中国资讯信息港、北洋网络公关网、上海名企网络删帖、晋城删帖网、21 头条新闻网、武林网、山东直播网、上海危机公关管理网、网络信息删除技术中心、品牌维护网等。如果说这些关闭行动属于"堵"的话,那么出台《可供网站转载新闻的新闻单位名单》则是在做"疏"的工作。

**2. 什么媒体上了"白名单"?**

2015 年 5 月 5 日公布的白名单是第七批,之前已经公布过六批,之前的六批是国家网信办重组以前公布的,而这一批是网信办重组以后公布的第一批,这批名单是在网信办的官方网站上向全世界公布的。

这份白名单包含 26 家中央新闻网站、63 家中央新闻单位、10 家部委网站和 200 多家省级新闻单位,一共 380 多家,名单的长度比以往增加了不少。在中央新闻网站这个类别里,和之前的一个版本比较,由 15 家增加到 26 家,增加的幅度非常大,环球网、中国军网、中国警察网、参考消息网、消费日报网、中国侨网、未来网等进入了这个名单。在中央新闻单位这个类别里,这次公布的是 63 家,之前是 61 家,只增加了两家,变化不大。不过,之前作为中央新闻单位的《京华时报》《新京报》没有了,这两家报纸当时已经划归北京市管理,不在名单是情理中的事,增加的有《中国青年》《中国妇女》《网络传播》等杂志。部委网站方面,原来只有外交部、卫生部、商务部、财政部、国家发改委 5 家网站,这一次扩容了一倍,达到 10 家,新增的 5 家是中国网信网、中国记协网、中国政府网、中央纪委监察部网站、中国文明网。中国网信网是国家网信办的官方网站,中央纪委监察部网站就是经常发布"大老虎"落网消息的那个网站。

进入名单的被称为"省级新闻单位",如此一来,庞大的地市级新闻单位基本上就没份了,最差也要是副省级城市或者省会城市的新闻单位才可能入选。只有一个例外,就是山东的胶东在线网,它是国新办批准的烟台市重点新闻论坛网站,而烟台既不是副省级城市也不是省会城市。

省级新闻单位分为网络、报纸和广电。网络方面,大部分省份有一到两家网络媒体入选,包括一个政府新闻网站和一个省级报纸网站,比如江苏就是中国江苏网和新华报业网两家。个别省份增加到了三家,第三家是中心城市报纸办的网站,比如《广州日报》的大洋网。山东有五家网站,是最多网络媒体入选的省份。此外,北京的财新网和上海的一财网的入选令网友们有点诧异,或者说有点惊喜,这两个网站的口碑比较好,经常有一些尺度很大的报道。同时,澎湃、《南方都市报》、《南方周末》的网站没有入选。

报纸方面,一般省份是省报、省会城市报和一份晚报入选,北京比较特殊,有六份报纸入选,是最多的一个城市。入选的晚报明显多于都市报,比如,武汉的《楚天都市报》没有入选,《武汉晚报》入选了,郑州的《大河报》没有入选,《郑州晚报》入选了,广州的《南方都市报》没有入选,《羊城晚报》入选了。

### 3. "白名单"能改变什么?

有了这份"白名单"之后,是不是所有网站在转载新闻的时候都只能转载这380个媒体的?答案是否定的。这份名单叫"可供网站转载新闻的新闻单位名单"。这里说的"网站转载新闻"有特定含义,指的是提供新闻信息服务的网站,特别是提供"时政新闻"的网站。这样的网站有三类,一是中央新闻网站,二是商业门户网站,三是省级新闻网站。这里最让主管部门不放心的就是第二类,即商业门户网站,比如新浪、网易、搜狐等,这里的转载主要也就是指这些门户网站的转载行为。至于南方电网、中国银行、东方航空之类的企业网站,不是以提供新闻信息特别是时政新闻为主的网站,这些网站的转载行为可以参考这个名单,但不受此局限。

这是一个"白名单",也就是一个"正面清单",不是一个"负面清单",意思是"只有这些新闻单位的新闻可以转载,其他的都不能转载",如果是

"负面清单"的话,就要把不能转载的列出来,其余的都可以转载。从立法角度来说,"负面清单"容易给出,"正面清单"的给出难度要大一些,要不断调整。

最后,"白名单"和版权的关系也要处理好,不是说有了这个名单,这380家新闻单位的新闻以后就可以免费转载了,还是要遵守协议和法律,如果没有达成转载协议,依旧会构成侵权行为。

## 六、中央新闻单位驻地方机构的撤并

在近年来的新闻监管中,新媒体平台是重点监管对象,但是传统媒体中存在的问题也需要继续治理整顿,特别是在媒体环境发生巨变,传统媒体经营模式面临重大挑战的情况下,原有的一些不规范做法要得到纠正。

### 1. 中央新闻单位驻地方机构的撤并

2015年5月20日,国家新闻出版广电总局新闻报刊司在北京开了一个工作会议。会议透露,在针对报刊的专项治理工作中,撤并了中央新闻单位驻地方机构1141个,清退违规人员1435名。地方机构主要包括报社的记者站、新闻中心、办事处,或者传媒公司的分公司、子公司等。

2014年12月,中央新闻单位驻地方机构清理整顿工作领导小组正式成立,办公室设在国家新闻出版广电总局。2015年1月底至2月初,中宣部、国家新闻出版广电总局、国家网信办和中国记协组成5个联合督查组,分赴广东、吉林、江苏等14个省份进行专项督查和调研。

根据《中国新闻出版报》2015年3月的报道,在这个过程中,中央电视台动作很大,撤并财经频道演播室,并将央视网地方记者纳入当地记者站管理;经济日报社关闭中国经济网全部地方频道;求是杂志社撤销《小康》杂志8家记者站;中国新闻社要求各分社压缩现有规模,下设工作站、发行中心、联络点等一律撤销。

中央行业专业报的整改动作也不小,《人民公安报》社于2014年5月将北京、浙江、安徽、湖南、广东和四川6个记者站改制为报社直接派专人负责采编工作,公安机关工作人员不再兼职。针对其他记者站自查过程中发现的人员兼职问题,《人民公安报》再次提出对不符合规定的省级站暂不注册,在未完成注册前对公安系统以外不以记者站的名义开展工作,公安机关工作人员兼任记者站工作的一律不得申领记者证等措施,以逐步解决记者站人员身份转变等问题。

《人民法院报》社根据"对违规聘用党政机关工作人员的一律中止"的要求,决定对所聘用的当地法院工作人员担任记者的情况进行调整,撤并后保留的37个记者站负责人由报社选派符合任职条件、具有编辑记者身份的人员担任。

此外,按照出版周期在周三刊以下(含周三刊)的全国性行业专业报纸出版单位的记者站一律撤销的要求,部分全国性行业专业报纸出版单位主动稳妥做好记者站撤销工作。《中国贸易报》社撤销全部29个记者站,《中国知识产权报》社撤销全部7个记者站,《中国电子报》社撤销全部8个记者站,《中国企业报》社撤销全部20个记者站等。同时,利用本次清理整顿工作的契机,部分周三刊以上的全国性行业专业报纸出版单位也进行了有效整改。比如,《人民法院报》社撤销12个记者站;《中国科学报》社撤销11个不符合规定的记者站。

中央新闻单位在行动,各省份新闻出版管理机构也在行动。比如,根据中原网2014年12月15日的报道,河南省当天召开清理整顿中央新闻单位驻豫机构工作动员会。河南此次清理整顿的重点是违规设立的驻豫机构,"一地多站""站外设站""以人代站"的问题,工作经费保障不到位的问题,等等。

根据这次会议的安排,中央新闻单位只可在省会郑州设立一个分社或记者站,其主管、主办的子报、子刊设立的记者站和其他具有采编业务的驻豫机构一律并入分社或记者站,无法并入的一律撤销;未经批准,以新闻中心、办事处、通联站、工作站、发行站、运营中心、调查中心等名义设立的从事新闻采编活动的驻豫机构一律撤销。

此外,出版周期在周三刊以下(含周三刊)的全国性行业专业报纸出版单位设立的驻豫记者站一律撤销;非新闻性期刊出版单位设立的驻豫记者站一律撤销;2013年度该报刊刊发有关河南稿件数量少于30篇(含30篇)的驻豫记者站一律撤销。最后,驻豫机构被承包转让的一律撤销;中央重点新闻网站经批准设立的地方频道,其采编业务由中央新闻单位在地方设立的分社或记者站统一管理,未经批准设立的一律撤销;其他网站不得开办网站地方频道和设立地方机构从事新闻采编业务,已开办和设立的一律撤销。

根据红网的报道,2014年12月30日湖南省也召开了类似的会议。会议透露,当时登记在册中央新闻单位设立的驻湘记者站和分社共84家。但到2015年3月20日,经过整改,第一批被保留的中央新闻单位驻湘机构只有28家。

**2. 撤并的主要地方机构**

那么,拆撤掉的是哪些机构和哪些人呢?我们看一下《中国电力报》的实例。2014年12月29日,在国家能源局领导下,《中国电力报》所属的中国电力传媒集团有限公司对自己的清理整顿情况进行了公示。

一方面,坚持"一地一站"原则,对《中国电力报》38个驻地记者站进行撤销、合并和重新登记。第一,合并中国水电建设集团记者站、电力规划设计总院记者站、北京市电力公司记者站、华北记者站,重组华北记者站。第二,撤销华中记者站、葛洲坝记者站,记者并入湖北记者站管理。第三,撤销东北记者站,记者并入辽宁记者站管理。第四,撤销西北记者站,记者并入陕西记者站管理。第五,撤销黄河水电记者站,记者并入青海记者站管理。经过这次裁撤,电力报全国记者站由原来的38个减少到30个,共计减少了8个记者站。

另一方面,对中电传媒股份有限公司7个分公司、1个子公司、4个办事处进行清理整顿。第一,撤销中电传媒股份有限公司所属上海分公司、安徽分公司、湖北分公司、河南分公司。第二,撤销中电传媒股份有限公司江苏办事处、浙江办事处、河北办事处、山东办事处。第三,中电传媒股份有限公司广东分公司、辽宁分公司、贵州分公司按照经营范围依法依规开展经营活动,不得参与中国电力传媒集团有限公司所属媒体的采编业务。这样一来,中电传媒又减少了8个机构,加上上述的8个,仅中电传媒一家行业报就减少了16个机构。

**3. 地方机构撤并的启示**

国字号媒体这么多,加在一起撤并1 141个也就不足为奇了,此次被裁的人员达到1 435名。针对上述描述,总结如下。

(1) 中国的报纸数量多,中国报纸的从业者人数也多。

2015 年没有裁撤地方机构以前,仅湖南一地,登记在册的中央新闻单位设立的记者站和分社就有 84 家。湖南并不是一个新闻大省,也没有独特的区位优势,这样的一个省份都有 84 家记者站或分社,说明中央新闻单位远远比 84 家多。

根据《中国新闻出版报》的报道,2015 年上半年新闻出版总局组织完成了对全国 30 余万名新闻采编人员的岗位培训和统一考试,对考试合格、符合条件的采编人员发放了记者证。这就是说获得记者证的记者有 30 多万,有证记者之外,还有无证记者、后勤行政人员、经营管理人员。相比之下,根据美国根据美国报纸编辑协会的统计,截至 2012 年,美国的新闻岗位已从 2002 年的 5.4 万个减少到当时的 3.8 万个。

(2) 报纸多,驻地方的机构多,违法违规的事情频出。

央视焦点访谈曾经报道过中国经济网和中国青年网违规操作的事,这两个网站一个是中央新闻单位的网站,一个是共青团中央的网站,知名度很高。但这两个网站都被一个叫陈瑞刚的人给"忽悠"了,他把两个频道承包后,打着采编的名义到处搞经营。

像这样的中央新闻机构或者旗下记者站从事类似"经营"活动的不在少数,甚至曾经是一种非常成熟的"盈利模式"。这一次,中央下决心彻底整肃此种乱象,从根本上消除这种"盈利模式"的存在基础。

(3) 传统媒体深受新媒体冲击,盈利模式巨变,一批报纸要"退出"。

如今,新媒体发展极为迅速,以报纸为代表的传统媒体面临巨大挑战,整个报业市场急剧萎缩。中央媒体的驻地方机构大面积裁撤,原有的盈利模式不能再继续维持。两相夹击之下,如果按照正常的市场规律,有一批报纸要退出市场了,特别是那些以前主要靠地方记者站盈利的报纸,如今此路不通,要继续维持下去困难十分。

不过,许多中央媒体的存活并不依赖市场,而是充当自己所属部委或央企的舆论阵地,这样的报纸暂时问题不大,因为部委和央企会继续支持这些报纸的生存发展。

# 参考文献

**著作类**

1. 王国庆等:《习近平新闻思想讲义》,人民出版社2018年版。
2. 刘海贵:《中国新闻采访与写作》,复旦大学出版社2017年版。
3. 石义彬:《单向度、超真实、内爆——批判视野中的当代西方传播思想研究》,武汉大学出版社2003年版。
4. 石义彬:《科学发现观的演进》,浙江科学技术出版社1998年版。
5. 李良荣:《新闻学概论》,复旦大学出版社2016年版。
6. 陈力丹:《新闻理论十讲》,复旦大学出版社2015年版。
7. 范东升等:《拯救报纸》,南方日报出版社2011版。
8. 田秋生:《市场化生存的党报新闻生产》,中国广播电视出版社2010年版。
9. 王正鹏:《报纸突围》,中山大学出版社2010年版。
10. 石磊:《分散与融合》,中国社会科学出版社2010年版。
11. 李彬:《全球新闻传播史》,清华大学出版社2009年版。
12. 闵大洪:《数字传媒概要》,复旦大学出版社2003年版。
13. 童兵:《马克思主义新闻经典教程》,复旦大学出版社2009年版。
14. 彭兰:《网络传播概论》,中国人民大学出版社2017年版。
15. 赵子忠:《内容产业论——数字媒体的核心》,中国传媒大学出版社2005年版。
16. 迈克尔·希特等:《战略管理:概念与案例》(第12版),中国人民大学出版社2017年版。
17. 喻国明:《解析传媒变局:来自中国传媒第一现场的报告》,南方日报出版社2002年版。

18. 李希光：《转型中的新闻学》，南方日报出版社 2005 年版。

19. 刘鹏：《竞争时代的报纸策略》，山东人民出版社 2005 年版。

20. 尼古拉·尼葛洛庞帝：《数字化生存》，海南出版社 1997 年版。

21. 中马清福：《报业的活路》，清华大学出版社 2005 年版。

22. 威廉·肖克罗斯：《默多克传奇》，华夏出版社 2001 年版。

23. 唐亚明：《走进英国大报》，南方日报出版社 2004 年版。

24. 崔保国：《走进日本大报》，南方日报出版社 2007 年版。

25. 张志安：《编辑部场域中的新闻生产——〈南方都市报〉个案研究 1995—2005》，复旦大学出版社 2006 年版。

26. 洪兵：《转型社会中的新闻生产——〈南方周末〉个案研究 1983—2001》，复旦大学出版社 2005 年版。

27. 单波：《20 世纪中国新闻学与传播学·应用新闻学卷》，复旦大学出版社 2001 年版。

28. 杰夫·贾维斯：《Google 将带来什么？》，中华工商联合出版社 2009 年版。

29. 窦锋昌：《媒变——中国报纸全媒体新闻生产"零距离"观察》，中山大学出版社 2016 年版。

30. 窦锋昌：《市场化党报的日常新闻生产》，中山大学出版社 2014 年版。

31. 窦锋昌：《市场化党报的深度新闻生产》，中山大学出版社 2014 年版。

32. 窦锋昌：《开放式新闻生产——网络时代报纸新闻生产方式的变革》，中山大学出版社 2014 年版。

33. 窦锋昌：《深蓝——广州日报"新闻蓝页"深度报道实战 40 例》，广州出版社 2007 年版。

34. 马克斯·韦伯：《社会科学方法论》，华夏出版社 1999 年版。

**论文类**

1. 罗鑫：《什么是"全媒体"》，《中国记者》2010 年第 3 期。

2. 裘新：《媒体融合：不仅仅是媒体的融合》，《传媒评论》2016 年第 12 期。

3. 窦锋昌：《机构媒体盈利模式的转向及人才支撑》，《青年记者》2018 年第 1 期。

4. 窦锋昌：《主流媒体为何陷入"不务正业"的窘境》，《青年记者》2015 年第 28 期。

5. 刘鹏：《传统媒体融合转型的若干趋势》，《新闻记者》2015 年第 4 期。

6. 刘颂杰、张晨露：《从"技术跟随者"到"媒体创新者"的尝试——传统媒体"新闻客户端2.0"热潮分析》，《新闻记者》2016 第 2 期。

7. 丁伟：《关于移动优先的 11 条干货》，《新闻战线》2017 年第 17 期。

8. 薛贵峰：《做有品质的新闻——人民日报客户端 3 岁啦》，《中国报业》2017 年第 13 期。

9. 陈国权：《中国媒体"中央厨房"发展报告》，《新闻记者》2018 年第 1 期。

10. 南香红：《在考验中积累经验——〈南方都市报〉海地地震报道启示》，《中国记者》2010 年第 3 期。

11. 窦锋昌：《普利策奖深度报道奖项的"选题常规"——基于 10 年间 7 项普利策奖获奖报道的全样本分析》，《新闻大学》2016 年第 5 期。

12. 窦锋昌、李华：《新媒体时代热点事件传播路径的转变——以韩寒代笔门和三亚宰客门为例》，《新闻战线》2012 年第 4 期。

13. 杨嫚、王凯：《基于移动社交网的视频新闻生产策略——以英斯达法克斯(Instafax)为例》，《中国出版》2016 年第 3 期。

14. 王贺新、曹思宁：《网络视频新闻创新的美国经验——以〈纽约时报〉〈华盛顿邮报〉的视频化改造为例》，《青年记者》2016 年第 34 期。

15. 毛湛文：《新媒体事件研究的理论想象与路径方法——"微博微信公共事件与社会情绪共振机制研究"》开题研讨会综述,《新闻记者》2014 年第 11 期。

16. 窦锋昌：《新媒体环境下评论侵权抗辩事由的演进——以汪峰系列名誉权纠纷案为例》，《新闻大学》2017 年第 4 期。

17. 蔡浩明：《英国诽谤法改革对我国的启示》，《当代传播》2014 年第 3 期。

18. 胡颖：《现状、困境与出路：中国互联网话语规制的立法研究》，《国际新闻界》2015 年第 3 期。

19. 姜战军：《中、英名誉权侵权特殊抗辩事由评价、比较与中国法的完善》,《比较法研究》2015 年第 3 期。

20. 俞里江:《司法实践中媒体侵权基本抗辩事由分析》,《法学杂志》2011 年第 8 期。

21. 沈晓瑾:《一种新的新闻生产方式:新闻博客对传统新闻业的影响——以美国新闻博客的发展为例》,复旦大学硕士学位论文,2007 年。

22. 王晨瑶:《结构性制约:对网络时代日常新闻生产的考察》,《国际新闻界》2010 年第 7 期。

23. 方兴东等:《博客与传统媒体的竞争、共生、问题和对策》,《现代传播》2004 年第 2 期。

24. 蔡雯等:《"公民新闻"的兴起与传统媒体的应对》,《新闻战线》2009 年第 9 期。

25. 蔡雯:《"人人都是记者"——"参与式新闻"的影响与作用》,《对外传播》2010 年第 3 期。

26. 张志安:《新闻生产的变革:从组织化向社会化》,《新闻记者》2011 年第 3 期。

27. 石义彬等:《网络事件中的民粹主义现象分析——以"哈尔滨警察打死大学生"事件为例》,《国际新闻界》2009 年第 4 期。

28. 梁宇阳:《透视网络世界的民粹主义——以天涯论坛为例》,2010 年度"人民网优秀论文"。

29. 郑若琪:《英国卫报:以开放式新闻构建数字化商业模式》,《南方电视学刊》2012 年第 3 期。

**电子文献类**

1. 张小鱼:《这家纸媒做视频和直播也能做得风生水起,全新模式或成方向》,转引自搜狐网,2017 年 5 月 6 日,http://www.sohu.com/a/138738239_141927。

2.《第 38 次中国互联网络发展状况统计报告》,中国互联网信息中心,2016 年 8 月 3 日,http://www.cnnic.net.cn/hlwfzyj/hlwxzbg/hlwtjbg/201608/t20160803_54392.htm。

3.《腾讯发布 2015 年微信用户数据报告》,转引自市场部网,2015 年 6 月

2日,http://www.shichangbu.com/article - 24563 - 1.html。

4.《为什么全国各地的广告主突然都看上了〈深圳晚报〉的头版?》,转引自YY头条网,2016年7月12日,http://www.9yy.net/archives/19605.html。

5.《〈纽约时报〉CEO:将纸质报纸收入设为零,报纸一样要赚钱》,转引自记者网,2017年11月20日,https://www.jzwcom.com/jzw/4c/18810.html。

6.《浙报传媒梦工场:从神秘组织到转型支撑平台》,电子商务研究中心网,2014年9月3日,http://www.100ec.cn/detail - 6195562.html。

7.《白岩松谈央视主持人离职:我预感不会干到退休》,网易新闻,2015年9月17日,http://news.163.com/15/0917/01/B3M7KVDM00014Q4P.html。

8.《张力奋:社交媒体是否能建立游戏规则?》,网易新闻,2016年12月29日,http://news.163.com/16/1229/11/C9EU343O000187VE.html。

9.《胡舒立:我对媒体转型的再思考》,新华网,2016年12月27日,http://www.xinhuanet.com/itown/2016 - 12/27/c_135936088.htm。

10.《人民日报社副总编卢新宁:传统媒体如何加强话语权?》,百家号,2017年1月17日,https://baijiahao.baidu.com/s?id=1556758371277304&wfr=spider&for=pc。

11.《美大选投票日前后〈纽约时报〉电子版订阅者激增》,转引自环球网,2016年12月6日,http://w.huanqiu.com/r/MV8wXzk3Nzk2OTJfMTM0XzE0ODEwMTQ4MTU=。

12.《一直传递正能量!"数"说人民日报客户端是如何炼成的?》,http://www.sohu.com/a/229359634_100020262。

13.《"读新闻有钱赚"的并读,一年多来为何渐趋沉寂?》,转引自http://chuansong.me/n/643665351669。

14.《"九派新闻"正在走"大数据新闻"的差异化道路》,http://hb.youth.cn/2015/1220/3267761.shtml。

15.《观媒对话喻国明:"中央厨房"大而化之无法满足个性需求》,转引自搜狐网,2016年10月12日,http://www.sohu.com/a/115995778_465245。

16.陈浩洲、周童:《媒体"中央厨房"究竟能否常态化?》,转引自搜狐网,

http://www.sohu.com/a/115919885_381322。

17.《全球媒体裁员大潮滚滚 新闻人如何自保?》,转引自记者网,2014年12月12日,https://www.jzwcom.com/jzw/37/7954.html。

18.《上报集团掌门袭新:传统报业转型要颠覆式破局,关掉部门比裁员10%容易》,转引自虎嗅网,2015年4月30日,https://www.huxiu.com/article/113984/1.html。

19.《西门子全球裁员4 500人》,转引自新华网,2015年5月9日,http://www.xinhuanet.com/tech/2015-05/09/c_127781612.htm。

20.《机器人"小封"进军新闻界入职封面传媒》,转引自搜狐网,2017年11月28日,http://www.sohu.com/a/207145603_100044999。

21. 陆晖:《南都深度的竞争力》,转引自网易新闻,2007年8月16日,http://news.163.com/07/0816/12/3M12OGI0000124LD.html。

22.《庆安车站枪案亟待还原真相》,《南方都市报》,2015年5月8日,A02版,http://epaper.oeeee.com/epaper/A/html/2015-05/08/node_20321.htm。

23. 丁永勋:《真相别总靠"倒逼"》,转引自新华网,2015年5月9日,http://www.xinhuanet.com/local/2015-05/09/c_1115230905.htm。

24.《哈尔滨铁路公安局:庆安站民警开枪属正当履行职务》,转引自新华网,2015年5月14日,http://www.xinhuanet.com/legal/2015-05/14/c_1115285293.htm。

25.《"庆安火车站事件"追踪》,转引自新华网,2015年5月14日,http://www.xinhuanet.com/legal/2015-05/14/c_1115290309.htm。

26.《庆安枪击案是否存在"执法错误"?》,转引自香港商报网,2015年5月14日,http://www.hkcd.com/content/2015-05/14/content_930374.html。

27.《2014网上舆情分析:"两个舆论场"共识度增强》,转引自人民论坛网,2014年12月29日,http://politics.rmlt.com.cn/2014/1229/365397.shtml。

28.《新华社黑龙江分社辟谣记者采访庆安枪案收好处费》,转引自新华网,2015年5月18日,http://www.xinhuanet.com/zgjx/2015-05/18/c_134247014.htm。

29.《庆安是县域基层治理现状的典型缩影》,转引自新华网,2015 年 5 月 13 日,http://www.xinhuanet.com/legal/2015-05/13/c_127797527.htm。

30.《还原一场舆论风暴的始末〈刺死辱母者〉如何爆屏?》,转引自网易新闻,2017 年 4 月 1 日,http://news.163.com/17/0401/19/CGV83GQT0001899O.html。

31.《天津真的是一座没有新闻的城市吗?》,转引自虎嗅网,2015 年 8 月 13 日,https://www.huxiu.com/article/123082/。

32. 和小欣:《走多远?作多久?》,转引自 360 图书馆,2015 年 8 月 14 日,http://www.360doc.com/content/15/0814/14/21900632_491595089.shtml。

33.《深圳退休警察打南都记者舆情分析》,转引自新浪微博,2015 年 1 月 26 日,https://weibo.com/p/1001603803295415159799。

34.《上海国检局:证明无印良品被曝光食品不是来自核辐射地区》,转引自澎湃新闻,2017 年 3 月 16 日,https://www.thepaper.cn/newsDetail_forward_1640603。

35. 小马宋:《被央视 315 曝光后的企业,如何公关才行?》,转引自 i 黑马网,2017 年 3 月 16 日,http://www.iheima.com/zixun/2017/0316/161891.shtml。

36.《姚贝娜逝世引发媒体伦理争议 新闻莫以伤害为代价》,转引自人民网,2015 年 1 月 19 日,http://media.people.com.cn/n/2015/0119/c120837-26406385.html。

37.《复旦 20 岁"才女"外滩踩踏事故中遇难》,转引自新京报网,2015 年 1 月 1 日,http://www.bjnews.com.cn/news/2015/01/01/348365.html。

38.《新加坡警方:散播李光耀逝世虚假消息者将被严惩》,转引自参考消息网,2015 年 3 月 19 日,http://www.cankaoxiaoxi.com/world/20150319/711280.shtml。

39.《中青报评论:误报李光耀死讯中的是与非》,转引自网易新闻,2015 年 3 月 20 日,http://news.163.com/15/0320/04/AL4FO5CO00014AED.html。

40.《创意不能违背社会良好风尚 寻狗广告被罚 10 万》,转引自浙江新闻网,2015 年 4 月 25 日,https://zj.zjol.com.cn/news/91980.html。

41.《展江:如何消除对〈新闻法〉的忧虑?》,转引自新浪传媒,2015年3月12日,http://news.sina.com.cn/m/2015-03-12/181731600321.shtml。

42.《李东东:加快推动传统媒体和新兴媒体融合发展》,转引自新华网,2015年3月10日,http://www.xinhuanet.com/politics/2015lh/2015-03/10/c_1114581723.htm。

43.《人民网评:梨视频引发的网络治理思考》,转引自人民网,2017年2月10日,http://opinion.people.com.cn/n1/2017/0210/c1003-29071290.html。

图书在版编目(CIP)数据

全媒体新闻生产：案例与方法/窦锋昌著. —上海：复旦大学出版社，2018.12（2021.1重印）
（网络与新媒体传播核心教材系列）
ISBN 978-7-309-13994-5

Ⅰ.①全… Ⅱ.①窦… Ⅲ.①新闻采访②新闻编辑 Ⅳ.①G21

中国版本图书馆 CIP 数据核字（2018）第 235591 号

全媒体新闻生产：案例与方法
窦锋昌 著
责任编辑/刘 畅 章永宏

复旦大学出版社有限公司出版发行
上海市国权路 579 号 邮编：200433
网址：fupnet@fudanpress.com http://www.fudanpress.com
门市零售：86-21-65102580 团体订购：86-21-65104505
外埠邮购：86-21-65642846 出版部电话：86-21-65642845
上海春秋印刷厂

开本 787×960 1/16 印张 17 字数 256 千
2021 年 1 月第 1 版第 2 次印刷

ISBN 978-7-309-13994-5/G·1913
定价：45.00 元

如有印装质量问题，请向复旦大学出版社有限公司出版部调换。
版权所有 侵权必究